航空仪表设备基础

曲建岭　王小飞　王元鑫　袁　涛　徐景硕　编著

U0180177

電子工業出版社

Publishing House of Electronics Industry

北京 · BEIJING

内 容 简 介

本书主要从飞机电子仪表、航空陀螺仪表和惯性导航系统三大类仪表（系统）入手，在深入分析具体设备工作情况的前提下，结合工作实际，提炼出航空仪表（系统）的基本测量原理，系统且详细地介绍航空通用机型的典型仪表（系统）的功能、组成、工作原理、交联关系等知识，力求内容翔实、准确。读者学习和掌握本书内容，可为日后开展实际工作打下坚实的基础。

本书可作为航空院校电气工程与自动化、仪器科学与技术、惯性导航、交通运输等相关专业本科生的教材，也可作为航空相关领域的工程技术人员的参考用书，还可供地勤维护人员在进行资料查询、理论培训时使用。

图书在版编目（CIP）数据

航空仪表设备基础 / 曲建岭等编著. —北京：电子工业出版社，2023.3

ISBN 978-7-121-45209-3

Ⅰ. ①航…　Ⅱ. ①曲…　Ⅲ. ①航空仪表　Ⅳ. ①V241

中国国家版本馆 CIP 数据核字（2023）第 043952 号

责任编辑：杜　军　　特约编辑：田学清
印　　刷：三河市鑫金马印装有限公司
装　　订：三河市鑫金马印装有限公司
出版发行：电子工业出版社
　　　　　北京市海淀区万寿路 173 信箱　邮编：100036
开　　本：787×1092　1/16　印张：16.75　字数：429 千字
版　　次：2023 年 3 月第 1 版
印　　次：2023 年 3 月第 1 次印刷
定　　价：55.00 元

凡所购买电子工业出版社图书有缺损问题，请向购买书店调换。若书店售缺，请与本社发行部联系，联系及邮购电话：（010）88254888，88258888。

质量投诉请发邮件至 zlts@phei.com.cn，盗版侵权举报请发邮件至 dbqq@phei.com.cn。

本书咨询联系方式：dujun@phei.com.cn。

前　言

航空仪表是飞机上各种仪表的总称。目前飞机上的航空仪表种类繁多，分别用来测量或计算飞机的各种飞行参数、发动机参数、一些机载设备的工作状态等，一方面为飞行员提供操纵飞机的目视显示信息，另一方面为飞行控制系统、综合航电系统等提供各种相关数据。经过不同历史时期，航空仪表从机械式、电气式、机电伺服式、综合指示式，发展到电子显示式，其表现形态各不相同，但就其测量或计算的基本机理、方法和手段而言，它们有着共同的基础。本书主要从飞机电子仪表、航空陀螺仪表和惯性导航系统三大类仪表（系统）入手，在深入分析设备工作情况的前提下，结合工作实际，提炼出航空仪表（系统）的基本测量原理，为后续航空仪表具体型号和设备的学习打下坚实的基础。

本书分为三个知识模块，共十二章。第一个知识模块为飞机电子仪表原理，共三章，主要介绍大气数据测量原理、发动机参数测量原理和飞参系统；第二个知识模块为航空陀螺仪表原理，共五章，主要介绍陀螺仪的特性、姿态陀螺仪、航向陀螺仪、角速度陀螺仪和轴角测量传输原理；第三个知识模块为惯性导航系统原理，共四章，主要介绍导航系统基础知识、惯性传感器、陀螺稳定平台和平台式惯性导航系统原理。具体内容概括如下：第一章为大气数据测量原理，在介绍大气数据的测量及计算和测量传感器的基础上，介绍大气数据计算机原理，同时考虑到当前飞机普遍使用精密高度表，本章最后还介绍了精密高度表的工作原理；第二章为发动机参数测量原理，主要介绍发动机温度、转速、油量、压力、扭矩及振动的测量原理；第三章为飞参系统，在介绍飞参系统数据采集、记录与处理一般原理的基础上，介绍飞参系统的工作原理；第四章为陀螺仪的特性，主要介绍陀螺仪的力学基础和双自由度陀螺仪的运动特性；第五章为姿态陀螺仪，在介绍飞机姿态角及其测量原理的基础上，着重介绍姿态陀螺仪的组成、结构图及修正误差；第六章为航向陀螺仪，在介绍航向陀螺仪基本原理的基础上，着重介绍航向陀螺仪的组成、结构图及方位误差；第七章为角速度陀螺仪，主要介绍单自由度陀螺仪的特性与基本分析；第八章为轴角测量传输原理，主要介绍同步器传输随动系统和旋转变压器工作原理；第九章为导航系统基础知识，主要介绍导航的概念、导航系统的分类、惯性导航系统的发展、惯性导航系统的简化原理和组成及导航参数；第十章为惯性传感器，主要介绍陀螺仪和加速度计的工作原理；第十一章为陀螺稳定平台，主要介绍单轴陀螺稳定平台和三轴陀螺稳定平台的基本原理；第十二章为平台式惯性导航系统原理，主要介绍指北方位惯性导航系统原理和惯性导航系统的初始对准，并介绍了捷联式惯性导航系统。

需要说明的是，为便于理解，本书中一些术语、单位等的使用遵守了专业界的惯用法。例如，大气压强用大气压力表示，大气压强的单位用毫米汞柱（mmHg）而非国际单位制的帕（Pa）表示；各种压力表测量的其实是压强，如气体的压强、燃油的压强，但本书中用压力表示，如压力测量、压力表、燃油压力等。凡此种种，还请读者阅读时注意。

本书由曲建岭、王小飞、王元鑫、袁涛、徐景硕共同编写，嵇绍康、韩继凯等参与了本书的校对、排版和绘图等工作，在此一并表示感谢。

由于编著者水平有限，书中的不足之处在所难免，敬请读者批评指正。

编著者

2023 年 1 月

目　　录

第一章　大气数据测量原理

大气数据主要是指飞行高度、空速、马赫数和升降速度等飞行参数。准确地测量这些飞行参数，对于正确判定飞机飞行状态、操纵飞机飞行有着非常重要的意义。

测量并指示大气数据的仪表叫作大气数据仪表。早期的大气数据仪表主要是指膜盒式仪表，这类仪表利用真空膜盒测量大气压力（静压）或利用开口膜盒测量动压进行工作。随着传感器技术和计算机技术的发展，这种独立的膜盒式仪表逐步被大气数据系统代替。大气数据系统利用传感器测量大气静压、全压、总温和局部攻角，通过大气数据计算机进行信号变换、处理和计算，解算出大气数据信号，并把大气数据信号输出给相应的显示设备和机载设备，如机载武器系统、飞行控制系统、雷达系统、导航系统及飞参系统等。随着总线技术的日趋完善，在综合航电系统中，大气数据系统只作为其中的一个分系统，因此其作用相当于一个提供大气数据信号的传感器。

本章主要介绍大气数据的测量及计算方法，在此基础上介绍膜盒式仪表测量原理、大气数据的测量传感器、大气数据计算机原理，以及精密高度表的工作原理。

第一节　大气数据的测量及计算

在飞行过程中，飞机与其周围的大气是紧密联系着的。随着飞行高度的变化，飞机周围的大气温度、大气密度和大气压力等大气数据也发生变化。本节首先介绍大气的基本知识，然后介绍大气数据的测量及计算方法。

一、大气的基本知识

（一）大气层

包围在地球周围的空气层叫作大气层。气象观测和分析表明，大气中存在着空气的垂直运动、水平运动和紊乱不规则运动，不同高度、不同地区的空气要进行交换和混合。因此，大气温度、大气密度和大气压力等气象要素的分布，无论是沿垂直方向还是沿水平方向，都是不均匀的。根据世界气象组织的规定，按照气温的垂直分布规律，将大气层分为对流层、平流层、中间层和热成层，如图 1-1-1 所示。

对流层是接近地球表面的一层，它的底界是地面，顶界的高度则随地区纬度、季节的不同而不同。中纬度地区对流层顶界的高度为 10～12km。就季节而言，夏季对流层顶界高于冬季对流层顶界。对流层气流的特点是空气具有强烈的对流运动，温度和湿度水平分布不均匀。重要的天气现象，如雷暴、云雨等都出现在这一层。对流层中的气温随高度升高而降低，平均每升高 1km，气温约降低 6.5℃。

由对流层顶界到 50～55km 高空的大气层是平流层。平流层气流比较平稳，天气晴好。在平流层中，随高度升高气温最初保持不变或微有升高，在 25～30km 高空，气温升高较快。在平流层顶界，气温可达 270～290K。

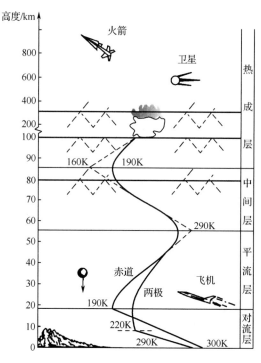

图 1-1-1　大气层结构示意图

由平流层顶界到 80～85km 高空的大气层是中间层。中间层气温随高度增高而下降，到中间层顶界，气温降低到 160～190K。

中间层顶界以上的大气层是热成层。热成层空气密度很小且处于高度电离状态，故又叫作电离层。热成层气温随高度升高而升高。

目前飞机的飞行高度都在 30km 以下，处于对流层和平流层范围内，在研究飞行参数时，主要注意这两个大气层的大气特征。

（二）大气温度和高度的关系

大气温度（以下简称气温）的变化实质是空气内能变化的反映。当空气内能增加时，气温升高；当空气内能减少时，气温降低。

空气内能变化有两种情况：一种是由于空气与外界有热量交换而引起的；另一种是由于外界压力的变化使空气膨胀或压缩而引起的。

在对流层中，空气的增热主要依靠吸收地面长波辐射实现，空气愈靠近地面，获得地面的辐射波愈多，气温也愈高；空气离地面愈远，气温愈低。气温随高度变化的程度，可以用单位高度内气温的变化值，即气温垂直递减率（τ）表示。在不同季节、不同地区、不同高度条件下，在对流层中，气温垂直递减率是不一样的，其平均值约为 6.5℃/km。根据气温垂直递减率，可以写出对流层中某一高度的气温，即

$$t_h = t_0 - \tau h \qquad (1\text{-}1\text{-}1)$$

式中，t_h——飞机所在高度气温（K）；

t_0——海平面（基准面）的标准气温（K）；

τ——气温垂直递减率，$\tau = 6.5$℃/km。

在平流层内，由于臭氧含量是随高度升高而增加的，且臭氧可直接吸收太阳辐射的可见光，所以高度愈高，获得的热量愈多，气温也愈高。但在平流层 11～25km 范围内，随高度升高，虽然从地面或对流层所获得的辐射逐渐减弱，但获得的太阳辐射却逐渐增强，在它们的共同作用下，这层空气形成等温层。所以，在 25km 以下，随着高度升高，气温基本上保持不变，平均为216.65K（-56.5℃）；高度超过 25km 后，气温随高度升高略有上升。通常认为平流层的气温是不变的，即 $dT/dH = 0$，所以平流层也叫作同温层。

气温和高度的关系如图 1-1-2 所示。

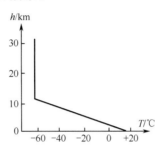

图 1-1-2　气温和高度的关系

（三）大气密度和高度的关系

大气密度是指单位体积大气的质量，表示大气的疏密程度，用 ρ 表示。大气密度大，说明大气比较稠密；大气密度小，说明大气比较稀薄。

大气密度可用下式表示：

$$\rho = \lim_{\Delta V \to 0} \frac{\Delta m}{\Delta V} = \frac{dm}{dV}$$

大气密度的单位为 kg/m^3 或 $kg \cdot s^2/m^4$。

大气密度在大气层内的分布是不均匀的，靠近地面处，大气密度较大；远离地面处，大气密度较小。因而说大气密度是随高度升高而减小的。

大气密度随高度升高而减小的程度在对流层和平流层中是不相同的。在对流层中，高度升高气温和气压都降低，气温降低大气密度增大，气压降低大气密度减小，两者综合作用的结果是大气密度减小。在平流层中，当高度低于 25km 时，由于气温不变，随高度升高气压降低，因此大气密度减小；当高度超过 25km 时，由于气压继续降低、气温略有升高，因此大气密度减小加快。

大气密度和高度的关系如图 1-1-3 所示。

（四）大气压力和高度的关系

大气压力（以下简称气压）是指物体单位面积上所承受大气的垂直作用力。研究表明，在静止的大气中，任一高度上的气压值等于其单位面积上所承受的大气柱的重力。从地面开始，每上升一段高度，由于它上面的空气柱短了一些，气压就要降低一些，上升得愈高，它上面的空气柱愈短，气压就愈低。因此，气压是随着高度升高而降低的。对整个大气层来讲，随高度升高大气密度减小是气压降低的主要原因。大气密度大的地方，气压递减得快一些；大气密度小的地方，气压递减得慢一些。在对流层中，气压除随大气密度减小而降低以外，还随气温的降低而降低，故气压递减得更快一些。

气压和高度的关系如图 1-1-4 所示。

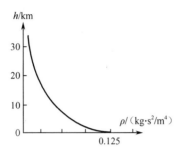

图 1-1-3　大气密度和高度的关系

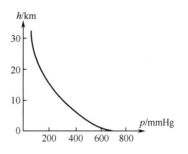

图 1-1-4　气压和高度的关系

（五）标准大气

飞机的飞行性能和大气数据计算机输出信息的精确度都与大气密度、气温和气压有密切的关系。为了便于研究大气状态与飞行参数的关系，国际上统一了大气标准，称为标准大气。

标准大气的条件：干洁空气，空气的成分不随高度升高而变化。以海平面为零高度面，海平面的气压为 760mmHg（101.325kPa，以下不再特别标注），气温为+15℃（288.15K），空气密度为 0.1250kg·s^2/m^4。对流层顶界的高度为 11km，在对流层内，气温垂直递减率为6.5℃/km。在平流层内，当高度低于 25km 时，气温不随高度变化而变化，等于 216.65K；当高度超过 25km 时，随着高度升高气温略有升高，气温垂直递升率约为 1℃/km。

标准大气数据和高度的关系如表 1-1-1 所示。

表 1-1-1　标准大气数据和高度的关系

高度/km	气温/K	气压/mmHg	大气密度/（kg·s^2/m^4）
0.0	288.15	760.00	1.250×10^{-1}
1.0	281.65	674.08	1.134×10^{-1}
2.0	275.15	596.20	1.027×10^{-1}
3.0	268.65	525.77	9.270×10^{-2}
5.0	255.65	405.07	7.510×10^{-2}
10.0	223.15	198.16	4.210×10^{-2}
15.0	216.65	90.24	1.970×10^{-2}
20.0	216.65	41.00	7.700×10^{-3}
30.0	226.25	8.77	1.796×10^{-3}
40.0	251.05	2.24	4.058×10^{-4}
50.0	270.65	0.66	1.104×10^{-4}

二、飞行高度的测量及计算

（一）飞行高度的定义及种类

飞行高度是指飞机在空中到某个基准面的垂直距离。

根据测量高度时所选取的基准面（零高度面）不同，得出的飞行高度不同，在飞机飞行过程中使用的飞行高度大致可分为以下四种，如图 1-1-5 所示。

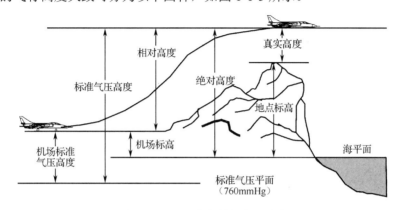

图 1-1-5　飞行高度的定义及种类

1. 相对高度

飞机从空中到某一机场地面的垂直距离叫作相对高度。飞机在起飞、着陆的飞行过程中，均按这种高度进行操纵和控制。

2. 真实高度

飞机从空中到正下方地面目标上顶的垂直距离叫作真实高度。当飞机在空中对地面目标进行攻击、侦察、照相及地形跟踪飞行时，需要知道飞机的真实高度。

3. 绝对高度

飞机从空中到海平面的垂直距离叫作绝对高度。当飞机在海平面上方飞行时，一般使用绝对高度。

4. 标准气压高度

气压等于 760mmHg 的平面称为标准气压平面或理论海平面，这是一个人为设定的基准面。飞机从空中到标准气压平面的垂直距离叫作标准气压高度。当飞机长途飞行、编队飞行或转场飞行时，一般使用标准气压高度。

上述四种飞行高度可以相互换算。例如，知道了机场标高（机场地面距离海平面的高度）和相对高度，便可计算出飞机的绝对高度，即

$$绝对高度=相对高度+机场标高$$

知道了机场标准气压高度（机场地面距离标准气压平面的高度）与相对高度，便可计算出飞机的标准气压高度，即

$$标准气压高度=相对高度+机场标准气压高度$$

知道了地面目标的海拔（地点标高）与飞机的绝对高度，便可计算出飞机的真实高度，即

真实高度=绝对高度-地点标高

总之，在飞机飞行过程中，如果知道了机场标高、地点标高和机场标准气压高度，就可以根据上述关系式，由仪表所指示的高度推算出需要知道的另一种高度。也可以通过调整气压高度指示器气压装订旋钮来实现对上述四种飞行高度的单独测量。

（二）测量高度的主要方法

目前飞机上使用的高度测量方法按测量原理不同主要有以下几种。

1. 利用大气特性测量高度

大气的压力、温度和密度等参数随高度变化的现象，早在 17 世纪就引起了人们的注意，从而得到研究和应用。利用气压随高度变化的特性制成的高度表，在飞机上叫作气压式高度表。

国际上采用统一的标准大气条件，该条件规定了-2000m～80km 高度范围内各大气数据和高度的关系，为测高技术提供了依据。压力测量技术的不断发展，又为气压式测高提供了手段，因而气压式测高装置不断得到更新换代。

目前在各种类型的大气数据计算机中，测量飞机的飞行高度均采用通过测量气压间接地测量高度的方法。

2. 利用无线电的反射特性测量高度

在飞机上装有无线电发射机，它通过发射天线向地面发射电磁波，电磁波到达地面后又反射回来，通过测量发射与接收电磁波的时间差 ΔT，可以得到飞机的飞行高度，即 $h=(c\times\Delta T)/2$，其中 c 是电磁波的传播速度。该高度称为无线电高度。利用这种原理测量高度的仪表被称为无线电高度表。

3. 利用速度信号的积分测量高度

通过对垂直方向的加速度信号进行两次积分，或者对垂直方向的速度信号进行一次积分，可间接测量飞机的飞行高度。显然，积分装置的积累误差将对测量精度产生影响。这种测量高度的方法主要用在惯性导航系统中。

（三）气压高度的计算及测量原理

国际标准大气按照标准气压高度公式来建立气压与高度的关系。由于对流层和平流层气温随高度的变化规律不同，所以标准气压高度公式有两种，分别适用于 11000m 以下和 11000m 以上高度。

1. 适用于 11000m 以下高度的标准气压高度公式

假设大气相对于地球静止，即没有水平和垂直方向的运动，这时可在任意高度上取一横截面积为 ds、高度为 dh 的微空气柱，如图 1-1-6 所示，其中 p_s 为大气静压，t_s 为大气静温。由这截空气柱的静平衡条件可求出，气压和高度关系的基本微分公式为

$$\mathrm{d}p_s \cdot \mathrm{d}s = -G$$
$$= -\rho g \mathrm{d}s \cdot \mathrm{d}h$$
$$= -\frac{p_s}{Rt_s}\mathrm{d}s \cdot \mathrm{d}h$$

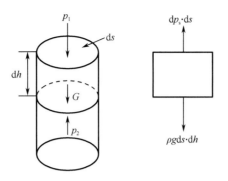

图 1-1-6 微空气柱受力分析

经变换得

$$\frac{\mathrm{d}p_s}{p_s} = -\frac{1}{Rt_s}\mathrm{d}h$$

在对流层中，当飞机的飞行高度由 h_0 上升到 h 时，气压由 p_0 下降到 p_s，其气温 $t_h = t_0 - \tau h$，在这种条件下对上式积分可得

$$\int_{p_0}^{p_s}\frac{\mathrm{d}p_s}{p_s} = \frac{-1}{R}\int_{h_0}^{h}\frac{1}{t_0 - \tau\Delta h}\mathrm{d}h$$

$$\ln\frac{p_s}{p_0} = \ln\left[\frac{t_0 - \tau(h - h_0)}{t_0}\right]^{\frac{1}{\tau R}}$$

由上式可得

$$p_s = p_0\left[1 - \frac{\tau}{t_0}(h - h_0)\right]^{\frac{1}{\tau R}}$$

或

$$h = \frac{t_0}{\tau}\left[1 - \left(\frac{p_s}{p_0}\right)^{\tau R}\right] + h_0$$

若测量高度时基准面选择标准气压平面（气压为 760mmHg），则 $h_0 = 0$，所以有

$$p_s = p_0\left(1 - \frac{\tau h}{t_0}\right)^{\frac{1}{\tau R}} \tag{1-1-2}$$

或

$$h = \frac{t_0}{\tau}\left[1 - \left(\frac{p_s}{p_0}\right)^{\tau R}\right] \tag{1-1-3}$$

式中，p_0、t_0——标准气压平面的气压、气温；

τ——气温垂直递减率，$\tau = 6.5℃/km$；

R——气体常数（对空气来讲，$R = 29.27kg \cdot m/kg \cdot K$）。

式（1-1-2）和式（1-1-3）为高度在 11000m 以下的标准气压高度公式，即适用于在对流层范围内测量气压或高度。

2. 适用于 11000m 以上高度的标准气压高度公式

当飞机的飞行高度在平流层范围内时，可认为气温为常数，且等于 $h=11000\text{m}$ 高度上的温度（$t_s=t_{11}$），在这种情况下有

$$\frac{\mathrm{d}p_s}{p_s}=-\frac{1}{Rt_{11}}\mathrm{d}h$$

对上式积分可得

$$\int_{p_{11}}^{p_s}\frac{\mathrm{d}p_s}{p_s}=\int_{h_{11}}^{h}-\frac{1}{Rt_{11}}\mathrm{d}h$$

$$\ln\frac{p_s}{p_{11}}=-\frac{1}{Rt_{11}}(h-h_{11})$$

由此可得

$$p_s=p_{11}\mathrm{e}^{-\frac{h-h_{11}}{Rt_{11}}} \tag{1-1-4}$$

或

$$h=h_{11}+Rt_{11}\ln\frac{p_{11}}{p_s} \tag{1-1-5}$$

式中，　p_{11}、t_{11}——$h=11000\text{m}$ 时的气压、气温；

　　　　R——气体常数（对空气来讲，$R=29.27\text{kg·m/kg·K}$）。

式（1-1-2）～式（1-1-5）统称为标准气压高度公式，分别适用于 11000m 以下高度和 11000m 以上高度，也是大气数据计算机进行气压高度计算的主要依据。

由上述分析可知，气压随高度增加而呈指数规律减小。标准气压高度公式适用于 80km 以下各大气层。由于 R 和 τ 为常数，p_{11}、h_{11} 和 t_{11} 为高度等于 11000m 时的气压、高度和气温，亦是标准值，因此只要测得大气静压 p_s，即可由相应公式求出对应的高度 h。显然，气压式测高装置是一种测量绝对压力的装置。

为了使用方便，一般根据标准气压高度公式，将计算出的大气数据和高度的关系列成表格，这个表格就是标准大气表。需要时可直接查表。

通过测量大气静压 p_s 间接测量飞行高度的方法，只适用于标准气压状态，也就是说，只适用于测量标准气压高度。当实际大气数据与标准大气数据不符时，应用上述测量方法所测得的相对高度、真实高度和绝对高度会出现误差。这种由测量方法的不完善而造成的指示值与真实值之间的差异叫作原理误差。

原理误差分为气压方法误差和气温方法误差。由于基准面气压不符合标准大气条件而产生的原理误差叫作气压方法误差；由于基准面气温或气温垂直梯度不符合标准大气条件而产生的误差叫作气温方法误差。在实际计算中应进行原理误差修正。

（四）膜盒式气压高度表的基本工作原理

膜盒式气压高度表的基本工作原理是根据高度与气压一一对应的关系，利用真空膜盒感受气压的变化并通过传动机构使指针指示出相应的高度。因此，气压式高度表实际上是测量气压的仪表。

膜盒式气压高度表的基本工作原理如图 1-1-7 所示，其敏感元件是一个真空膜盒，装在

密封的表壳内。表壳背后有一个接嘴连接在飞机静压管路上。膜盒内部抽成真空,膜盒外部的压力等于飞机周围的气压。当作用在真空膜盒上的气压为零时,它处于自然状态。受气压作用后,真空膜盒收缩并产生相应的弹力,当弹力与作用在真空膜盒上的气压平衡时,真空膜盒的变形程度一定,指针指示出相应的高度。如果高度改变,气压就随之改变,作用在真空膜盒上的气压相应改变,其变形程度也相应变化,指针指示出改变后的高度。例如,高度升高,气压减小,真空膜盒膨胀,通过传动机构使指针指示的高度增大;高度降低,气压增大,真空膜盒收缩,通过传动机构使指针指示的高度减小。

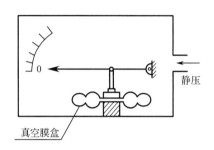

图 1-1-7　膜盒式气压高度表的基本工作原理

(五) 座舱高度压力差表的工作原理

现代飞机都采用密封增压座舱,座舱压力由座舱压力调节器自动调节。为了反映密封增压座舱的增压情况,飞机上装有座舱高度压力差表,它由座舱高度表和座舱压力差表两部分组成。座舱高度表用来测量座舱压力所对应的高度,座舱压力差表用来测量座舱内、外压力差的大小,以保证座舱压力在安全范围之内。

1. 座舱压力与高度的关系

密封增压座舱的特性曲线如图 1-1-8 所示,其中虚线为座舱压力与高度的关系曲线,实线为气压与高度的关系曲线。高度在 2km 以下,座舱压力调节器不起作用,座舱内、外的压力一样。当高度升高到 2km 时,座舱压力调节器开始工作,这时座舱压力为 596mmHg 左右。高度再升高,气压继续减小,座舱压力也减小,但由于座舱增压,座舱压力减小要比气压减小得慢,因而座舱内、外压力差增大。当高度升高到 10km 时,气压减小到 198mmHg,而座舱压力减小到 433mmHg,座舱内、外压力差达到 235mmHg。高度继续升高,座舱压力变化率和气压变化率相等,座舱内、外压力差保持不变,即等于 235mmHg。这种座舱增压方式,既能满足人体的生理要求,又不会使座舱内、外压力差过大从而损坏飞机。

2. 座舱高度表和座舱压力差表的工作原理

座舱高度压力差表由座舱高度表和座舱压力差表组合在同一表壳内,两部分各自独立工作,其工作原理如图 1-1-9 所示。

(1) 座舱高度表的工作原理。

座舱高度表是测量座舱压力所对应的高度的仪表。

座舱高度表的工作原理和气压式高度表基本相同,只不过座舱高度表的真空膜盒感受的是座舱压力的变化,而不是座舱外气压的变化。当气压为 760mmHg 时,座舱高度表指针指向 0。在 0~2km 高度范围内,座舱高度表和气压式高度表指示值相同。从 2km 开始,随着高度的升高，座舱高度表指示值逐渐小于气压式高度表指示值。

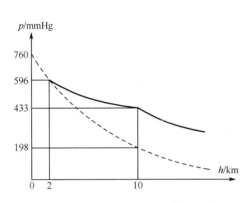

图 1-1-8　密封增压座舱的特性曲线

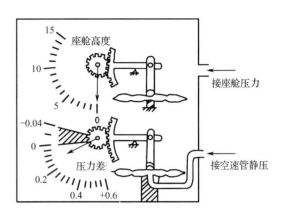

图 1-1-9　座舱高度压力差表的原理

　　从上述内容中可以看出，座舱高度表不能反映飞机的飞行高度，但座舱高度可以作为飞行员确定是否需要使用氧气的参考，因此座舱高度表指示的高度又称为用氧高度。

　　（2）座舱压力差表的工作原理。

　　座舱压力差表是测量座舱压力和飞机外部气压之差的仪表。它的感受部分是一个开口膜盒。膜盒内部和飞机外部大气相通；膜盒外部（表壳内）通过表壳局部的接嘴和座舱内部空气相通。当作用于膜盒的内、外压力相等时，膜盒处于平衡状态，不产生位移，指针指向 0。当座舱压力大于飞机外部气压时，膜盒被压缩，通过传动机构使指针指示出正的压力差数值。当座舱压力小于飞机外部气压时，膜盒膨胀，通过传动机构使指针指示出负的压力差数值。因为座舱压力小于飞机外部气压将会危及飞行安全，这种情况一般是不允许发生的，所以刻度数值小于-0.02 的刻度范围被涂成红色，表示座舱压力小于座舱外部气压已达到危险的程度。负的座舱压力差一般是由飞机急速俯冲引起的，因此当座舱压力差表指示值在-0.02kgf/cm^2 以下时，飞行员应减小飞机下降的速度。

三、空速的测量及计算

　　空速是飞机的重要飞行参数之一。飞行员根据指示空速，可以判断作用在飞机上的空气动力情况，从而正确地操纵飞机。另外，空速还是某些机载控制系统，如发动机控制系统等的原始信息。

（一）空速的定义

　　飞机相对于空气的运动速度叫作空速。根据测量空速时所选大气数据的不同，空速可分为真空速和指示空速。

　　1. 真空速

　　真空速是指飞机相对于空气的速度，即飞机相对于迎面气流的速度。通过测量大气静压、动压和气温而得到的空速就是真空速。

　　2. 指示空速

　　指示空速是指将真空速归化到海平面上所得之值，也就是不考虑大气密度随高度的变化，将大气静压和气温都看成常数，并使其分别等于海平面标准大气的静压和气温，通过测量动压而得到的空速。也就是说，只有在标准气压平面上，真空速和指示空速才具有相同的意义和数值。

由于指示空速表征了飞机的动压大小，而飞机的动压、飞行攻角（又称为迎角）与飞机升力密切相关，因此飞行员可以根据指示空速的大小判断飞机是否失速或是否正在按要求的攻角飞行。飞行员根据指示空速操纵飞机比根据真空速操纵飞机更安全和方便。有时指示空速也叫作表速或校正空速。

（二）空速的测量及计算方法

飞机空速的测量方法有很多，空速的大小与大气静压、动压和气温有关。目前，空速的测量常采用压力法。

通过测量大气压力（静压）p_s 和大气密度 ρ 间接测量空速的方法叫作压力法。

目前飞机上都是利用空速管来收集压力的。空速管由全压部分和静压部分组成，如图1-1-10 所示。全压部分用来收集气流的全压 p_t，全压口位于空速管头部正对气流方向，气流的全压经全压室、全压接头输出。

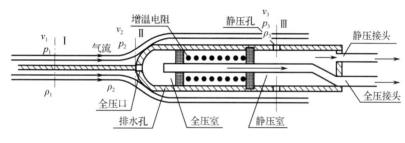

图 1-1-10　空速管结构示意图

静压部分用来收集气流的静压 p_s，静压孔位于空速管周围没有紊流的地方，气流的静压经静压室、静压接头输出。

空速管是一个流线型管子，表面十分光滑，以减弱对气流的扰动，准确收集气流的静压。

当气流流过空速管时，被空速管前缘分成两部分：一部分气流流过空速管上部；另一部分气流流过空速管下部。中间有一个分界流管，这个流管中的气流沿空速管轴线方向接近空速管，撞击在空速管前端，并经全压口进入全压室。也就是说，气流在空速管全压口处完全受到阻滞，气流流速降到零。这个使气流流速降到零的点叫作阻滞点。

伯努利定理的基本内容为，当气流在流管内流动时，流管细、流速大，压力小；流管粗、流速小，压力大。当气流流速较小时，若不考虑空气压缩性，则伯努利方程的表达式为

$$p_1 + \frac{1}{2}\rho v_1^2 = p_2 + \frac{1}{2}\rho v_2^2 = 常数 \qquad (1\text{-}1\text{-}6)$$

当气流在截面 II 处受到阻滞时，其速度 v_2 降到零，即 $v_2=0$，所以有

$$p_1 + \frac{1}{2}\rho v_1^2 = p_2 = 常数$$

由上式可以看出，阻滞点的压力 p_2 包括两部分：一部分是大气静压 $p_1=p_s$；另一部分是

因 $v_2=0$ 气流的动能全部变为压力能，即 $\rho v_1^2/2$。因此，将阻滞点的压力 p_2 叫作全压 p_t，而将 $\rho v_1^2/2$ 叫作动压 q，伯努利方程又可写为

$$p_t = p_s + q$$

或

$$q = p_t - p_s = \frac{1}{2}\rho v_1^2 \tag{1-1-7}$$

在截面Ⅲ处，由于静压孔位于空速管周围没有紊流的地方，因此该处气流未受扰动，其速度 $v_3=v_1$，气流压力 $p_3=p_1=p_s$。因此，空速管静压孔收集的压力为大气静压。

已知动压 q 的表达式为 $\rho v_1^2/2$，所以真空速为

$$v_t = v_1 = \sqrt{\frac{2q}{\rho}} = \sqrt{2gR}\cdot\sqrt{\frac{t_s q}{p_s}} \tag{1-1-8}$$

由式（1-1-8）可知，通过对动压 q 和大气密度 ρ 的测量，即可求得真空速的大小。

当气流流速较大，必须考虑空气压缩性时，由于空气压缩过程进行得很快，因此可认为该过程为绝热过程，这时的伯努利方程可写为

$$\frac{v_1^2}{2} + \frac{K}{K-1}\cdot\frac{p_1}{\rho_1} = \frac{v_2^2}{2} + \frac{K}{K-1}\cdot\frac{p_2}{\rho_2} = 常数$$

在绝热过程中，ρ_1 和 ρ_2 的关系为

$$\frac{\rho_2}{\rho_1} = \left(\frac{p_2}{p_1}\right)^{\frac{1}{K}}$$

或

$$\rho_2 = \rho\left(\frac{p_2}{p_1}\right)^{\frac{1}{K}}$$

式中，$\rho_1=\rho$，$v_1=v$，$p_1=p_s$，$p_2=p_t$；

ρ、v、p_s——空气压缩前的静止大气密度、气流流速和大气静压。

因此有

$$\rho_2 = \rho\left(\frac{p_t}{p_s}\right)^{\frac{1}{K}}$$

将上式和 $v_2=0$ 代入伯努利方程，可得

$$p_t = p_s\left(1 + \frac{K-1}{K}\cdot\frac{\frac{1}{2}\rho v^2}{p_s}\right)^{\frac{K-1}{K}}$$

则气流动压为

$$q = p_t - p_s = p_s\left[\left(1 + \frac{K-1}{K}\cdot\frac{\frac{1}{2}\rho v^2}{p_s}\right)^{\frac{K-1}{K}} - 1\right] \tag{1-1-9}$$

变换式（1-1-9）可得真空速表达式，即

$$v_{\mathrm{t}} = v = \sqrt{\frac{2K}{K-1} \cdot \frac{p_{\mathrm{s}}}{\rho} \left[\left(1 + \frac{q}{p_{\mathrm{s}}} \right)^{\frac{K-1}{K}} - 1 \right]} \qquad (1\text{-}1\text{-}10)$$

由式（1-1-10）可以看出，真空速不仅与动压有关，还与大气静压、大气密度有关。只测量动压并不能反映真空速，要测量真空速，必须同时测量动压 q、大气静压 p_{s} 和大气密度 ρ，经换算而求得。

由于直接测量大气密度比较困难，所以一般利用大气密度 ρ 与大气静压 p_{s}、气温 t_{s} 的关系进行间接测量。由于

$$\rho = \frac{p_{\mathrm{s}}}{gRt_{\mathrm{s}}}$$

所以动压和真空速的表达式又可写为

$$q = p_{\mathrm{s}} \left[\left(1 + \frac{(K-1)v^2}{2KgRt_{\mathrm{s}}} \right)^{\frac{K-1}{K}} - 1 \right] \qquad (1\text{-}1\text{-}11)$$

或

$$v_{\mathrm{t}} = v = \sqrt{2gRt_{\mathrm{s}} \left(\frac{K}{K-1} \right) \left[\left(1 + \frac{q}{p_{\mathrm{s}}} \right)^{\frac{K-1}{K}} - 1 \right]} \qquad (1\text{-}1\text{-}12)$$

式中，K——空气绝热系数，$K=1.4$。

当 $M > 1$、考虑空气压缩性时，有

$$q = \left[\frac{166.9216M^7}{(7M_2 - 1)^{2.5}} - 1 \right] p_{\mathrm{s}} \qquad (1\text{-}1\text{-}13)$$

$$= \left[\frac{166.9216v_{\mathrm{t}}^7}{KgRt_{\mathrm{s}}(7v_{\mathrm{t}}^2 - KgRt_{\mathrm{s}})^{2.5}} - 1 \right] p_{\mathrm{s}}$$

有的大气数据计算机根据关系式 $M = v_{\mathrm{t}} / a$ 计算真空速。因为

$$v_{\mathrm{t}} = Ma = M\sqrt{KgRt_{\mathrm{s}}}$$

$$t_{\mathrm{s}} = \frac{t_{\mathrm{t}}}{1 + 0.2\gamma M^2}$$

式中，γ——恢复系数，$\gamma < 1$。所以

$$v_{\mathrm{t}} = \sqrt{KgR} \frac{M}{\sqrt{1 + 0.2\gamma M^2}} \sqrt{t_{\mathrm{t}}} \qquad (1\text{-}1\text{-}14)$$

因此，不论是超声速气流还是亚声速气流，也不论是否考虑空气压缩性，真空速与大气静压、气温和全压（或动压）都有确定的函数关系。因而通过测量大气静压、气温和全压（或动压）就可以间接地测量真空速。

在大气数据计算机中，式（1-1-8）为当 $M<1$、不考虑空气压缩性时的真空速计算公式；式（1-1-12）为当 $M \leqslant 1$、考虑空气压缩性时的真空速计算公式；式（1-1-13）为当 $M>1$、考虑空气压缩性时的真空速计算公式。

如果将计算机真空速的三种表达式中的大气静压 p_{s} 和静温 t_{s} 都看成常数，并使其分别等

于标准气压平面的大气静压 p_0 和静温 t_0，则可得如下的指示空速。

当 $M<1$、不考虑空气压缩性时，有

$$v_i = \sqrt{2gR} \cdot \sqrt{\frac{t_0 q}{p_0}} \qquad (1\text{-}1\text{-}15)$$

当 $M \leqslant 1$、考虑空气压缩性时，有

$$v_i = \sqrt{\frac{K}{K-1} 2gRt_0 \left[\left(1+\frac{q}{p_0}\right)^{\frac{K-1}{K}} - 1\right]} \qquad (1\text{-}1\text{-}16)$$

当 $M>1$、考虑空气压缩性时，有

$$q = \left[\frac{166.9216 v_t^7}{KgRt_0(7v_t^2 - KgRt_s)^{2.5}} - 1\right] p_0 \qquad (1\text{-}1\text{-}17)$$

由此可以看出，指示空速与动压 q 呈单值函数关系。实际上，它只是用指示空速表示的动压 q，只有在标准气压平面上它才与真空速相等。

（三）指示空速的测量原理

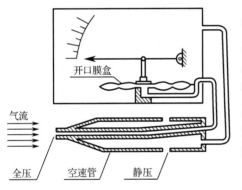

图 1-1-11　指示空速的测量原理

指示空速的测量原理如图 1-1-11 所示。根据标准大气条件下指示空速和动压的单值函数关系，通过开口膜盒来感受全压和静压之差——动压，在动压作用下开口膜盒产生位移，通过传动机构带动指针转动，指针角位移即可反映动压的大小。在静压和气温一定的条件下，动压大小完全取决于指示空速。因此，指针角位移可以表示指示空速的大小。

当飞机周围的大气数据不符合标准大气条件时，虽然真空速未变，但静压、气温的改变使空气密度改变，动压就要改变。因此，仪表的指示值不等于真空速。

既然指示空速不能准确地反映真空速，为什么在飞机上还需要测量它呢？指示空速虽然不能反映真空速，但能反映动压的大小，而飞机所受的空气动力（升力、阻力及舵面操纵力矩等）与动压有着密切的关系。

当飞机飞行时，相对气流从机翼上下表面流过，如图 1-1-12 所示。由于机翼有一定的攻角，所以在机翼上下表面形成的流线密度不同，形成压力差。垂直于飞行速度方向的压力差的总和叫作升力。当飞机重力为 G、压力差为 Y 时，若飞机平飞，则飞机升力应和重力相等，即

$$G = Y = C_Y(\rho v_i^2/2)S$$

式中，C_Y——升力系数，它可以反映攻角的大小。

在小于临界攻角（失速攻角）的范围内，攻角越大，升力系数越大。

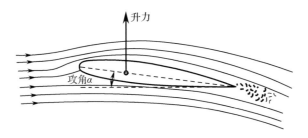

图 1-1-12　升力的产生

在已知飞机重力 G、机翼面积 S 和升力系数 C_Y 的情况下，可以计算出飞机平飞时所需要的动压，即

$$q = \frac{1}{2}\rho v_i^2 = \frac{G}{C_Y \cdot S} \qquad (1\text{-}1\text{-}18)$$

由式（1-1-18）可以看出，对同一架飞机而言，其机翼面积不变，若飞机的升力系数也不变，则为保持平飞要保持动压不变。

由升力公式可以看出，当增大攻角时，升力系数增大，要想保持升力不变，必须减小动压；当减小攻角时，要想保持升力不变，必须增大动压。因此，大的攻角对应于小的动压，即对应于小的指示空速；小的攻角对应于大的动压，即对应于大的指示空速。飞行员根据空速表的指示，就可以操纵飞机保持所需的攻角飞行。或者说，如果飞机平飞，则平飞过程中每个攻角均有一个对应的平飞所需速度。正因为在飞行状态一定的情况下速度和攻角有一定的关系，所以可以参考速度的大小，判断飞机是否失速或使其保持所需攻角飞行。

当飞机在不同高度上飞行时，若欲保持一定的攻角飞行，所需的指示空速一般是不变的，但所需的真空速却不一样。由此可见，飞行员根据指示空速操纵飞机比根据真空速操纵飞机更安全、方便。

当飞机跨声速和超声速飞行时，升力系数不仅与攻角有关，还与马赫数有关。在这种情况下，仅根据指示空速不能确定飞机所受空气动力的大小，还必须利用马赫数表来测量飞行马赫数的值。

（四）真空速的测量原理

1. 测量真空速的基本原理

根据真空速和动压、静压、气温的关系，要求真空速表的指示值随动压的增大而增大，随静压的增大而减小，随气温的降低而减小。只要真空速表按对应的关系准确感受动压、静压和气温的变化，就能准确地指示出真空速的大小。

测量真空速的基本原理如图 1-1-13 所示。真空速表有三个感受部分，分别感受气流的动压、静压和气温。其中，第一开口膜盒的内部通全压，外部（表壳内部）通静压，其位移的大小由动压决定；第二开口膜盒与内部装有感温液体的感温管相连接，其位移的大小由气温决定（该感温管装在飞机外部，以感受气温）；真空膜盒感受静压，其位移的大小由静压决定。真空膜盒与第二开口膜盒串联在一起，可以共同控制传动机构的传动比。

若静压、气温不变而动压增大，则真空速增大，这时第一开口膜盒膨胀，通过传动机构使指针转角增大。如果动压、静压不变而气温降低，则真空速减小，这时第二开口膜盒收缩使支点左移，传动比减小，指针转角减小。若动压、气温不变而静压减小，则真空速增大，这时真空膜盒膨胀使支点右移，减小传动臂，传动比增大，在同样的动压作用下，指针转角增大。

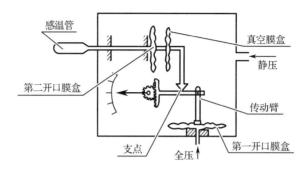

图 1-1-13　测量真空速的基本原理

根据这种原理工作的真空速表必须由三个感受部分共同控制传动机构，在结构上比较复杂，维护、调整很不方便。

2. 通过感受动压、静压测量真空速的原理

在标准大气条件下，气温与高度有对应关系，静压与高度也有对应关系。也就是说，气温与静压有对应关系，因此只需感受动压和静压就可以达到测量真空速的目的。

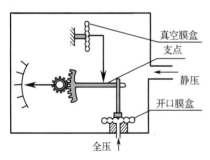

图 1-1-14　通过感受动压、静压测量
真空速的原理

通过感受动压、静压测量真空速的原理如图 1-1-14 所示。当动压增大时，开口膜盒膨胀，指针转角增大；若动压不变，则当静压减小时，真空膜盒膨胀，支点右移，传动比增大，在同样的动压作用下，指针转角增大。如果膜盒的特性曲线和传动特性曲线选择适当，真空速表就可以按照标准大气条件下真空速与动压、静压的关系式，随动压、静压的变化指示出飞机的真空速。

在这种真空速表中，真空膜盒的特性曲线不仅反映静压对真空速的影响，还反映气温对真空速的影响。由于结构简单，这种真空速表得到了广泛的应用。

3. 真空速表的气温方法误差

通过感受动压、静压测量真空速的真空速表，是利用在标准大气条件下真空速与动压、静压的关系而工作的。当外界气温不符合标准大气条件时，真空膜盒的位移不能准确地反映静压和气温对真空速的影响，真空速表的指示值将会产生误差，这种误差叫作气温方法误差。例如，动压、静压保持不变，气温升高，说明飞机的真空速增大。但真空速表的指示值仅由动压和静压决定，因此在这种情况下真空速表的指示值并不会增加，所以出现了少指误差；当飞机周围的气温降低时，真空速表将出现多指误差。

当飞机周围的气温不符合标准大气条件时，真空速表指示的真空速与实际的真空速之间的关系为

$$v_{真} = v_{真表} \sqrt{t_{实}/t_{标}} \qquad (1\text{-}1\text{-}19)$$

式中，$v_{真}$——实际的真空速；

$\quad\quad v_{真表}$——真空速表指示的真空速；

$\quad\quad t_{实}$——飞机周围的实际气温；

$\quad\quad t_{标}$——标准大气条件下的气温。

根据式（1-1-19），飞行员可以按真空速表指示的真空速计算出实际的真空速。

4．指示空速和真空速的关系

在标准大气条件下，真空速和指示空速相等。当飞机周围的大气不符合标准大气条件时，虽然真空速不变，但大气密度变化会引起动压变化。此外，气温变化会引起空气压缩性修正量变化，从而也会引起动压变化。

在飞机飞行过程中，大气密度的变化和空气压缩性修正量的变化同时影响真空速的大小，两者比较，前者影响大，后者影响小。因此，在低空中，大气密度相对变化量较小，故真空速表指示的真空速和指示空速近似相等；在海平面上，真空速等于指示空速，随着高度升高，大气密度相对变化量增大，真空速大于指示空速。

四、马赫数的测量及计算

（一）马赫数的定义

飞机真空速与所在高度的声速之比叫作马赫数（M）。马赫数是一个无量纲数。

当飞机超声速飞行时，机头前缘形成激波，使飞机操纵性能变坏，甚至引起激波失速，这时的空速叫作临界空速。临界空速与声速之比叫作临界马赫数。因此，对高空、高速飞机来说，除了需要测量空速，还需要测量马赫数，以使飞行员操纵飞机安全地通过"音障"。

（二）马赫数的测量

在飞机飞行过程中，空气会受到压缩，空气被压缩的程度，即压缩性的大小，不仅与真空速有关，还与声速有关。由前面分析过的理论可知，当飞机空速较大或超声速飞行时，由于空气压缩性的影响，指示空速已不能反映空气动力情况，因此必须测量马赫数。

当飞机飞行速度较小时，机翼周围的气压变化引起的大气密度变化较小，可认为大气密度不变。此时，空速的表达式为

$$v = \sqrt{\frac{2q}{\rho}} = \sqrt{\frac{2Rgt_s}{p_s} \cdot q} \quad\quad （1-1-20）$$

又由于声速为

$$a = \sqrt{KgRt_s}$$

所以

$$M = \frac{v}{a} = \frac{\sqrt{\dfrac{2Rgt_s \cdot q}{p_s}}}{\sqrt{KgRt_s}} = \sqrt{\frac{2q}{Kp_s}} \quad\quad （1-1-21）$$

当飞机飞行速度较大时，应考虑空气压缩性的影响，由于空气压缩过程是绝热过程，因此其空速表达式为

$$v = \sqrt{2gRt_s\left(\frac{K}{K-1}\right)\left[\left(1+\frac{q}{p_s}\right)^{\frac{K-1}{K}}-1\right]} \qquad (1\text{-}1\text{-}22)$$

所以

$$M = \frac{v}{a} = \sqrt{\frac{2}{K-1}\left[\left(1+\frac{q}{p_s}\right)^{\frac{K-1}{K}}-1\right]} \qquad (1\text{-}1\text{-}23)$$

当飞机超声速飞行时，飞机的空气动力特性会发生显著变化，马赫数和动压、静压的关系式为

$$\frac{q}{p_s} = \frac{166.9216M^7}{(7M^2-1)^{2.5}}-1 \qquad (1\text{-}1\text{-}24)$$

由式（1-1-24）可以看出，马赫数只与动压和静压有关，而与气温无关。因此，通过测量动压和静压就可得到相应的马赫数。

马赫数也可以用膜盒式仪表进行测量，其测量原理与真空速表的测量原理相同，只需把真空速表的刻度值换为马赫数，其原理图可参考图 1-1-14。

五、升降速度的测量及计算

（一）升降速度的定义

飞机单位时间内的高度变化量叫作升降速度。升降速度主要用来测量飞机的升降率，即飞机沿当地垂线上升或下降的速度，所以又叫作高度变化率、爬升率。升降速度也可以用于辅助地平仪判断飞机是否在平飞。升降速度为零，表示飞机在平飞。

（二）升降速度的测量及计算方法

升降速度的测量及计算方法较多，主要有以下几种。

- 利用飞机的升降速度表，在飞机上升或下降时，通过测量毛细管两端的压力差间接测量飞机的升降速度。
- 在惯性导航系统中，利用安装在平台上的垂直方向加速度计精确测量垂直加速度，经过积分即可求得飞机的升降速度。
- 在多普勒导航系统中，可以利用多普勒效应，通过测量频率差值间接测量飞机的升降速度。
- 利用 dh/dp_s 和测量到的静压变化率 dp_s/dt，通过大气数据计算机根据公式 $\dfrac{dh}{dp_s}\cdot\dfrac{dp_s}{dt}$ 进行计算即可求得飞机的升降速度。

（三）升降速度表的基本工作原理

当飞机飞行高度变化时，气压也随之变化，因此气压变化的快慢能表示飞机升降速度的大小。

升降速度表的基本工作原理如图 1-1-15 所示，它是通过测量毛细管两端的压力差从而指

示飞机升降速度的。在升降速度表中有一个开口膜盒，开口膜盒内部通过一个内径较大的钢管和大气相通，开口膜盒外部（表壳内部）通过一个毛细管与大气相通。开口膜盒内外的压力差就是毛细管两端的压力差，也就是飞机外部与表壳内部的压力差。

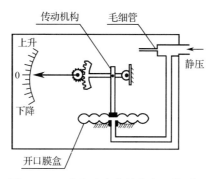

图 1-1-15　升降速度表的基本工作原理

当飞机平飞时，表壳内部气压等于飞机外部气压，开口膜盒内外的压力差等于零，指针指向 0。

当飞机爬升时，飞机外部气压逐渐减小，开口膜盒内部与表壳内部的空气同时向外流出，由于毛细管的阻碍作用，表壳内部气压减小得慢，因此在表壳内部形成剩余压力，开口膜盒内外形成压力差。飞机爬升得越快，压力差越大。在此压力差作用下，开口膜盒收缩，通过传动机构使指针向上指示，表示飞机爬升。开始，由于毛细管两端的压力差很小，空气流过毛细管的速度很慢，表壳内部气压变化率小于飞机外部气压变化率，所以压力差逐渐增大。随着压力差增大，空气流过毛细管的速度逐渐加快，表壳内部气压变化率也逐渐增大，当表壳内部气压变化率与飞机外部气压变化率相等时，压力差保持一定，指针指示的爬升数值一定。

当飞机由爬升改为平飞时，飞机外部气压不再变化，这时表壳内部的气体在剩余压力作用下由毛细管流出，剩余压力减小，开口膜盒内外压力差变小，指针指示的爬升数值减小。当剩余压力为零，即表壳内部气压等于飞机外部气压时，膜盒内外压力相等，压力差为零，指针回零，表示飞机平飞。

当飞机下降时，与上述情况相反，开口膜盒膨胀，指针指示相应的下降数值。

六、其他大气数据计算公式

大气数据计算机在输入静压 p_s、全压 p_t、总温 t_t、攻角 α、气压修正信号和静压源误差修正信号的条件下，能提供气压高度、气压修正高度、升降速度、真空速、指示空速、马赫数、大气静温、大气密度和真实攻角等信息，为了方便大气数据计算机对上述参数进行处理和计算，必须给出这些参数的函数表达式。前面已分析和讨论了飞行高度、空速、马赫数、升降速度等飞行参数和大气静压、动压和气温的关系，这些参数除了可以利用膜盒式仪表进行测量、指示，还可以通过大气数据计算机进行计算得到。下面介绍其他大气数据计算公式。

（一）真实静压 p_s

大气的真实静压 p_s 的计算公式为

$$p_s = p_{si} + \Delta p_s \qquad (1\text{-}1\text{-}25)$$

式中，p_s——大气的真实静压；

　　　p_{si}——指示静压，空气压力受感器感受到的值，用于计算；

　　　Δp_s——静压源误差修正值，是马赫数的函数。

由于马赫数又是静压、全压的函数，因此有

$$\Delta p_s = f(p_{si}, p_t)$$

静压源误差修正系数为

$$CP = \Delta p_s / q_c = (p_{si} - p_s) / (p_t - p_s)$$

式中，CP——静压源误差修正系数；

　　　Δp_s——静压源误差修正值；

　　　p_{si}——空气压力受感器感受到的指示静压；

　　　p_t——空气压力受感器感受到的全压；

　　　p_s——真实静压；

　　　q_c——动压。

因为

$$\Delta p_s = CP \times q_c = CP \times (p_t - p_s)$$
$$CP = f(M), \quad M = f(q_c / p_{si})$$

所以

$$\Delta p_s = f(q_c / p_{si})$$

根据试飞可以得出 CP 与 M 的关系曲线，将其换算成 CP 与 q_c/p_{si} 的关系曲线，即可得到 Δp_s 与 M 的关系曲线，如图 1-1-16 所示。知道 p_{si} 和 Δp_s，便可以得到真实静压 p_s。

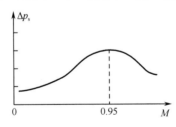

图 1-1-16　Δp_s 与 M 的关系曲线

（二）动压 q_c

动压的计算公式为

$$q_c = p_t - p_s \tag{1-1-26}$$

式中，q_c——动压；

　　　p_t——全（总）压，通过空气压力受感器的全（总）压口收集；

　　　p_s——真实静压。

实际上，根据伯努利定律也可以推导出动压，即

$$q_c = \rho v^2 / 2$$

式中，ρ——大气密度；

　　　v——空速。

（三）气压修正高度 h_c

气压修正高度的计算公式为

$$h_c = h_p - h_{BS} \tag{1-1-27}$$

式中，h_{BS}——装订气压高度。

（四）高度保持或高度差 Δh

高度保持或高度差是指飞机飞行高度与给定高度之差，用 Δh 表示，即

$$\Delta h = h_p - h_{po} \tag{1-1-28}$$

式中，h_{po}——飞行控制系统发出的定高指令信号。

当飞机定高飞行时，飞行控制系统发出定高指令信号，使大气数据计算机以当时的气压高度为基准输出高度差信号，根据飞行控制律调整飞机舱面让飞机保持定高飞行。

（五）大气静温 t_s

当受阻滞气流的动能全部转换为热能而无能量损失时，可求出大气静温，即

$$t_s = \frac{t_t}{1 + 0.2 M^2} \tag{1-1-29}$$

式中，t_t——全受阻温度，即总温。

当飞机在空中飞行时，气流相对于飞机以相反方向流动。当气流流经飞机的迎面而受到阻挡时，气流流速因阻滞而下降为零，如图 1-1-17 所示。

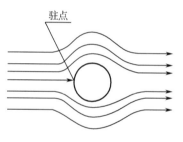

驻点

图 1-1-17　气流全受阻

气流流速降为零的这一点称为驻点。在驻点处，气流的全部动能转换为压力能和热能，致使驻点的压力和温度都升高。驻点处的温度叫作总温，用 t_t 表示。总温由总温传感器测量，并经过修正得到，其计算公式为

$$t_t = \frac{t_{ti} + \Delta t_w}{1 - 0.002 M} \tag{1-1-30}$$

式中，t_{ti}——指示总温，由总温传感器测量；

　　　　Δt_w——温度误差修正值。

由式（1-1-30）可以看到，指示总温小于理论值，原因是总温传感器在用于实际测量时，总是有一部分气流流动要带走一部分热量，同时热量在辐射和传导过程中也会损失一部分。

（六）大气密度比 ρ/ρ_0

根据气体状态方程 $p_s = \rho g R t_s$、$p_0 = \rho_0 g R t_0$，可得

$$\rho/\rho_0 = \frac{p_s}{p_0} \frac{t_0}{t_s} \tag{1-1-31}$$

式中，ρ_0、p_0、t_0——标准气压平面大气的密度、压力、温度；

　　　　ρ、p_s、t_s——飞机所在高度大气的密度、压力、温度。

（七）真实攻角α_t

攻角是指机翼翼弦与相对气流之间的夹角，用α_t表示。机翼前后缘之间的连线称为翼弦。机翼翼弦偏在气流上方所夹的角为正攻角；反之为负攻角。改变攻角的大小，可以改变升力的大小，如图1-1-18所示。例如，适当增大攻角，可以增大升力，因为这时流经机翼上表面的气流流速变得更快，流经机翼下表面的气流流速相对减缓，使机翼上下表面的压力差更大，升力增大。但是，当攻角过大时，机翼气流严重紊乱，飞行阻力明显加大，升力反而减小，以致造成失速，危害飞行安全。这时的攻角称为临界攻角，飞行员操纵飞机时，攻角不允许超过临界攻角。不同的飞机在不同飞行状态，其允许的临界攻角不同，当超过允许的临界攻角时，攻角告警装置将向飞行员发出告警。

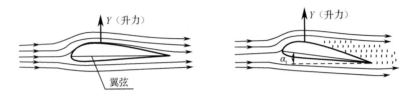

图1-1-18　攻角对升力的影响

在大气数据系统中，攻角是由攻角传感器测量得到的，但由攻角传感器测量得到的攻角因机身和马赫数的影响是局部攻角α_l，其与真实攻角相差一个角度，必须经大气数据计算机修正后才得出真实攻角α_t，即

$$\alpha_t = \alpha_l - \Delta\alpha \qquad\qquad (1\text{-}1\text{-}32)$$

式中，α_t——真实攻角；

　　　α_l——由攻角传感器测量得到的测量攻角，又叫作指示攻角；

　　　$\Delta\alpha$——根据不同的马赫数得到的修正值。

第二节　大气数据的测量传感器

在大气数据系统提供的众多大气数据信息中，最基本的信息是飞行的气压高度、指示空速、真空速、马赫数、气温和大气密度等，其余信息都可由这6个信息演变而来，而这6个基本信息又可根据大气静压、全压、总温和攻角这4个原始参数经过大气数据计算机的解算求得。准确地测量这些原始参数，对保证大气数据系统精确、可靠地工作十分重要。

在大气数据系统中，大气静压p_s、全压p_t、静温t_s和攻角α是必备的原始参数。它们的测量误差直接影响大气数据计算机向各机载系统输出参数的精度，为此必须研究原始参数传感器的工作原理和测量电路。

大气数据计算机的原始参数传感器有静压传感器、全压传感器、总温传感器和攻角传感器等。通常把静压传感器和全压传感器统称为压力传感器。大气数据系统中的压力传感器一般有固态石英传感器、压阻式压力传感器、振膜式压力传感器和振动筒式压力传感器。静温一般采用阻滞型总温传感器间接进行测量。飞机上的攻角传感器较多，常用的有旋转风标式攻角传感器、差压管式攻角传感器和零压差式攻角传感器。下面简要介绍振动筒式压力传感器、总温传感器和攻角传感器。

一、振动筒式压力传感器

振动筒式压力传感器是利用振动筒的固有频率来测量压力的，其固有频率的大小取决于筒的形状、大小、材料和筒周围的介质。应用均匀薄壁圆筒作为敏感元件是近年来发展起来的一种新技术。这种传感器的优点是迟滞误差和漂移误差小、稳定性好、分辨率高、轻便、成本低，主要用于测量气体的压力，在大气数据系统中用于测量大气静压和全压。

（一）振动筒式压力传感器的结构

振动筒式压力传感器的基本结构如图 1-2-1 所示。它由振动筒、激振线圈、拾振线圈、线圈架、基座和外壳等组成。

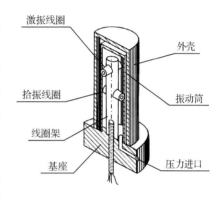

振动筒式压力传感器的核心部件是振动筒，通常是一个壁厚为 0.08mm 左右的薄壁圆筒。圆筒的一端密闭，为自由端，另一端固定在基座上。改变圆筒的壁厚，可以获得不同的测压范围。圆筒的材料采用有良好的磁性能、低温高弹性和高导磁性的材料制成。

电磁系统由两个线圈——激振线圈和拾振线圈构成。在线圈架上按一定距离呈十字形交叉排列。激振线圈是振动筒的激励源，它驱使振动筒发生振动。拾

图 1-2-1　振动筒式压力传感器的基本结构

振线圈感受振动筒的振动，并输出与振动频率成比例的感应电动势。在激振线圈和拾振线圈中心，分别有一根导磁棒和永磁棒。

基座用来安装振动筒和线圈组件；外壳用来保护振动筒，并起电磁屏蔽作用。外壳和振动筒之间抽成真空，作为参考压力标准。

（二）振动筒式压力传感器的工作原理

振动筒可以等效为一个二阶强迫振荡系统，它有一个固有的谐振频率，品质因数很高。激振线圈和拾振线圈通过振动筒互相耦合，先用集成运放组成一个正反馈的振荡电路，如图 1-2-2 所示，再经过整形电路输出一系列脉冲方波。

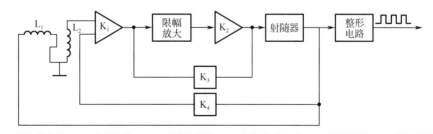

K₁—输入放大器；K₂—中间电路；K₃—反馈放大器；K₄—相位校正电路；L₁—激振线圈；L₂—拾振线圈。

图 1-2-2　振动筒式压力传感器的工作原理

当电源未接通时，振动筒处于静止状态，一旦直流电源接通激励放大器，激励放大器的固有噪声便在激振线圈中产生微弱的随机脉冲。该阶跃信号通过激振线圈时引起磁场改变，形成脉动力，从而引起振动筒的筒壁变形，使筒壁以低振幅的谐振频率振动。筒壁位移被拾

振线圈感受到，从而在拾振线圈中产生感应电动势。显然，如果外部不继续提供能量给激振的机械系统，则由于阻尼作用，振荡将逐渐衰减。

为此，通过外部电路使拾振线圈输出的感应电动势经放大后反馈到激振线圈，产生激振力，于是振动筒便迅速进入谐振状态，并以一定的振型维持振荡。由于振动筒有着很高的品质因数，所以振动筒只有在以其固有振动频率振动时，才有最大的振幅。如果其振动偏离了固有振动频率，其振幅就会迅速减小，拾振线圈的感应电动势也随之减小，从而使电路因不能满足振荡条件而停止振荡。

当被测压力为零时，振动筒处于谐振状态，其谐振频率为 f_0，这时振动筒内外腔的压力相等，如果忽略介质质量和内摩擦，以及气体介质的黏滞阻尼等的影响，则根据振动筒的振动理论，可推导出振动筒在零压力下的固有频率，即

$$f_0 = \frac{1}{2\pi} \sqrt{\frac{Eg}{\rho R^2 (1 - \mu^2)}} \sqrt{\Delta} \qquad （1\text{-}2\text{-}1）$$

式中，$\Delta = (1-\mu^2)\lambda^4 / (\lambda^2+n^2)^2 + \alpha(\lambda^2+n^2)^2$，$\lambda = \pi R m / l$，$\alpha = h^2/12R$；

    g——当地重力加速度；

    ρ——振动筒材料的密度；

    μ——振动筒材料的泊松比；

    E——振动筒材料的弹性系数；

    h——振动筒壁厚；

    R——振动筒的曲面半径；

    l——振动筒的有效长度；

    n——振动筒振动时沿圆周的周期数；

    m——振动筒振动时的轴向半波数。

当被测压力进入振动筒内腔时，被测压力的作用使振动筒的刚度发生变化，从而改变了其谐振频率。拾振线圈一方面直接检测出随压力变化而变化的振动频率增量，并立即将此电势信号经放大后由整形电路输出；另一方面不断地把输出的感应电动势正反馈到激振线圈，产生激振力，使振动筒迅速进入新的谐振状态。输入压力不同，振动筒的谐振频率不同，所以振动筒的谐振频率大小可以表征被测压力的大小。

（三）振动筒式压力传感器振动频率和被测压力的关系

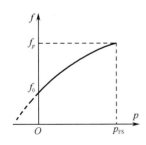

图 1-2-3 振动频率和被测压力的关系曲线

由式（1-2-1）可知，当被测压力为零时，振动筒的谐振频率是振动筒材料的物理性质和几何尺寸的函数。因此，谐振频率的稳定性主要取决于振动筒材料的物理性质稳定性。当被测压力不为零时，振动筒内外腔压力差引起筒壁应力变化，振动筒刚度发生变化，所以系统的振动频率也随之改变，振动频率和被测压力成单值函数关系。实验指出，在恒温条件下，振动频率与被测压力不是线性关系，其关系曲线是一条近似抛物线，如图 1-2-3 所示，一般可表示为

$$p = a_0 + a_1(\Delta f) + a_2(\Delta f)^2 + a_3(\Delta f)^3 \qquad （1\text{-}2\text{-}2）$$

式中，p——被测压力；

a_0、a_1、a_2、a_3——常数，一般由实验方法求得，通常很小，因而式中三次项可忽略不计；

Δf——频率差，$\Delta f = f_p - f_0$。

当常数 a_1 和 a_2 满足一定条件时，由式（1-2-2）可得出振动筒式压力传感器输出频率和被测压力的关系为

$$f_p = f_0 \sqrt{1 + Ap} \qquad （1\text{-}2\text{-}3）$$

式中，A——振动筒常数，与振动筒材料的物理性质和几何尺寸有关，被测压力通入振动筒内腔时 A 取正值，通入振动筒外腔时 A 取负值。一般可以近似地用下式求 A：

$$A \approx \frac{12(1 - \mu^2)}{En^2} \left(\frac{R}{h} \right)^3$$

式中，n——振动筒振动时沿圆周的周期数，它可以根据下式近似计算：

$$n = \sqrt[4]{4\lambda^2 R / h}$$

目前国内生产的振动筒式压力传感器，其振动筒的几何尺寸为 $h \approx 0.08\text{mm}$、$l \approx 57\text{mm}$、$R \approx 9\text{mm}$。

（四）振动筒式压力传感器的温度误差及补偿

振动筒式压力传感器以周期（或频率）量输出，具有阻尼小、品质因数高的特性，对外界冲击、振动、加速度及电源电压波动等不敏感，稳定性好，但在较大的温度范围内使用时必须对温度误差加以补偿。补偿方法有两种：一是采用石英晶体作为温度传感器，与振动筒式压力传感器封装在一起，感受相同的环境温度；二是用一只半导体二极管作为感温元件，利用其偏置电压随温度变化而变化的原理进行温度补偿。

二、总温传感器

总温传感器是用来测量高速气流全受阻温度的测量器件，它主要向大气数据系统输出大气总温信号，以便进行静温、大气密度比、真空速的计算。

（一）总温传感器的原理结构

总温传感器是一个横截面沿轴向收敛的导管，其外形和原理结构如图 1-2-4 所示。

在靠近导管的最小横截面处有一个凸台，当气流流过导管最小截面处时，由于气流有黏性，所以在导管内壁形成附面层，气流受到阻滞，流速减到最小极限值。由于受阻滞的气流来不及与外界进行热交换，所以可认为该过程是绝热阻滞过程，气流的动能几乎全部转换为热能，使导管内壁温度升高。由于压差和凸台的作用，进入导管的气流一部分继续做直线运动，从导管出气口

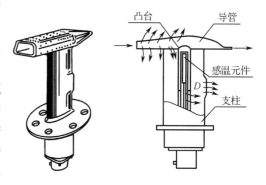

图 1-2-4　总温传感器的外形和原理结构

流出；另一部分转弯 90°，进入感温元件周围的空腔，并从 D 处流出。气流温度就是气流在导管内凸台处受到阻滞时的阻滞温度，近似地等于气流总温。

感温元件是一个将铂金属丝绕在绝缘骨架上组成的感温电阻，它是利用铂金属丝的

电阻率随温度变化而变化的特性工作的。在已知的金属材料中，铂是目前制造感温电阻的最好材料，在制造标准电阻温度计或需要在高温下进行精密测量时，一般用铂金属丝感温电阻。

当测温范围为 0～660℃时，铂金属丝感温电阻的特性方程为

$$R_t = R_0(1 + At + Bt^2) \qquad (1\text{-}2\text{-}4)$$

式中，R_t——温度为 t℃时铂金属丝的电阻值；

　　　R_0——温度为 0℃时铂金属丝的电阻值；

　　　A、B——常数，不同纯度的铂，其 A、B 不同。

当测温范围为 -190～0℃时，铂金属丝感温电阻的特性方程为

$$R_t = R_0[1 + At + Bt^2 + C(t - 100)t^3] \qquad (1\text{-}2\text{-}5)$$

式中，C——常数。

总温传感器采用带凸台的分流机构，避免了气流对感温电阻的直接冲击和气流中的杂质对测量精度的影响，保证了感温电阻测温的安全性；采用双感温电阻，同时输出两个信号的双余度结构，使测温可靠性得到了加强。在导管周围有众多有序排列的排气小孔，可使导管内壁附面层的气流迅速排出，避免了导管内壁各点阻滞温度的相互影响，提高了测温的准确度。

（二）总温传感器的测量原理

就测量原理而言，总温传感器实际上相当于一个热敏电阻，其电阻值随温度变化而变化，其具体关系如表 1-2-1 所示。

表 1-2-1　总温传感器的温度与电阻值关系表

$t/$℃	R/Ω	$t/$℃	R/Ω	$t/$℃	R/Ω
-70	216.65	80	392.82	230	560.18
-60	228.70	90	404.24	240	570.06
-50	240.70	100	415.64	250	581.85
-40	252.64	110	426.99	260	592.63
-30	264.55	120	438.29	270	603.38
-20	276.39	130	449.58	280	614.07
-10	288.22	140	460.80	290	624.76
0	300.00	150	471.99	300	635.37
10	311.74	160	483.17	310	645.96
20	323.44	170	494.29	320	656.51
30	335.10	180	505.35	330	667.03
40	346.73	190	516.40	340	677.48
50	358.30	200	527.42	350	687.93
60	369.86	210	538.38		
70	381.86	220	549.28		

虽然气流的动能转换为热能，使温度明显升高，但不可避免地存在热量损失，感温电阻表面的温度总是略低于总温 t_t，称为阻滞温度 t_t'。它们的比值 $N=t_t'/t_t$ 称为总温恢复系数。

下面以某大气数据系统中总温的测量电路为例，说明总温传感器的测量原理。如图 1-2-5（a）所示，程控开关 K 由 ADC 控制，I_R 由平均电流≤5mA 的恒流源提供，当大气数据计算机需要采集总温电压信号时，由大气数据计算机提供采样电流 I_R，总温电压信号经滤波后为 V_{T1}、V_{T2}，之后输出到 ADC 输入接口组件（IIU）的模拟多路开关，供大气数据计算机进行 A/D 转换。I_R 在不采样时很小，其大小与电阻 R_1 有关，如图 1-2-5（b）所示。采用这种采样方式和小电流工作的目的是降低功耗和提高总温传感器的工作可靠性。

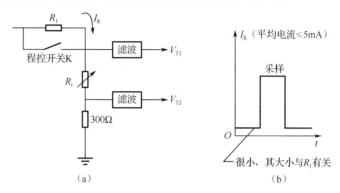

图 1-2-5　总温传感器的测量原理

三、攻角传感器

在飞机飞行过程中，迎面气流方向与飞机机翼翼弦之间的夹角叫作攻角。攻角是影响飞机升力和阻力的重要参数。在飞机平飞过程中，每个攻角均有一个相对应的平飞所需速度。如果攻角大于临界值（又叫临界攻角），那么飞机将会失速。另外，攻角还影响全压、静压的测量精度。在现代飞机上，攻角主要用于失速告警和操纵控制信号。在大气数据计算机中提供的主要是真实攻角信号，供火控计算机和平视显示器使用。

飞机利用攻角传感器来感受攻角的变化，并输出相应的电压信号。目前，飞机上使用的攻角传感器有旋转风标式、差压管式、零压差式三种形式，下面分别叙述其原理和结构。

（一）旋转风标式攻角传感器

旋转风标式攻角传感器利用风标受空气动力的作用而感受攻角的变化，通过电位器或同步器将攻角变化量转换为相对应的电压信号。

旋转风标式攻角和侧滑角传感器如图 1-2-6 所示，它由一个具有对称剖面的风标和角度变换器组成，风标是两个小叶片，装在支杆两侧，可以绕转轴转动。转轴上装有配重和电刷，配重用来使转轴两侧的重力平衡，避免重力对风标位置的影响。角度变换器是一个电位器或同步器，用来将角位移变成电压信号输出。

当攻角为零时，叶片中心线与气流方向平行，叶片上下两面所受空气动力相等，叶片不会旋转，输出电压为零。当飞机以某一攻角飞行时，由于叶片中心线偏离气流方向，作用于叶片上下两面的空气动力不等，从而产生压力差。此压力差使叶片相对于飞机转动，直到叶片中心线与气流方向重新平行为止。此时，叶片转动的角度正好等于攻角变化量。叶片带动转轴转动的角度可用电位器或同步器等各种角度变换器变换成相应的电压信号。攻角一定，电刷在电位器上的位置一定，输出的电压信号也一定。

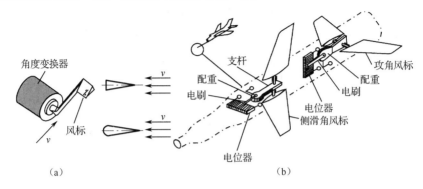

图 1-2-6　旋转风标式攻角和侧滑角传感器

为了提高风标在工作时的稳定性，旋转风标式攻角传感器一般都附加阻尼器。为了提高风标转动的灵活性，防止温度降低时气流中的水汽结冰，旋转风标式攻角传感器的叶片内部有加温装置。同时旋转风标式攻角传感器采用双叶片结构，以增加空气动力矩，提高测量灵敏度。

旋转风标式攻角传感器安装位置的选择直接影响测量精度，因此其一般安装在机身前部无紊流之处。它和侧滑角传感器一起，合称为旋转风标式攻角和侧滑角传感器。这种传感器具有结构简单、体积小、没有原理误差等优点。但它易受气流扰动的影响，精度低，负载能力较小。

（二）差压管式攻角传感器

差压管式攻角传感器由差压管和压力传感器组成，传感器的探头示于图 1-2-7，它是一个截锥形或球形五孔差压管。在截锥形差压管的前端沿管轴线方向开一个小孔 5，小孔 5 迎着气流方向，用于收集气流的全压。在与差压管轴线对称的上下和左右两边各开有两对小孔，其中 2、4 两个小孔用来测量攻角变化时产生的压差；1、3 两个小孔用来测量侧滑角变化时产生的压差。这些小孔各与差压管内的一个腔室相通，它们收集到的压力分别由导管输送到压力传感器。

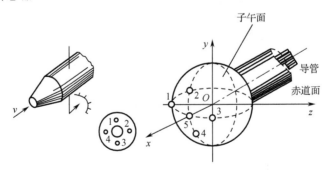

图 1-2-7　差压管式攻角侧滑角传感器

当攻角为零、差压管轴线与气流方向一致时，小孔 2 和小孔 4 引入的压力相等，其压力差 $\Delta p = p_2 - p_4 = 0$。当攻角不为零时，小孔 2 和小孔 4 引入的压力不相等，其压力差 Δp 的大小取决于攻角和全压。因此，可根据压力差 Δp 的大小确定攻角的大小。Δp 可用压力传感器进行测量。为了消除全压的影响，应测量压力差 Δp 和全压的比值，即利用压力比测量装置间接测量局部攻角的大小。全压由截锥形或球形差压管的中心孔引入。

（三）零压差式攻角传感器

零压差式攻角传感器是目前广泛应用的一种攻角传感器，主要由隔板、桨叶和电位器等组成，其外形和结构如图1-2-8所示。

零压差式攻角传感器安装于飞机机身外机头左侧，锥形探头伸到气流中，其轴线垂直于飞机纵轴。探头是一个中间有隔板、中心线两侧对称开有两排气孔的圆锥体。两排气孔迎着气流开设。探头与中间进气道的空心轴固连。在空心轴上固定着桨叶和角度变换器（电位器或同步器）的电刷。

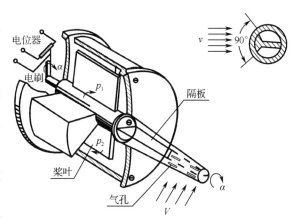

图1-2-8　零压差式攻角传感器的外形和结构

在飞机飞行过程中，探头的轴线平行于飞机的横轴。当攻角为零时，隔板平面与气流方向平行。两排气孔正对着迎面气流，因此通过隔板上下两排进气槽经进气道进入气室的气流压力相等，桨叶受到的气动力矩相等，空心轴不转动，电位器无电压信号输出。当飞机以某一攻角飞行时，安装在机身上的零压差式攻角传感器随飞机一起转动，因此探头上的两排进气槽也相对于气流方向转动一个相同的角度。这时，通过两排进气槽进入气室的气流压力不再相等。压力差将使桨叶带着转轴和电刷转动，并通过空心轴带着探头一起转动。当探头上的两排气孔重新对正气流方向时，上下气室压力相等，压力差为零，桨叶、转轴和探头都停止转动。此时，电刷在电位器上的转角就是探头的角位移，即飞机的攻角。电位器输出电压信号和飞机的攻角成比例。

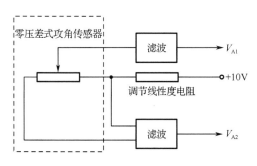

图1-2-9　零压差式攻角传感器的原理电路图

零压差式攻角传感器的电位器由大气数据计算机的电源部分提供不大于 $10V$ 的直流电压。为防止气流中水汽因过冷而结冰，影响零压差式攻角传感器的测量精度，在探头中还设有加温装置。但若环境温度高于 $25\sim35℃$，加温装置电路被温度继电器断开，以防误接通加温装置电路，从而烧坏零压差式攻角传感器。零压差式攻角传感器的原理电路图如图1-2-9所示。

零压差式攻角传感器稳定性较好，因而测量精度较高，得到了广泛应用。但这种攻角传感器所感受到的只是局部攻角（又叫指示攻角或测量攻角），即它所反映的只是探头安装处局部区域内的气流与飞机纵轴之间的夹角。局部攻角和真实攻角之间的关系与飞机外形、攻角传感器安装部位、马赫数的大小等多种因素有关，一般通过风洞试验和飞行试验确定。某型飞机零压差式攻角传感器局部攻角 α_L 的计算公式为

$$\alpha_L = \frac{V_{A1}}{V_{A2}} \times K - 10 \qquad\qquad (1\text{-}2\text{-}6)$$

式中，K——系数。

飞机的真实攻角应根据真实攻角和局部攻角试验曲线插值得到。

第三节　大气数据计算机原理

大气数据计算机是大气数据系统的核心部件，所有传感器信号的测量、数字信号的接收、大气数据的解算、数字信号的输出、指令或模拟信号的输出都是在 ADC 的控制下进行的。

大气数据计算机一般包括输入模块、CPU 模块、输出模块和电源模块。输入模块可分为传感器输入模块、接口输入模块等，输出模块可分为数字量输出模块、模拟量输出模块和接口输出模块。这里的接口是指 27V 的离散信号接口或电平信号接口。

一般情况下，大气数据计算机接收来自全静压系统空气压力受感器（空速管）的全压 p_t、静压 p_s 信号，来自攻角传感器的局部攻角 α_L 信号，来自总温传感器的阻滞温度 t_t 信号，经变换处理、计算和修正后，以 ARINC-429 串行数字量、模拟量和开关量的形式向飞机的有关系统和指示仪表提供下列大气数据：气压高度 h_p、马赫数 M、真空速 v_t、指示空速 v_i、升降速度 v_p、真实攻角 α_t、大气密度比 ρ/ρ_0、动压 q_c、气压修正高度 h_c、高度差 Δh。

大气数据计算机同时自动地对压力传感器进行温度修正和线性化处理，对指示静压进行静压源误差修正，对局部攻角进行真实攻角修正。

大气数据计算机一般都具备空中自监控功能和地面自检功能。空中自监控功能是指飞机在空中飞行时，大气数据计算机能在实时采样和解算过程中连续不断地对自身进行自动监测。空中自监控能力是非中断式的，接通电源后连续地自动进行，一旦连续发现多次故障，就自动记忆故障标志，发出故障告警。地面自检功能是中断式的，可由面板上的"自检"按钮或座舱内的"远距自检"按钮启动自检程序，当"自检"开关接通时，中断正常运行，执行自检程序，自检结束后输出一组参数。地面自检功能为飞行前后的检查工作提供了方便。

一、大气数据计算机的组成和工作原理

大气数据计算机是典型的机载计算机系统，包括硬件和软件两部分。

硬件部分一般包括频率量采集模块（F/D 转换）、模拟量采集模块（A/D 转换）、开关量采集模块（DI 接口）、数字量输出模块、模拟量输出模块（D/A 转换）、开关量输出模块（DO 接口）、主处理机模块（CPU）、电源模块、测试接口等。其中，频率量采集模块用来采集大气静压、全压，它接收来自振动筒式压力传感器的频率量；模拟量采集模块主要用来采集总温传感器、攻角传感器等的信号；开关量采集模块用来采集其他设备的开关量指令信号，开关量指令信号一般为+27V 的离散信号；数字量输出模块用来实现机载电子设备的综合化，机载计算机系统的网络化，以便共享信息；模拟量输出模块用来输出与大气数据的值相对应的模拟电压或电流，一般用来驱动与大气数据计算机配套的二次仪表；开关量输出模块用来驱动告警指示灯或传送指令信号；主处理机模块是大气数据计算机的核心部件，该模块通常包含 RAM、EPROM、中断、译码、电压监控等电路。随着测试技术的发展，测试接口的应用越来越广泛，测试接口主要是为大气数据计算机的地面自检功能保留的信息接口，它的存在为大气数据计算机的定检、维护检查提供了方便。

软件部分一般包括系统的初始化程序、系统管理程序、数据采集程序、大气数据的计算程序、各种误差修正程序、数字量输出程序、模拟量输出程序、开关量输出程序、自检程序、监控程序、故障识别与诊断程序及测试接口程序等。这些程序均存储在主处理机模块的EPROM 中。一旦大气数据计算机通电，在系统管理程序的监控下，大气数据计算机就能按预先要求的工作状态不停地工作。

大气数据计算机的典型原理框图如图 1-3-1 所示。

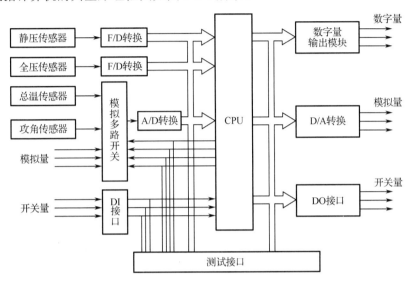

图 1-3-1 大气数据计算机的典型原理框图

静压传感器和全压传感器分别接收来自空气压力受感器（空速管）的静压和全压信号，该信号经过振动筒式压力传感器后以脉冲的形式向外输出，脉冲的频率反映了压力的大小。该信号经过 F/D 转换后通过数据总线送至 CPU。

总温传感器的总温信号、攻角传感器的攻角信号、气压高度指示器的气压装订信号、振动筒式压力传感器的温度补偿信号及其他的模拟信号送至模拟多路开关，在 CPU 模拟多路开关控制信号的控制下，依次分别通过模拟多路开关送至 A/D 转换器，经过 A/D 转换后通过数据总线送至 CPU。

起飞、着陆、自检等开关信号直接送至 DI 接口，通过数据总线送至 CPU。

CPU 系统包括主频振荡器、中断控制器、片选译码器、数据存储器、程序存储器等，其中主频振荡器用来产生 CPU 所需的振荡信号；中断控制器用来产生程序周期的中断，以及进行其他中断申请的处理；片选译码器用来选通 CPU 外围的接口芯片，如 I/O 接口、A/D 转换器、D/A 转换器、F/D 转换器等，以使外围芯片在 CPU 的控制下有序地工作；数据存储器（RAM）用来存储一些外围芯片的数据或计算的结果；程序存储器（EPROM）用来存储所有的程序，CPU 在程序的控制下进行工作。

数字量输出模块用来接收其他机载计算机的信息或向其他机载计算机传送大气数据，在整个机载电子系统中，大气数据系统是信号源，它所输出的大部分大气数据要通过数字量输出模块传送给其他机载计算机或设备。具体的传输协议可以是 ARINC-429 协议或 MIL-STD-1553B 协议，也可以是 ARINC-429 协议和 MIL-STD-1553B 协议共用，还可以是其他协议。

模拟量输出模块用来对外输出模拟信号，该模拟量的大小反映了所代表的大气数据的值。该模拟信号一般用来驱动大气数据系统的配套仪表。

开关量输出模块用来对外输出开关信号，如失速告警信号、计算机故障告警信号等。

测试接口是为 ATE 设备预留的接口，该接口可以将大气数据计算机内部的绝大部分信号（含数据总线信号）输出到测试设备。ATE 设备通过该接口可以对大气数据计算机进行故障测试和故障诊断。

电源模块为整个大气数据计算机提供所需的电源。

CPU 完成一次所有数据的采集、计算和输出所需的时间通常称为程序周期。程序周期的具体数值是由被采样信号的截止频率、系统的实时性要求及相关的飞行数据决定的。不同型号的飞机，其程序周期是不同的。为了保证在程序周期内 CPU 可以完成数据采集、计算和输出要求，大气数据计算机的软件通常用汇编语言编写，并按中断的形式执行。

模拟量采集模块接通电源后，首先对系统内部的各类模块进行初始化，做好程序周期开始前的准备工作。当程序周期的中断到来后，CPU 相应中断，先按照程序依次采集输入信号，将大气静压、全压、总温、攻角、气压装订等信号采集到 CPU 中，存放在 CPU 寄存器或 RAM 中，然后按照相应的计算公式计算出各种大气数据，并将计算结果通过数字量输出模块、模拟量输出模块、开关量输出模块输出。同时对系统内模块的工作情况进行监控，以保障输出数据的可靠性。如果监控到某些模块工作不正常（如输入的数据突变），则 CPU 会依据情况发出告警信号或重新进行数据的采集。如果在程序周期内程序"跑飞"，则当程序周期的中断再次到来时，CPU 依然会开始新的程序周期。这样就保障了数据的更新率，也有效防止了"死机"。

二、大气数据的计算原理

数字式大气数据系统中所有大气数据的计算，都是由大气数据计算机通过编程利用软件实现的。大气数据的计算原理和方法视原始参数传感器的输出形式和大气数据计算机的不同而不同。下面介绍大气数据的一般计算原理和方法。

（一）大气数据的基本算法——非线性函数的近似计算

气压高度 h_p、空速 v 和马赫数 M 等大气数据与大气静压 p_s、动压 q 之间的函数表达式是所有大气数据系统的计算基础。由于大气数据计算机实质上只会做加减乘除等基本运算，因此在用大气数据计算机对这些大气数据进行计算处理或编程之前，必须对函数表达式进行近似处理，以适应大气数据计算机的操作。近似处理的基本要求是在保证一定计算精度的条件下，尽量减少计算程序，少占大气数据计算机内存，并提高计算速度。由于代数多项式简单且便于计算，因此在计算方法中常用多项式来近似地表示复杂的函数，这就是所谓的插值法。

设某函数 $y=f(x)$ 是区间 $[a,b]$ 上的连续函数，已知它在 $[a,b]$ 上 $n+1$ 个互不相同的点 x_0，x_1，$\cdots$，x_n 处的值为 y_0，y_1，$\cdots$，y_n。若有一个代数多项式 $\varphi(x)$ 在点 x_i 处满足

$$\varphi(x_i) = y_i, \quad i=0,1,\cdots,n \tag{1-3-1}$$

则 $\varphi(x)$ 称为插值函数，$f(x)$ 称为被插函数，x_0，x_1，$\cdots$，x_n 称为插值节点，式（1-3-1）称为插值条件，包含插值点的区间 $[a,b]$ 称为插值区间。由此可知，插值法的基本思想是，先设法构造某个简单函数 $y = \varphi(x)$ 作为 $f(x)$ 的近似表达式，然后计算 $\varphi(x)$ 的值得到 $f(x)$ 的近似值。在区间 $[a,b]$ 上用 $\varphi(x)$ 近似 $f(x)$，其几何意义就是通过 $n+1$ 个点 (x_0, y_0)，(x_1, y_1)，$\cdots$，(x_n, y_n)

作代数曲线 $y = \varphi(x)$，使其在区间 $[a,b]$ 上近似为曲线 $y = f(x)$。当 $n=1$ 时，$y = \varphi(x)$ 就是通过两点 (x_0, y_0) 和 (x_1, y_1) 的直线；当 $n=2$ 时，$y = \phi(x)$ 就是通过三点 (x_0, y_0)、(x_1, y_1) 和 (x_2, y_2) 的抛物线。

由上述内容可知，在区间 $[a,b]$ 上用 $y = \phi(x)$ 近似 $y = f(x)$，除在插值点 x_i 处 $f(x_i) = \varphi(x_i)$ 外，在区间 $[a,b]$ 上的其他点 x 处都有误差，即

$$R(x) = f(x) - \varphi(x)$$

$R(x)$ 称为插值多项式的余项，表示用 $\varphi(x)$ 近似 $f(x)$ 的截断误差，一般来说，$R(x)$ 越小就越近似。下面介绍线性插值和抛物插值。

1. 线性插值

线性插值是插值法中最简单的一种形式，这种插值又称为一次插值（$n=1$）。

已知函数 $y = f(x)$ 在两个互异点处的值为 y_0、y_1，现要求一次多项式 $y = \varphi_1(x)$，使 $\varphi_1(x_0) = y_0$、$\varphi_1(x_1) = y_1$，其几何意义就是用通过点 $A(x_0, y_0)$ 和 $B(x_1, y_1)$ 的一条直线近似地代替曲线 $y = f(x)$，如图 1-3-2（a）所示。

由直线点斜式知，通过 A、B 两点的直线方程为

$$\varphi_1(x) = y_0 + \frac{y_1 - y_0}{x_1 - x_0}(x - x_0) \tag{1-3-2}$$

$\varphi_1(x)$ 是 x 的一次函数，称为一次插值多项式，这种插值叫作线性插值。在区间 $[x_0, x]$ 上用 $y = \varphi_1(x)$ 的值近似 $y = f(x)$ 的值，其截断误差为

$$R(x) = f(x) - \varphi_1(x)$$

由此可见，插值区间越小，在该区间内 $\varphi(x)$ 越逼近 $f(x)$，截断误差 $R(x)$ 越小。在实际应用时，我们可以将已知函数 $y = f(x)$ 按图 1-3-2（b）分成若干段，分段节点的坐标分别为 $(x_0, y_0), (x_1, y_1), (x_2, y_2), \cdots, (x_n, y_n)$，则在 $[x_i, x_{i+1}]$ 区间内的变量 x_i' 所对应 y_i' 的值可写为

$$y_i' = \frac{y_{i+1} - y_i}{x_{i+1} - x_i}(x_i' - x_i) + y_i \tag{1-3-3}$$

或

$$y_i' = K_i(x_i' - x_i) + y_i \tag{1-3-4}$$

式中，K_i——第 i 段插值函数的斜率。

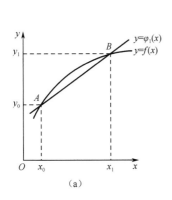
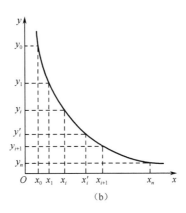

（a）　　　　　　　　　　　　　　　（b）

图 1-3-2　线性插值图例

只要分段数 n 足够多，就可取得应有的插值精度。通常分段节点的 x、y 值可由已知函数 $y = f(x)$ 的表格和理论计算取得。分段节点的 x_i、y_i 值及该段斜率 K_i 值均可事先存到计算机的表格存储器内，只要变量 x_i' 落在第 i 段内，就可分三步计算 y_i' 值。

第一步：计算 $x_i' - x_i$。

第二步：计算 K_i。

第三步：计算 $y_i' = K_i (x_i' - x_i) + y_i$。

在应用线性插值时，分段数 n 和分段节点应根据函数曲线的形状或斜率和计算精度要求来确定。一般来说，分段数越多，计算精度越高，越要求大气数据计算机具有较大的内存。

2. 抛物插值

由于线性插值只利用两个节点上的信息，计算精度自然较低。尤其当函数曲线较弯时，采用线性插值可能产生较大的截断误差，欲减小截断误差，必须增加分段数，这会占用较大的大气数据计算机内存。此时，常采用三点二次插值——抛物插值。

若已知某函数 $y = f(x)$ 在三个节点 x_0、x_1、x_2 处的值为 y_0、y_1、y_2，现要构造一个多项式 $y = \varphi_2(x)$，使其满足条件：

$$\varphi_2(x_0) = y_0, \quad \varphi_2(x_1) = y_1, \quad \varphi_2(x_2) = y_2$$

其几何意义就是通过三点 $A(x_0, y_0)$、$B(x_1, y_1)$、$C(x_2, y_2)$ 作一条曲线，若三点不在一条直线上，则通过三点的曲线是抛物线，用此抛物线来近似曲线 $y = f(x)$，故称为抛物插值，如图 1-3-3 所示。

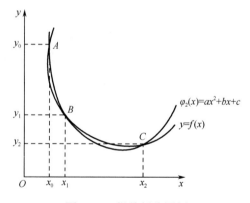

图 1-3-3　抛物插值图例

$\varphi_2(x)$ 是一个二次方程，其一般表达式为

$$\varphi_2(x) = ax^2 + bx + c \tag{1-3-5}$$

$\varphi_2(x)$ 的系数 a、b、c 直接由插值条件决定，即满足下列代数方程组：

$$ax_0^2 + bx_0 + c = y_0$$
$$ax_1^2 + bx_1 + c = y_1$$
$$ax_2^2 + bx_2 + c = y_2$$

求上述联立方程的解，计算较复杂。为简化计算，可将 $\varphi_2(x)$ 写成各系数的二次多项式，并用待定系数法将 $\varphi_2(x)$ 确定下来。

抛物插值有拉格朗日形式、牛顿形式和逐次线性插值形式等。由于插值问题的唯一性，所以它们都是相同的，只是形式不同。

逐次线性插值函数可由下述方法求得。

第一步：过 (x_0, y_0)、(x_1, y_1) 点作直线，则 $[x_0, x_1]$ 区间内的变量 x 所对应的函数值为 y_{01}，即

$$y_{01} = y_0 + \frac{y_1 - y_0}{x_1 - x_0}(x - x_0) \qquad (1\text{-}3\text{-}6)$$

第二步：过 (x_0, y_0)、(x_2, y_2) 点作直线，则 $[x_0, x_2]$ 区间内的变量 x 所对应的函数值为 y_{02}，即

$$y_{02} = y_0 + \frac{y_2 - y_0}{x_2 - x_0}(x - x_0) \qquad (1\text{-}3\text{-}7)$$

第三步：过 (x_1, y_{01})、(x_2, y_{02}) 点作直线，则有

$$y_{012} = y_0 + \frac{y_{02} - y_{01}}{x_2 - x_1}(x - x_0) \qquad (1\text{-}3\text{-}8)$$

由此可以看出，y_{012} 是 x 的二次函数。它是通过两个线性插值求得 $\varphi_2(x)$ 的，所以称为逐次线性插值。当为 x 赋值后，即可在大气数据计算机内实现计算。其步骤是，首先将 y_i 存入[i]单元，其次计算出 y_{01}、y_{02} 分别存入[1]单元和[2]单元，最后计算出 y_{012} 存入[2]单元。式（1-3-8）可将 y_{01}、y_{02} 的表达式代入后变为

$$y_{012} = y_0 + \frac{y_1 - y_0}{x_1 - x_0}(x - x_0) + \left(\frac{y_2 - y_0}{x_2 - x_0} - \frac{y_1 - y_0}{x_1 - x_0}\right)\frac{(x - x_0)(x - x_1)}{x_2 - x_1} \qquad (1\text{-}3\text{-}9)$$

也可以令

$$\varphi_2(x) = A(x - x_1)(x - x_2) + B(x - x_0)(x - x_2) + C(x - x_0)(x - x_1) \qquad (1\text{-}3\text{-}10)$$

利用插值条件 $\varphi_2(x_0) = y_0$，$\varphi_2(x_1) = y_1$，$\varphi_2(x_2) = y_2$，可得待定系数 A、B、C 为

$$A = \frac{y_0}{(x_0 - x_1)(x_0 - x_2)}$$

$$B = \frac{y_1}{(x_1 - x_0)(x_1 - x_2)}$$

$$C = \frac{y_2}{(x_2 - x_0)(x_2 - x_1)}$$

$$\varphi_2(x) = y_0\frac{(x - x_1)(x - x_2)}{(x_0 - x_1)(x_0 - x_2)} + y_1\frac{(x - x_0)(x - x_2)}{(x_1 - x_0)(x_1 - x_2)} + y_2\frac{(x - x_0)(x - x_1)}{(x_2 - x_0)(x_2 - x_1)} = \sum_{j=0}^{2} y_j \left[\prod_{\substack{i=0 \\ i \neq j}}^{2}\left(\frac{x - x_i}{x_j - x_i}\right)\right]$$

$$(1\text{-}3\text{-}11)$$

式（1-3-11）是抛物插值的拉格朗日形式。这个公式也很容易在大气数据计算机中实现。

在相同的插值区间内，利用抛物插值的截断误差要比线性插值小。因此，在相同的允许误差范围内，为了少占计算机的内存，抛物插值的插值区间可适当选得大一些。另外，由于抛物插值的计算程序稍多，因此计算速度有所降低。

在大气数据系统中，可根据标准气压高度、指示空速、真空速和马赫数的表达式或函数表格，利用插值法计算出它们的相应输出值。

（二）大气数据计算机基本计算流程

某大气数据计算机的基本流程框图如图 1-3-4 所示。

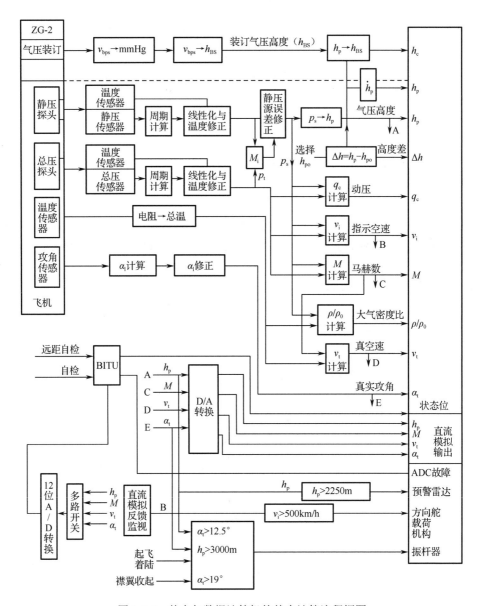

图 1-3-4　某大气数据计算机的基本计算流程框图

图 1-3-4 表明了各大气数据的计算流程，是以 HB 6127—86 为依据进行计算的，同时参考了国标 GB 1920—80、国际标准 ISO 02555、国际民航标准 ICAO—1964、美标 ARINC-575、英标 BSG 991 中航空仪表设计和校准用的压力与高度、空速与马赫数的关系表。

第四节　精密高度表的工作原理

精密高度表用来测量和指示气压高度，并根据需要选装高度报告接口板（SIO 板），向相关设备（如二次应答机）输出有关参数，实现高度报告功能。

一、原理结构组成

精密高度表采用模块化设计，在原理结构上主要由传感器组件、CPU、DRV 驱动板、SIO板（选装件）、指示器组件、电源组件等组成。SIO 板的选装与否不影响精密高度表正常工作。

二、功能特点

在没有装备大气数据计算机的飞机上，均装备精密高度表作为主要高度表，以提高测高系统的测量精度。精密高度表具有下列特点。

（1）精密高度表采用 8098 单片机作为主控制器，并加装全压传感器，以实现静压源误差修正，提高测高系统的测量精度。对于不同的机种和不同型号的空速管，其静压源误差修正的数据是不同的。因此，在精密高度表的壳体上贴有"注意！用于***"的标牌，安装时必须仔细检查以免装错。

（2）模块化设计。精密高度表的硬件采用了模块化设计，便于使用和维护。

（3）通用性设计。精密高度表在设计上采用测压范围为 10～2000mmHg 的谐振筒式压力传感器，只需更换软件便可对各机种的静压源误差进行修正，可应用于不同机种。

（4）数字式伺服机构。采用步进电动机作为驱动元件和光电式传感器单点位置校正及增量式反馈，具有控制精度高、操作灵活、工作稳定可靠等特点。

（5）具有自检和自监控功能。具有相对完善的地面自检功能和空中自监控功能，当上电时，如果全压与静压之差不大于 8mmHg，就进行地面上电自检，指针先以低速度向顺时针方向转动约 25m，然后以正常工作的最高速度向逆时针方向转至-500m 后，再进行 300m 的步进电动机失步检查，如果无故障，则收起警告旗，并指示相应的气压高度值；如果有故障，则警告旗不收起。如果全压与静压之差大于 8mmHg，就不进行地面自检。精密高度表监控是实时进行的，当检测出故障时，警告旗落下。当安装有 SIO 板时，可同时将故障信号发送给接收设备。如果与二线维修检测设备相连，则可以将故障定位至可更换模块。

（6）指示方式采用指针-刻度盘与数码轮组合方式，判断直观。

精密高度表表盘如图 1-4-1 所示。在刻度盘上从 0 开始，每100m 标一个数字，每小格代表 10m，指针在刻度盘上指示，从0 开始，走一个数字是 100m，走一圈是 1000m，指示大高度采用数轮窗口显示，该数轮由右向左分别代表百米、千米、万米的高度值。当飞机飞行高度低于 10000m 时，万米位数轮窗口显示出黑白相间的条纹标记，使飞行员只读千米、百米位数值；当飞机飞行高度超过 10000m 时，万米位数轮窗口显示出相应的高度数值；当飞机飞行高度低于 0m 时，精密高度表指示负高度值，此时万米位数轮窗口显示出红白相间的条纹标记，精密高

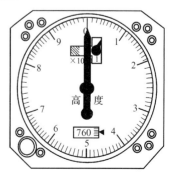

图 1-4-1　精密高度表表盘

度表读数应从 0 开始逆时针读取高度值，且为负值。

刻度盘大窗口处还装有圆形红色警告旗，用来进行故障显示。当精密高度表未通电时，警告旗显示在刻度盘的高度数轮窗口中。通电后，精密高度表进行地面上电自检，自检时间为 20～25s，若各部件正常，则警告旗收起隐匿；若有故障，则警告旗不收起。在飞机飞行过程中，精密高度表若出现故障，则警告旗会落下以示告警。

三、基本工作原理

精密高度表的基本工作原理如图 1-4-2 所示。

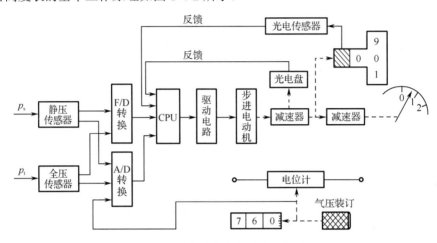

图 1-4-2　精密高度表的基本工作原理

精密高度表中的两个振动筒式压力传感器分别感受空速管提供的大气静压和全压，并转换成与高度一一对应的周期（频率）信号，经 F/D 转换器转换成数字量送到 CPU 内。同时振动筒式压力传感器中的温度传感器输出一个与所感受温度呈线性关系的模拟电压信号，通过 A/D 转换器转换为数字量也送到 CPU 内，用来补偿振动筒式压力传感器的温度误差。

气压装订通过一个多圈电位计输出模拟电压信号，经调变电路和 A/D 转换器转换为数字量送到 CPU 内。

上述信号经过 CPU 的解算，便可求出飞机瞬时的气压高度。该高度信号经过驱动电路驱动步进电动机转动，通过减速器带动指针和高度数轮转动，指示出飞机当时的气压高度。解算出来的有关参数，可以通过加装的 SIO 板，输出到相关设备（如二次应答机），以实现高度报告功能。

精密高度表具有自检和故障告警功能，在工作过程中能对各部件进行检测。当无故障时，警告旗收起；当有故障时，警告旗落下。

复习思考题

1. 试述大气数据和高度的关系，说明标准大气条件。

2. 试述飞行高度的定义和种类，说明在执行不同飞行任务或处于不同飞行状态时各种高度的使用情况。

3．推导适用于 11000m 以下的标准气压高度公式，说明其物理意义。

4．试述气压式高度表的工作原理。

5．说明座舱高度压力差表的两个气压接嘴接反会给仪表带来什么影响。

6．试分析当高度升高时指示空速与真空速的变化规律。

7．说明真空速与大气静温的物理意义。试分析当总温传感器的电阻丝断开时真空速的变化规律。

8．画出大气数据计算机的典型原理框图，指出大气数据计算机的配套传感器的输出信号类型。

9．画出大气数据计算机的基本计算流程框图，说明真实攻角修正和静压源误差修正的物理意义。

10．叙述精密高度表在通电时的地面自检过程。

第二章　发动机参数测量原理

发动机是飞机的动力装置。发动机工作状态的好坏，直接影响着飞机的飞行安全。所以，检测发动机参数、了解发动机工作状态具有重要意义。

表征发动机工作状态的参数主要有排气温度、滑油温度、转速、各种液体（或气体）压力、燃油油量、燃油耗量、扭矩、发动机振动载荷等。由于发动机远离座舱，因此表征发动机工作状态的参数由传感器来感受，并先将感受到的参数变为易于远距离传送的电信号，再经过传输导线传送到座舱中的指示器中，使指示器指示被测参数的大小。这些发动机参数各异，故其测量方法有共同之处，也有特殊之处，在研究发动机仪表原理时，应进行具体分析。

第一节　温度测量原理

温度是表示物体冷热程度的物理量。测量物体温度的仪表叫作温度表。飞机上的温度表有测量发动机排气温度的排气温度表（也叫作喷气温度表）、测量座舱和大气温度的大气温度表、测量发动机滑油温度的滑油温度表等。本节主要介绍用来测量发动机温度的热电式温度表和电阻式温度表。

一、热电式温度表

飞机上常用的发动机排气温度表是一种典型的热电式温度表。热电式温度表是根据热电效应的原理测量温度的仪表，它利用热电偶实现被测温度和热电势之间的变换，可以用来测量较高的温度。由于热电偶产生的热电势通常只有毫伏级，因此热电式温度表采用直流毫伏表作为指示器。此外，有些飞机的发动机排气温度表采用根据自平衡式电位差计原理组成的温度表，通常称为伺服式温度表，还有些飞机的发动机排气温度表采用数字显示的数字式温度表。

（一）热电偶

两种不同的金属连接在一起可组成热电偶，实际上，热电偶是由两根不同的金属导体组成的闭合回路，如图 2-1-1 所示。

当热电偶两端的温度不同时，热电偶回路中将产生电势，两端接触点温度差越大，所产生的电势越大，因而热电偶回路中有电流产生。组成热电偶的材料不同，热电偶回路的电势和电流大小不同，这种现象称为物体的热电现象。所以一般又把组成热电偶的两根金属导体称为热电极，把产生的电势称为热电势。热电偶温度高的一端叫作热端或测量端，温度低的一端叫作冷端或参考端。

1. 接触电势

任何金属内部都有一定数量的自由电子。当两种不同的金属接触时，由于不同金属内部的自由电子密度不同，在接触处会发生电子扩散。自由电子的扩散速率与自由电子的密度及金属所处的温度成正比。例如，组成热电偶的金属 A 和金属 B 的自由电子密度分别为 ρ_A 和 ρ_B，并且 $\rho_A>\rho_B$，则在单位时间内由金属 A 扩散到金属 B 的自由电子数比从金属 B 扩散到金属 A 的自由电子数多。这样，金属 A 因失去电子而具有正电位，金属 B 因得到电子而具有负电位。于是在两种金属的接触处便产生接触电势 E_{AB}，如图 2-1-2 所示。当自由电子的扩散达到动态平衡时，得到一个稳定的接触电势。

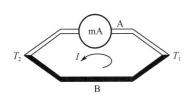

图 2-1-1　热电偶

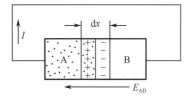

图 2-1-2　接触电势

当两种金属 A 和 B 接触点温度为 T 时，其接触电势为

$$E_{AB}(T)=\frac{KT}{e}\ln\frac{\rho_A}{\rho_B}$$

式中，K——玻尔兹曼常数；

T——接触点温度；

e——电子的电量；

ρ_A、ρ_B——A、B 两种金属的自由电子密度。

对于 A、B 两种金属构成的回路，当一端的温度为 T，另一端的温度为 T_0 时，总的接触电势为

$$E_{AB}(T,T_0)=E_{AB}(T)-E_{AB}(T_0)$$
$$=\frac{K}{e}(T-T_0)\ln\frac{\rho_A}{\rho_B}$$

2. 温差电势

对于一根均匀的金属导体，如果两端的温度不同，则在导体内部也会产生电势，这种电势称为温差电势。这是因为导体内部的自由电子在高温端具有较大的动能，其扩散速率比低温端自由电子的扩散速率大，所以高温端失去电子带正电，低温端得到电子带负电，因而在导体内部形成电位差，如图 2-1-3 所示。

当导体两端的温度分别为 T、T_0 时，温差电势可表示为

$$E_A(T,T_0)=\int_{T_0}^{T}\sigma_A\mathrm{d}T$$

式中，σ_A——金属 A 的汤姆逊系数。

如果 A、B 两种金属组成闭合回路，则其总的温差电势可表示为

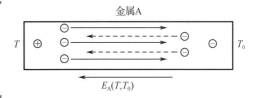

图 2-1-3　温差电势

$$E_A(T,T_0)-E_B(T,T_0)=\int_{T_0}^{T}(\sigma_A-\sigma_B)\mathrm{d}T$$

3．热电偶的热电势

热电偶的热电势一般由接触电势和温差电势两部分组成，其表达式为

$$E_{AB}(T,T_0) = \frac{K}{e}(T-T_0)\ln\frac{\rho_A}{\rho_B} + \int_{T_0}^{T}(\sigma_A - \sigma_B)dT$$

由上式可以看出，当组成热电偶的两根金属导体的材料相同时，接触电势为零；当组成热电偶的两根金属导体两端的温度相等时，温差电势为零。所以当组成热电偶的两根金属导体的材料相同或两端的温度相等时，回路中总的电势为零。因此，热电偶产生热电势的条件有两个：①有两种不同的金属；②在连接处加热。

4．热电偶的冷端处理和补偿

由热电偶的测温原理可知，热电势的大小不仅与热端温度有关，而且与冷端温度有关，只有当冷端温度固定不变时，才能通过热电势的大小去判断热端温度的高低。当冷端温度波动较大时，必须先使用补偿导线将冷端延长到一个温度稳定的地方，然后考虑将冷端温度处理为0℃，这就叫作热电偶的冷端处理和补偿。

飞机上热电偶所在的测量点距离显示仪表较远，这就要求热电偶有较长的尺寸，但因为热电偶材料较贵，所以其尺寸又不能过长。因为热电偶长度有限，所以冷端温度将直接受到被测介质温度的影响，不仅不能保持0℃，而且处于经常波动的状态。为解决这个问题，一般采用补偿导线将热电偶冷端延长到温度比较稳定的地方，从而消除冷端温度变化带来的影响。对于廉价金属热电偶，可直接延长热电极，热电极就作为补偿导线；对于贵金属热电偶，补偿导线可选用热电特性相近的一对廉价金属导线代替，如图2-1-4所示。采用这种补偿导线后，产生的热电势就等于热电偶在此温度范围内产生的热电势。

在飞机上采用补偿导线法，热电偶补偿导线通常由补偿导线合金丝、绝缘层、护套和屏蔽层组成。在300℃以下，补偿导线具有能够产生与所匹配的热电偶的热电势标称值相同的热电势的特性。用它连接热电偶可起到延长热电偶冷端的作用。

同时，在飞机上采用在300℃以下产生的热电势很小的热电偶，也能减小温度误差。

（二）热电式温度表的工作原理

目前飞机上的排气温度表常采用直流毫伏表式温度表，也叫作热电式温度表。热电式温度表由传感器和指示器两部分组成。传感器是一个热电偶，安装在发动机喷管中。当发动机工作时，热电偶感受排气温度，并将其转换为热电势。在发动机工作温度范围内，热电势的数值为几十毫伏。因此，可用直流毫伏表测量该电压值，只需用温度刻度代替毫伏刻度，就可以测量热电势的大小，从而指示热电偶热端所测温度的高低，其工作原理如图2-1-5所示。

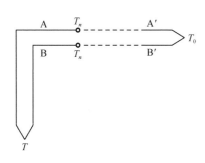

图2-1-4　延长导线补偿原理

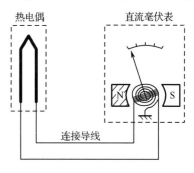

图2-1-5　热电式温度表的工作原理

当发动机工作时，热电偶的热端温度升高，产生热电势。于是指示器的线框中便有电流流过，这个电流产生的磁场与永久磁铁产生的磁场相互作用产生转动力矩，使线框转动。在线框转动的同时，线框转轴上的游丝产生反作用力矩。当转动力矩和反作用力矩平衡时，线框停止转动，线框转轴上所固定的指针便在刻度盘上指示相应的排气温度。

1. 指示公式

热电式温度表的连接线路图如图 2-1-6 所示。当回路中有电流流过时，根据安培定律可知，线框有效边单位长度所受的电磁力为

$$\mathrm{d}F = BWI\mathrm{d}l$$

式中，W——线框匝数；

$\quad\quad$ I——流过线框的电流；

$\quad\quad$ B——气隙中的磁感应强度；

$\quad\quad$ $\mathrm{d}l$——线框有效边单位长度。

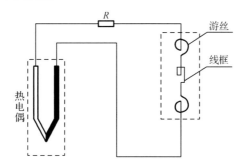

图 2-1-6　热电式温度表的连接线路图

当线框位于永久磁铁产生的磁场中的有效长度为 L_2-L_1 时，线框所受的电磁力矩为

$$M = \int_{L_1}^{L_2} BWI\mathrm{d}l$$

$$= BWI\frac{L_2^2 - L_1^2}{2}$$

而流过线框的电流为

$$I = \frac{E(t,0)}{R + 2r_\mathrm{w} + R_\mathrm{p}}$$

$$= \frac{E(t,0)}{\sum R}$$

式中，$E(t,0)$——热电偶的热电势；

$\quad\quad$ R——连接导线电阻；

$\quad\quad$ r_w——游丝电阻；

$\quad\quad$ R_p——线框电；

$\quad\quad$ $\sum R$——回路的总电阻。

所以

$$M = \frac{BW(L_2^2 - L_1^2)}{2}\frac{E(t,0)}{\sum R}$$

由上式可以看出，只要温度大于零，线框就会在电磁力矩作用下带动转轴一起转动。在热电式温度表的指示器部分，与线框同轴安装了两个游丝，其作用有两个：一个是将电流引入线框；另一个是在线框转动时，游丝变形，产生反作用力矩，以平衡电磁力矩的作用。游丝产生反作用力矩的大小与游丝弹性刚度 K 及线框转角 α 成正比，其表达式为

$$M' = K\alpha$$

力矩 M 和 M' 同时作用在线框上，线框的运动将取决于这两个力矩的大小。当 $M > M'$ 时，线框将按 M 的方向转动；当 $M < M'$ 时，线框将按 M' 的方向转动。只有当 $M = M'$ 时，线框才处于稳定状态，线框停止转动，指针的转角一定，指针转角的大小为

$$\alpha = \frac{BW(L_2^2 - L_1^2)}{2K} \frac{E(t,0)}{\sum R} = AE(t,0) \tag{2-1-1}$$

式中，$A = BW(L_2^2 - L_1^2)/2K\sum R$ 的大小取决于热电式温度表及其线路参数。这些参数确定后，A 为常数，也就是说，当仪表的结构一定时，指针转角只与热电势的大小有一一对应的关系。当热电偶的冷端温度一定时，指针转角只与热端温度有关。

2. 温度误差及其补偿

热电偶的温度误差有两种：一种是温度方法误差；另一种是温度构造误差。

有的热电式温度表是根据冷端温度一定时热电势与热端温度的关系设计的。但实际上冷端温度要在一定的范围内变化，从而影响热电势的大小，使热电式温度表产生误差，这种误差叫作温度方法误差。目前飞机上广泛应用的排气温度表的热电偶，在接点温度低于 300℃ 时，几乎不产生热电偶，因而温度方法误差可以忽略不计。所以，热电式温度表的主要温度误差是温度构造误差。

由式（2-1-1）可知，只有在气隙中的磁感应强度 B、回路的总电阻 $\sum R$、游丝弹性刚度 K 为定值时，指针转角 α 才和热电势有一一对应的关系。但实际上，当环境温度改变时，上述参数要发生变化。例如，当环境温度升高时，气隙中的磁感应强度 B 下降，游丝弹性刚度 K 及回路的总电阻 $\sum R$ 减小。由于 B 和 K 都具有负的温度系数且数值相近，因此它们对指针转角的影响基本上可以互相抵消。同时，回路电阻中外电路电阻较小，所以可以认为热电式温度表的温度构造误差主要是由线框电阻随温度变化而变化引起的。

温度升高，线框电阻为

$$R_p = R_{p0}(1 + \alpha_t \Delta t)$$

式中，R_{p0}——标准温度条件下的线框电阻；

α_t——线框电阻温度系数；

Δt——温度变化量。

由于回路的总电阻受温度变化的影响，因此其值由 $\sum R$ 变为 $\sum R' = \sum R + \Delta R$，此时指示器的指针转角为

$$\alpha' = \frac{BW(L_2^2 - L_1^2)}{2K\sum R'} E(t,0)$$

仪表的相对误差为

$$B = \frac{\alpha' - \alpha}{\alpha} = -\frac{\Delta R}{\sum R'}$$

目前，对于热电式温度表的温度构造误差的补偿方法主要是串联负温度系数电阻，即在热电式温度表的回路中串联一个负温度系数电阻或热敏电阻补偿器，如图 2-1-7 所示。

R_t 为负温度系数电阻，其随着温度的升高而降低，即

$$R_t = R_{t0}(1 - \beta_t \Delta t)$$

式中，R_{t0}——标准温度条件下的负温度系数电阻；

　　　β_t——负温度系数。

如图 2-1-7（a）所示的电路，其指针转角为

$$\alpha = \frac{BW(L_2^2 - L_1^2)}{2K(\sum R + R_t)} E(t,0)$$

如果在上式中只考虑受温度变化影响的电阻，则上式可写为

$$\alpha = \frac{BW(L_2^2 - L_1^2)}{2K} \frac{E(t,0)}{R_{p0}(1 + \alpha_t \Delta t) + R_{t0}(1 - \beta_t \Delta t)}$$

在热电式温度表的电流回路中，当周围环境温度升高时，线框电阻增大，而补偿用的负温度系数电阻减小，如果要完全消除温度构造误差，则必须使温度补偿电阻减小的数值恰好等于线框电阻增大的数值，即

$$R_{p0}\alpha_t \Delta t - R_{t0}\beta_t \Delta t = 0$$

或

$$R_{t0} = R_{p0}\frac{\alpha_t}{\beta_t}$$

上式就是串联负温度系数电阻后，温度构造误差获得全部补偿的条件。由上式还可以看出，负温度系数 β_t 愈大，温度补偿电阻就可以愈小，热电式温度表的灵敏度就愈高。

有的热电式温度表采用热敏电阻补偿器构成负温度系数补偿电路，如图 2-1-7（b）所示。它是由负温度系数电阻（R_t）和零温度系数电阻（R_{CM}）并联而成的。只要正确地选择 R_{CM} 和 R_t，就可以在使用温度范围内，满足

$$\alpha_K \approx -\alpha_t$$

式中，α_K——热敏电阻补偿器的等效温度电阻系数。

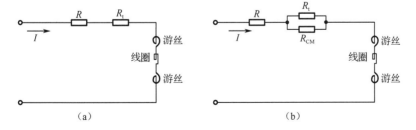

图 2-1-7　温度构造误差的补偿

这时就可以使热电式温度表的温度构造误差下降到很小。补偿后的剩余误差随 α_K 对 α_t 的偏差大小而增减。但是实际上热敏电阻的阻值很小，所以使用热敏电阻补偿器对热电式温

度表的灵敏度影响很小。

二、电阻式温度表

利用感温电阻，把被测温度转换为电阻值，并通过相应的测量线路把电阻值转换为电压值输出，这就是电阻式温度表的测量原理。

（一）感温电阻

感温电阻由于在其温度测量范围内具有较高的准确度，因此广泛应用在航空工业和其他工业领域。目前常用的感温电阻有两种：一种是导体电阻，主要是指金属感温电阻；另一种是半导体电阻。无论是导体还是半导体的感温电阻，其电阻值都是随温度变化而改变的。一般来说，导体的电阻值随温度升高而增大，半导体的电阻值随温度升高而减小。为了保持导体和半导体的这一特性，要求制作感温电阻的材料在所测量的温度范围内物理、化学性能稳定，并且应具有较大的电阻温度系数。感温电阻的电阻值随温度的变化关系最好是线性或近似线性的。

1. 导体电阻

大多数金属导体的电阻值都有随温度变化的特性。当温度升高 1℃ 时，金属导体电阻值的变化量叫作金属导体的电阻温度系数，一般用 α 表示。在一定的温度测量范围内，金属导体电阻值随温度变化的特性方程为

$$R_t = R_0[1 + \alpha(t - t_0)]$$

式中，R_t——导体在 t℃时的电阻值；

R_0——导体在 0℃时的电阻值。

对于绝大多数金属导体，α 并不是一个常数，而是温度的函数。但在一定的温度测量范围内，α 可以近似地看作一个常数。不同的金属导体，α 保持为常数时所对应的温度范围不同。常用的金属导体感温材料有铂、铜、铁和镍等。几种金属导体的电阻变化率和温度的关系如图 2-1-8 所示。从图 2-1-8 中可以看出，铂的电阻温度特性曲线线性度最好，银、铜次之，铁、镍最差。下面主要说明铂和铜作为感温电阻时的测量原理。

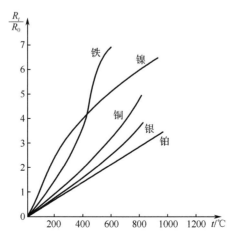

图 2-1-8   几种金属导体的电阻变化率和温度的关系

（1）铂丝感温电阻。

铂是一种贵金属，由于其物理、化学性能稳定，即使在 1200℃高温时，其物理、化学性能也不变，同时其电阻温度特性曲线线性度好，所以说铂是最好的一种热电阻材料。由于其价格昂贵，因此只有在制作标准电阻温度计或在需要精密测量高温时才应用铂丝感温电阻。

在测温范围为 0～660℃时，铂丝感温电阻的特性方程为

$$R_t = R_0(1 + At + Bt^2)$$

式中，R_t——温度为 t℃时的电阻值；

　　　R_0——温度为 0℃时的电阻值；

　　　A、B——常数，$A = 3.94 \times 10^{-3}$/℃，$B = -5.8 \times 10^{-7}$/℃^{2}。

在测温范围为 -190～0℃时，铂丝感温电阻的特性方程为

$$R_t = R_0[1 + At + Bt^2 + C(t - 100)^3]$$

式中，C——常数，$C = 4 \times 10^{-12}$/℃^{3}。

（2）铜丝感温电阻。

铜是一种廉价金属，容易提纯且复制性好，在较低温度范围内测量温度时，其电阻温度特性曲线线性度较好。在测温范围为 -50～150℃时，铜丝感温电阻的特性方程为

$$R_t = R_0[1 + \alpha_0(t - t_0)]$$

式中，α_0——铜丝在温度为 t_0 时的电阻温度系数。

2. 热敏电阻

热敏电阻是利用半导体电阻随温度升高而减小的特性制成的感温电阻。它具有很高的负电阻温度系数，因此叫作热敏电阻。半导体电阻随温度升高而呈指数规律减小，特性曲线呈非线性关系，其特性方程为

$$R_t = R_0 e^{B\left(\frac{1}{t} - \frac{1}{t_0}\right)}$$

或

$$R_t = R_0 \exp B\left(\frac{1}{t} - \frac{1}{t_0}\right)$$

式中，R_t——温度为 t 时的电阻值；

　　　R_0——温度为 t_0 时的电阻值；

　　　B——热敏电阻材料常数。

常用的热敏电阻材料有钴、锰、铜、镍等金属的氧化物。热敏电阻根据产品性能和形状的要求，按一定比例的配方压制、烧结而成。热敏电阻包括半导体感温元件、引线和壳体三部分。

热敏电阻与导体电阻比较，主要优点是电阻温度系数大，灵敏度高，动态响应性好，特别适合在 -100～300℃的温度范围内测量温度。每种热敏电阻都有规定的温度测量范围，当温度未超出规定范围时，其电阻温度特性不变；当温度超出规定范围时，其电阻温度特性变坏。

（二）电阻式温度表的工作原理

利用导体或半导体的电阻值随温度变化而变化的特性制成的温度表叫作电阻式温度表。在飞机上应用的电阻式温度表比较多，下面以滑油温度表为例介绍电阻式温度表的工作原理。

1. 滑油温度表的工作原理

实际上，滑油温度表就是电阻式温度表。滑油温度表由感温电阻和指示器组成，其测量线路图如图 2-1-9 所示。感温电阻是一个装有不锈钢外壳的镍丝感温电阻；指示器是一个动铁式电流比值表。测量线路采用双对角线桥式线路，I 线框和 II 线框分别连接在电桥的两条对角线 AB 和 AC 上。

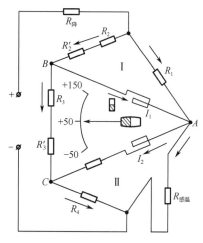

图 2-1-9　滑油温度表的测量线路图

感温电阻插入被测介质的内部，感受其温度的变化，并把温度的变化转换为电阻的变化，电阻变化将引起流经两线框电流比值的改变，以及由线框电流产生的合成磁场方向的变化。于是活动磁铁在合成磁场的作用下带着指针转动，从而使指针产生与被测温度相对应的角位移，即

$$\varphi = f\left(\frac{I_1}{I_2}\right) = F(t)$$

例如，当滑油温度等于-50℃时，感温电阻的值最小，A 点电位最低。此时 A、C 两点电位恰好相等，而 B 点电位却远远高于 A 点电位。因此，只有 I 线框有电流，而 II 线框没有电流。活动磁铁受 I 线框电流产生的磁场的作用，带着指针转动，使指针指在刻度盘的-50 处。

当滑油温度升高到+50℃时，感温电阻的值相应增大，A 点电位也随之升高，B、A 两点之间的电位差，恰好等于 A、C 两点之间的电位差，此时流过 I、II 线框的电流相等，线框电流产生的合成磁场方向在两线框夹角的正中央，于是活动磁铁在合成磁场作用下，使指针指在刻度盘的+50 处。

当滑油温度上升到+150℃时，感温电阻的值进一步增大，A 点电位也进一步升高，这时 A、B 两点的电位相等并且大于 C 点的电位，因此只有 II 线框有电流，而 I 线框没有电流，活动磁铁在 II 线框电流产生的磁场的作用下，带着指针转动，使指针指在刻度盘的+150 处。

2. 温度误差及其补偿

动铁式电流比值表的线框电流比值和指针转角的关系为

$$\frac{I_2}{I_1} = \frac{\sin\varphi}{\sin(\delta - \varphi)}$$

式中，δ——两线框平面夹角；

　　　φ——指针转角。

由上式可以看出，当电流比值已知时，可求出指针转角，即

$$\varphi = f\left(\frac{I_1}{I_2}\right) = f'\left(\frac{I_2}{I_1}\right)$$

由上式可以看出，电阻式温度表指示器的指示值，仅与两线框电流比值有关，而与线框电流大小无关。因此，当温度变化时，如果两线框电流比值不变，则指示器的指示值也不变。在实际使用中，由于两线框是用铜丝绕制而成的，并且两线框的铜丝长度不一，因此当温度变化时，两线框的电阻值将不均匀地改变，这样就会造成两线框电流比值的变化，从而产生温度误差。一般来说，在-50～+50℃的温度范围内会产生少指误差；在温度为+50℃时误差

为零；在+50～+150℃的温度范围内会产生多指误差，如图 2-1-10 所示。

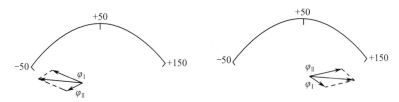

图 2-1-10 温度误差

为了补偿温度误差，在测量线路的 B、C 两点之间串联一个补偿电阻（R_3'），它是铜质电阻，当温度升高时，R_3' 增大，会使指针在最小值时多指，在最大值时少指，可以部分补偿温度误差。但由于 R_3' 的补偿作用不对称，在刻度盘前半部分补偿不足，在刻度盘后半部分补偿过多，即出现刻度盘前半部分和后半部分均少指的现象。为了进一步完善补偿措施，使 R_2 也随温度的升高而增大，以便右移指针的活动范围，补偿少指误差，在 R_2 电阻线路上也串联一个补偿电阻（R_2'），以补偿少指误差。

第二节 转速测量原理

在发动机工作状态参数中，转速是重要参数之一。通过测量发动机的涡轮轴转速、直升机的旋翼转速等，可以了解发动机的功率和推力，确定发动机所承受的运动负荷和能量负荷。

根据转速测量原理，转速表可分为机械转速表和电磁转速表。电磁转速表又可分为磁转速表、交流转速表和直流转速表。本节主要介绍飞机上应用比较多的磁转速表。

一、磁转速表的工作原理

磁转速表（以下简称转速表）由传感器和指示器两部分组成，如图 2-2-1 所示。传感器是一个三相交流发电机，装在发动机的机匣上；指示器装在仪表板上。

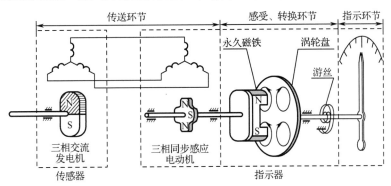

图 2-2-1 转速表的工作原理

转速表的工作过程分为传送、感受、转换和指示等环节。转动轴的转速首先经过传送环节传送到感受环节中；感受环节根据转速的大小产生相应的涡流电磁力矩；转换环节将涡流电磁力矩转换为角度，此角度的大小是转速的函数，即反映了转动轴的转速，由指示环节指示出来。

（一）传送环节

为了实现转动轴转速的远距离测量，转速表中采用了一套转速同步传输系统。该系统由一个三相交流发电机（传感器）和一个三相同步感应电动机（指示器中）组成。三相交流发电机的三套静子线圈呈星形连接，固定在壳体上，两极的永磁转子由转动轴经减速器带动。因为三相交流发电机输出交流电的频率与转子的转速有以下关系，即 $f = np/60$，所以可利用三相交流发电机输出交流电的频率间接地表示转动轴的转速。指示器中的三相同步感应电动机的三套静子线圈中通以传感器输出的三相交流电，所产生的旋转磁场的转速与输入的三相交流电的频率对应。当三相同步感应电动机工作时，转子的转速也与输入的三相交流电的频率对应，反映转动轴的转速。从而实现了转动轴转速的远距离测量和传输。

（二）测量组件

指示器的测量组件是转速表的核心部件，它由永久磁铁组件、涡流盘和游丝组成。永久磁铁组件由传送环节的三相同步感应电动机轴带动，按与转动轴转速成一定比例关系的转速转动。涡流盘由电阻比较大且无温度误差的材料制成。当永久磁铁组件转动时，涡流盘将切割磁力线从而产生涡流。涡流与永久磁铁组件的磁场相互作用，产生旋转电磁力矩，这个力矩的大小正比于永久磁铁组件的转速。旋转电磁力矩将驱动涡流盘随磁场一起转动，并使转轴上的游丝扭转。游丝扭转时所产生的反作用力矩将阻止涡流盘继续转动。当游丝产生的反作用力矩与电磁力矩相等时，涡流盘将稳定在相应的位置上。在涡流盘轴上装有指针，指针在刻度盘上指示出转动轴的转速。

永久磁铁组件由六对圆柱形永久磁铁和具有两个导磁盘的导磁架子组成。六对永久磁铁在导磁盘上按照相反磁极互相对应的关系安装。

转速表是一个振动系统，为了减小系统工作时指针的摆动，在测量组件和指示部件之间装了一个阻尼器，如图 2-2-2 所示。阻尼器的结构和测量元件相似，但在阻尼器中永久磁铁组件是固定的，涡流阻尼盘和涡流盘同轴安装。涡流阻尼盘在随涡流盘一起转动时，由于电磁阻尼力矩的作用，将很快稳定下来。

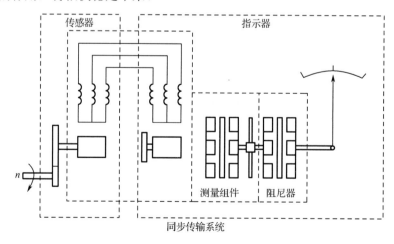

图 2-2-2　电磁阻尼器

转速表各基本环节的联动工作情况如下。

当三相交流发电机工作时，发电机转子转动，三相同步感应电动机的转子和感受环节中的永久磁铁同步转动。于是，涡流盘上产生涡流电磁力矩。在该力矩的作用下，涡流盘转动。在涡流盘转动的同时，游丝变形从而产生反作用力矩。当游丝反作用力矩与涡流电磁力矩平衡时，涡流盘停止转动，指针在刻度盘上指出相应的转速。当发电机的转速改变时，发电机转子、电动机转子和永久磁铁的转速都相应地改变，涡流电磁力矩也随之改变，涡流电磁力矩与游丝反作用力矩的平衡状态被打破，涡流盘转动角度也要改变。当两个力矩再度平衡时，涡流盘转到新的位置，指针指出改变后的转速。

二、转速表的指示公式

转速表的指示值是由涡流电磁力矩和游丝反作用力矩的相互作用决定的。因此，为了得出转速表的指示公式，必须分别对两个力矩加以研究。

（一）涡流电磁力矩

涡流产生示意图如图 2-2-3 所示。

涡流电磁力矩与磁感应强度（B）的平方成正比。磁感应强度愈大，涡流盘切割磁力线愈多，涡流愈大，这是第一次正比关系；磁感应强度愈大，涡流磁场与磁铁磁场的作用力愈大，涡流电磁力矩也就愈大，这是第二次正比关系。

涡流电磁力矩与涡流盘切割磁力线的有效长度（L）的平方成正比。有效长度愈长，切割磁力线愈多，涡流就愈大，这是第一次正比关系；有效长度愈长，涡流磁场与磁铁磁场的作用力愈大，涡流电磁力矩愈大，这是第二次正比关系。

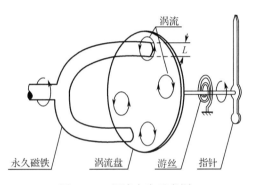

图 2-2-3 涡流产生示意图

涡流电磁力矩与转速（n）成正比。转速愈高，涡流盘切割磁力线愈多，涡流愈大，涡流电磁力矩也愈大。

涡流电磁力矩与磁极对数（p）成正比。磁极对数愈多，涡流电磁力矩愈大。

涡流电磁力矩与涡流盘电阻（R）成反比。涡流盘电阻愈大，涡流愈小，涡流电磁力矩也愈小。

涡流电磁力矩与涡流盘的有效半径（r）的平方成正比。有效半径（从涡流盘中心到磁极中心线的距离）愈大，涡流盘切割磁力线的线速度愈快，涡流愈大，这是第一次正比关系；有效半径愈大，涡流磁场与磁铁磁场之间的作用力所形成的涡流电磁力矩也愈大，这是第二次正比关系。

当永久磁铁以转速 n（r/min）转动时，设任一磁极的线速度为 v，则该磁极使涡流盘产生的感应电动势可表示为

$$E = BLv$$

式中，E——感应电动势。

磁极的线速度与永久磁铁转动的角速度有关，即

$$v = r\omega = \frac{2\pi n r}{60}$$

式中，ω——永久磁铁转动的角速度（rad/s），$\omega = \frac{2\pi n}{60}$。

这样，感应电动势便可以表达为

$$E = BL\frac{2\pi n r}{60}$$

由于感应电动势的作用而产生的涡流可表示为

$$I = \frac{E}{R} = \frac{2\pi BL r n}{60R}$$

式中，I——涡流。

涡流磁场与磁铁磁场相互作用，使涡流盘受到力的作用，此力可表示为

$$F = BLI = \frac{2\pi B^2 L^2 r n}{60R}$$

式中，F——电磁力。

此力对转轴形成的力矩就是涡流电磁力矩。当磁极对数为 p 时，涡流盘受到的涡流电磁力矩为 $2pFr$，由此可得出涡流电磁力矩公式为

$$M_{涡} = 2pFr = \frac{\pi B^2 L^2 r^2 p n}{15R} \qquad (2\text{-}2\text{-}1)$$

式中，$M_{涡}$——涡流电磁力矩。

（二）游丝反作用力矩

游丝反作用力矩等于游丝弹性刚度与指针转角的乘积，其关系式为

$$M_{反} = K\alpha \qquad (2\text{-}2\text{-}2)$$

式中，$M_{反}$——游丝反作用力矩；

$\quad\quad K$——游丝弹性刚度；

$\quad\quad \alpha$——指针转角。

（三）指示公式

当游丝反作用力矩与涡流电磁力矩平衡时，指针停止转动。利用两个力矩平衡的条件，即可求出转速表的指示公式，即

$$M_{反} = M_{涡}$$

将式（2-2-1）和式（2-2-2）代入上式得

$$K\alpha = \frac{\pi B^2 L^2 r^2 p n}{15R}$$

或

$$\alpha = \frac{\pi B^2 L^2 r^2 p n}{15KR} \qquad (2\text{-}2\text{-}3)$$

式（2-2-3）为转速表的指示公式，式中的磁极对数、涡流盘的有效半径、有效长度都是固定不变的数值。由式（2-2-3）可以得出以下结论。

● 指针转角与转速成正比，与磁感应强度的平方成正比，与涡流盘电阻和游丝弹性刚度

成反比。

● 在温度不变的条件下，磁感应强度、涡流盘电阻、游丝弹性刚度均为常数，指针转角只与转速有关，因此指针转角的大小可以表示转速的大小。

● 由于指针转角与转速成反比，所以转速表的刻度是均匀的。

三、转速表的温度误差及补偿方法

在飞机飞行过程中，气温改变、三相同步感应电动机在运转过程中发热等因素会使转速表周围的温度发生变化，破坏涡流电磁力矩与游丝反作用力矩的平衡，从而使转速表产生误差。转速表周围的温度变化所引起的误差叫作转速表的温度误差。

当温度升高时，一方面，磁感应强度减小，涡流盘电阻增大，这两个因素都会引起涡流电磁力矩减小；另一方面，游丝弹性刚度减小，从而引起游丝反作用力矩减小，但是这两个力矩的变化量不等。其中，涡流盘电阻增大引起的涡流电磁力矩减小和游丝弹性刚度减小引起的游丝反作用力矩减小，数值基本相等，对指示的影响可视为相互抵消。因而引起两个力矩变化量不等的主要因素是磁感应强度减小，从而使涡流电磁力矩比游丝反作用力矩减小得多，指针转角减小，产生少指误差。

当温度降低时，涡流电磁力矩增大得多，游丝反作用力矩增大得少，指针转角增大，产生多指误差。

怎样补偿温度误差呢？由以上分析可知，产生温度误差的根本原因是涡流电磁力矩随温度的变化量大于游丝反作用力矩随温度的变化量。因此，要补偿这一误差，必须使两个力矩随温度的变化量相等。怎样才能使它们相等呢？在目前的转速表中，一般均采用磁分流片来减小涡流电磁力矩随温度的变化量。下面具体分析磁分流片的补偿原理。

磁分流片是由特殊合金制成的，它的磁阻随温度升高而增大。转速表的永久磁铁装上磁分流片之后，其磁通分为两部分，如图 2-2-4 所示。一部分穿过涡流盘构成回路，叫作工作磁通；另一部分经过磁分流片构成回路，叫作分流磁通。当温度升高时，永久磁铁的磁感应强度减小，空气的磁阻增大，将使工作磁通减少；磁分流片的磁阻也增大，又将使一部分分流磁通穿过涡流盘构成回路，变为工作磁通。由于磁分流片的磁阻比空气的磁阻增大得剧烈，因此工作磁通基本保持不变。当温度降低时，有一部分工作磁通通过磁分流片变成分流磁通，仍保持工作磁通基本不变。这样便能够减小涡流电磁力矩随温度的变化量，从而补偿转速表的温度误差，如图 2-2-5 所示。

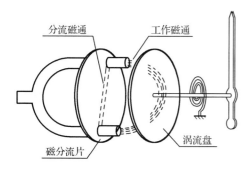

图 2-2-4 磁分流片的工作原理

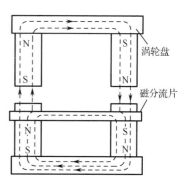

图 2-2-5 磁分流片的补偿作用

调整磁分流片的位置，可以改变补偿量的大小。例如，当将磁分流片靠近空气隙时，分流磁通增加，温度补偿作用增强，因穿过空气隙的工作磁通减少，转速表将出现少指误差；反之，分流磁通减少，温度补偿作用减弱，转速表出现多指误差。在工作中，当转速表指示有误差时，最好调整永久磁铁组件的距离，不要调整磁分流片的位置，以免温度变化时再次产生温度误差。

除可以利用磁分流片之外，还可以利用其他方法补偿转速表的温度误差。例如，采用电阻温度系数很小的非铁磁质金属材料作为涡流盘，以减小涡流电磁力矩随温度的变化量。

不论采用什么方法补偿转速表的温度误差，只要使磁感应强度的温度系数、涡流盘电阻的温度系数、游丝弹性模数的温度系数和游丝的线膨胀系数互相配合适当，保证转速表的总温度系数（由上述四个系数决定）等于零，涡流电磁力矩随温度的变化量就同游丝反作用力矩随温度的变化量相等，温度误差便得到全部补偿。

第三节　油量测量原理

飞机发动机所用的燃油一般是煤油或汽油。在飞机飞行过程中，飞机的油量是估计飞机续航时间和确保飞行安全的重要参数。特别是油量将要用尽时，更需要准确测量剩余油量，并及时发出告警信号，以避免事故的发生。

油量表目前有三种形式：第一种是利用浮子将油面高度转换成浮子位移的浮子式油量表；第二种是将油面高度转换成电容量大小的电容式油量表；第三种是用测量管道中的涡轮转速来间接测量燃油流量，从而指示油箱剩余油量的叶轮式油量表，也称为燃油耗量表。

一、电容式油量表

（一）电容式油量表传感器

电容式油量表传感器是由同心圆筒形极板组成的电容器。这种传感器可以将被测油面高度转换成电容量的变化。

电容式油量表传感器按工作原理不同可分为变间隙式、变面积式和变介电系数式三种；按极板形状不同可分为平板形和圆筒形两种。下面分别介绍其工作原理和主要特性。

为了得到电容量与油面高度之间的关系，下面先介绍最简单的平板电容器和圆筒形电容器。

1. 平板电容器

当忽略边缘效应时，平板电容器（见图 2-3-1）的电容量为

$$C=\frac{\varepsilon A}{d}=\frac{\varepsilon_r\varepsilon_0 A}{d}$$

式中，C——电容器的电容量；

A——极板面积；

d——极板间距离；

ε_r——极板间介质的相对介电系数，$\varepsilon_r=\varepsilon/\varepsilon_0$；

ε_0——真空介电系数，$\varepsilon_0=8.85\times10^{-2}pF/cm$；

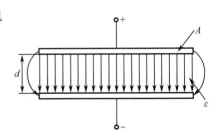

图 2-3-1　平板电容器

ε——极板间介质的介电系数。

由上式可以看出，平板电容器极板间的介质确定后，d 和 A 的变化将引起电容量的变化，通过测量线路可以将电容量的变化转换成电压、电流、频率等信号输出。如果平板电容器两极板固定不动，而极板间的介质是飞机的燃油，如图 2-3-2 所示，那么当油面高度变化时，将引起电容量的改变，即将油面高度的变化量转换成相应电容量。

2. 圆筒形电容器

变面积式圆筒形电容器（见图 2-3-3）由具有一定高度的两个同心圆筒形极板组成的电容器。可以固定一个圆筒，另一个圆筒相对固定圆筒沿轴线方向移动，两个圆筒相对表面形成的电容量就发生变化。

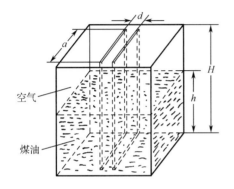

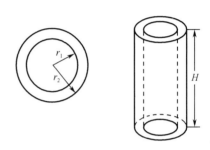

图 2-3-2 平板电容器垂直插入油箱   图 2-3-3 变面积式圆筒形电容器

当为圆筒形电容器两极板接上电源后，若 $H \gg r$，则可以认为两极板间形成的电场为无限长圆柱形电场，其电压强度为

$$E = \frac{\Phi_e}{2\pi rH}$$

式中，Φ_e——电场强度通量。

又因为

$$\Phi_e = \frac{\tau H}{\varepsilon} = \frac{(Q/H)H}{\varepsilon} = \frac{Q}{\varepsilon}$$

式中，τ——电荷线密度；

Q——电容器极板所带电量。

所以可得

$$E = \frac{Q}{2\pi r\varepsilon H}$$

当两极板之间的电位差用积分形式表示时，其表达式为

$$u = \int_{r_1}^{r_2} E \mathrm{d}r$$

由以上两式得

$$u = \frac{Q}{2\pi \varepsilon H}\ln\frac{r_2}{r_1} = \frac{Q}{2\pi \varepsilon_0 \varepsilon_r H}\ln\frac{r_2}{r_1}$$

式中，ε_0——空气的介电系数，其值约为 1。

圆筒形电容器的电容量为

$$C = \frac{Q}{u} = \frac{2\pi\varepsilon_0\varepsilon_r H}{\ln(r_2/r_1)}$$

由上式可以看出，圆筒越长，电容器的电容量越大。当两极板间距离不变时，电容量和圆筒长度成单值的线性关系。同时可以看出，两极板的间隙越小，电容量越大。由于受到电容器击穿电压的限制和装配工艺的要求，因此两极板的间隙不宜过小，以避免降低安全性能。

3. 电容式油量表传感器的测量原理

电容式油量表传感器属于变介电系数式电容传感器，其结构如图 2-3-4 所示。

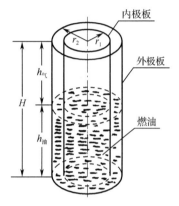

图 2-3-4　变介电系数式电容传感器的结构

传感器插入油箱，油箱加油后必有一部分浸没在燃油中，其浸没长度取决于油箱中油面的高度 $h_{油}$。这时，传感器两极板间便有两种不同的介质，上面为空气，下面为燃油。由于燃油的介电系数大于空气的介电系数，故传感器电容量 C_x 随油箱中油面升高而增大，当发动机耗油时，C_x 又随着油箱中油面降低而减小。这样，传感器就把油量的变化转换成电容量的变化，其关系可表示为

$$C_x = \frac{2\pi\varepsilon_0(H-h_{油})}{\ln\frac{r_2}{r_1}} + \frac{2\pi\varepsilon_{油}h_{油}}{\ln\frac{r_2}{r_1}}$$

$$= \frac{2\pi\varepsilon_0 H}{\ln\frac{r_2}{r_1}} + \frac{2\pi(\varepsilon_{油}-\varepsilon_0)h_{油}}{\ln\frac{r_2}{r_1}}$$

$$= C_{x0} + \Delta C$$

式中，C_x——传感器电容量；

ε_0、$\varepsilon_{油}$——空气、燃油的介电系数，$\varepsilon_0 \approx 1$，$\varepsilon_{油}=2$；

H、$h_{油}$——传感器极板、燃油的高度；

r_1、r_2——传感器内、外极板半径。

由上式可见，传感器电容量 C_x 由两部分组成：一部分是空油箱时的电容量 C_{x0}；另一部分是油箱加油后传感器电容量的增量 ΔC。C_{x0} 的大小仅取决于传感器本身的结构尺寸，对于已经做好的传感器，C_{x0} 是一个常数；ΔC 的大小与油箱中油面高度 $h_{油}$ 有关。由于燃油的介电系数 $\varepsilon_{油}$ 总是大于 1 的，所以 ΔC 恒为正值，并与油面高度 $h_{油}$ 成正比。

当为空油箱时，$h_{油}=0$，故 $\Delta C=0$，传感器电容量最小，即

$$C_{x\min} = \frac{2\pi\varepsilon_0 H}{\ln r_2/r_1} = C_{x0}$$

当油箱加满油时，$h_{油}=H$，传感器电容量最大，即

$$C_{x\max} = \frac{2\pi\varepsilon_{油}H}{\ln r_2/r_1}$$

由上述分析可以看出，油箱中油面高度的变化与传感器电容量的变化有一一对应的关系，即传感器电容量的变化能正确地反映油箱中油量的变化。这样就可以把对油箱中油量的测量转换为对传感器电容量的测量。测出传感器电容量，就知道油箱中的油量。

传感器解决了将油箱中油量转换为电容量的问题，但是要得到实际油量的具体数值，还

需要解决电容量测量的问题。

（二）电容式油量表的测量线路

电容式油量表传感器电容量很小，这样微小的电容量不便于传输和显示，为此必须采用测量线路将其转换成电压、电流并放大，也可转换成频率。这方面的测量线路种类很多，下面主要介绍常用的几种。

1. 交流电桥

交流电桥因连接方式不同有不同的种类，有一个桥臂中接入电容传感器的交流电桥、两个桥臂中都接入电容传感器的交流电桥，其固定桥臂有纯电阻、纯电容和纯电感等各种形式，但其中只有电容传感器才对交流电桥的平衡起主要作用。

交流电桥电路如图 2-3-5 所示。

交流电桥的一般表达式为

$$\dot{U} = \dot{E}\frac{Z_1 Z_2}{(Z_1 + Z_2)}\left(\frac{\Delta Z_1}{Z_1} + \frac{\Delta Z_3}{Z_3} - \frac{\Delta Z_2}{Z_2} - \frac{\Delta Z_4}{Z_4}\right)$$

式中，$\dot{U}$——交流电桥不平衡时的输出电压；

$\quad\quad\dot{E}$——交流电桥电源电压；

$\quad\quad Z_1$、Z_2、Z_3、Z_4——交流电桥桥臂阻抗；

$\quad\quad\Delta Z_1$、ΔZ_2、ΔZ_3、ΔZ_4——桥臂阻抗增量。

当交流电桥中接入一个电容传感器（C_1）时，在另一个桥臂上设置与之匹配的电容传感器（C_2），如图 2-3-6 所示，并使它们的电容量等于初始电容量 C_0，此时交流电桥平衡，无输出电压。当电容传感器的电容量变化为 $C_1+\Delta C$ 时，交流电桥将有不平衡电压输出，其大小和 ΔC 成正比，输出电压的相位由电容增量的正负来决定。输出电压的值可根据上式求出，即

$$\dot{U} = \dot{E}\frac{Z_1 Z_2}{(Z_1 + Z_2)}\cdot\frac{\Delta Z_1}{Z_1} = \dot{E}\frac{Z_1/Z_2}{(1 + Z_1/Z_2)^2}\cdot\frac{\Delta Z_1}{Z_1}$$

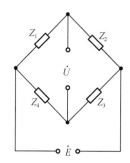
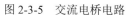

图 2-3-5　交流电桥电路

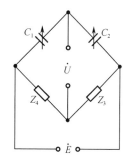

图 2-3-6　交流电桥桥臂

令 $A=Z_1/Z_2$，$K=(Z_1/Z_2)/(1+Z_1/Z_2)^2=A/(1+A)^2$，$\xi=\Delta Z_1/Z_1$，则有

$$\dot{U} = \dot{E}\frac{A}{(1+A)^2}\cdot\xi = \dot{E}K\xi$$

式中，A——桥臂比；

$\quad\quad K$——桥臂系数；

ξ——电容传感器的阻抗相对变化量。

对电容传感器来讲，其阻抗相对变化量 ξ 满足如下关系：

$$\xi=\Delta Z_1/Z_1=\Delta C_1/C_1$$

所以有

$$\dot{U} = \dot{E} \cdot K \frac{\Delta C_1}{C_1} = \dot{E} \cdot \frac{K}{C_1} \Delta C_1$$

电源电压 $\dot{E}$ 的幅值直接影响交流电桥的灵敏度。因此，在实际使用中，在桥臂阻抗元件允许功耗的范围内，$\dot{E}$ 的值应尽量取大些。另外，输出电压 $\dot{U}$ 在 $\dot{E}$ 和 ξ 一定时与桥臂系数 K 成正比。

2. 自动平衡电桥

交流电桥的输出电压和电源电压成比例。当电源电压波动时，输出电压随之波动，这会给测量带来较大的误差。飞机上的电源电压允许波动范围为 $\pm5\%\sim\pm10\%$，仅此波动值就会造成较大的误差。为克服电源电压波动的影响，在交流电桥电路的基础上加上自动平衡装置组成自动平衡电桥电路，如图 2-3-7 所示。这种自动平衡电桥适用于在短时间内进行动态测量。

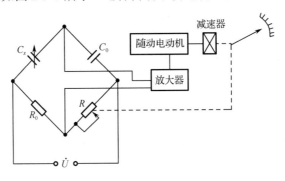

图 2-3-7　自动平衡电桥电路

（1）自动平衡电桥的组成。

自动平衡电桥主要由交流电桥和自动平衡装置组成。

自动平衡电桥的交流电桥有四个桥臂，电容传感器（C_x）作为电桥的一个可变桥臂，另一个可变桥臂由可变电位器组成，两个固定桥臂分别由标准固定电容和电阻组成。自动平衡装置包括放大器、随动电动机和减速器，交流电桥输出的不平衡电压信号，通过控制可变电位器的阻值 R 来维持电桥的平衡。

（2）自动平衡电桥的工作原理。

自动平衡电桥在初始时处于平衡状态，这时电容传感器的初始电容量 $C_x=C_{x0}$。故电桥的平衡条件为

$$C_{x0}/C_0=R/R_0$$

当电桥平衡时，无电压信号输出，随动电动机不工作。

当电容传感器的电容量增大，即 $C_x=C_{x0}+\Delta C_x$ 时，电桥平衡被破坏，有电压信号输出，经放大器放大后，使随动电动机转动，经过减速器带动电位器电刷和指针转动，当电刷转到电位器电阻的某一位置时，电桥重新恢复平衡，输出电压为零，随动电动机重新停止转动。在新的平衡位置上，有

$$(C_{x0}+\Delta C_x)/C_0=(R+\Delta R)/R_0$$

由上两式可得

$$\Delta R =(R_0/C_0)\cdot\Delta C_x$$

如果 $\Delta Cx = kh$，则

$$\Delta R = (R_0/C_0)\cdot kh$$

式中，h——油面高度；

k——比例系数。

由上述内容可以看出，自动平衡电桥是建立在电桥自动达到平衡条件的基础上的，这种平衡条件与电源电压无关，因而测量不受电源电压波动的影响，提高了测量精度，并为实现自动测量和远距离传输提供了可能的途径。因此，自动平衡电桥在航空仪表中得到了广泛的应用。

实际的测量电路通过转换开关把所有电容传感器并联接入电桥，用来测量全部油箱总的储油量。把相应组电容传感器接入电桥，可以测量相应组油箱的油量。

3. 变压器式电桥

在航空仪表中，除采用自动平衡电桥以外，还经常采用变压器式电桥。变压器式电桥电路如图 2-3-8 所示。

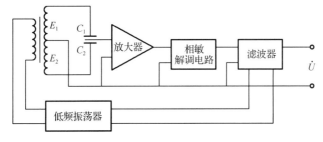

图 2-3-8 变压器式电桥电路

变压器式电桥的两个平衡桥臂为变压器的两个次级线圈，被测桥臂是一组差动电容器，也可以是一个电容传感器和一个固定电容器，电容传感器的初始电容量和固定电容器的电容量相等。

有的电容式油量表就是采用变压器式电桥电路作为测量电路的，其电路中还包括低频振荡器、放大器、相敏解调电路和滤波器，该测量电路由于放大器的输入阻抗很大，所以输出电压与电容传感器的变化量呈线性关系。

交流电桥有四个桥臂，电容传感器接在电桥中作为可变桥臂，固定电容器作为一个桥臂，变压器的两个次级线圈作为两个桥臂。低频振荡器给变压器的初级线圈供电，经变压器耦合在两个次级线圈中产生交流电作为电桥输入电压。

当为空油箱时，电容传感器的电容量最小，阻抗最大，电容传感器的阻抗等于桥臂固定电容器的阻抗；变压器的两个次级线圈的阻抗相等；电桥平衡，没有不平衡电压信号输出；经放大器、相敏解调电路和滤波器输出到指示器的直流电压为 0V，指示器指示零刻度。

当油箱加满油时，电容传感器的电容量最大，阻抗最小，电桥的平衡条件被破坏。交流电桥输出不平衡电压信号，经放大器、相敏解调电路和滤波器后，向指示器输出 5V 的直流电压，使指示器指示最大刻度值。

（三）电容式油量表的方法误差

方法误差是由于测量方法不完善或理论上的缺陷所引起的误差。利用电容传感器测量油量，以某种特定的燃油及其在某一规定温度下的密度和介电系数为依据进行设计。在这种特定的条件下，测量的油量数值是准确的。但是当温度变化或更换燃油时，燃油的密度和介电系数将发生变化，电容式油量表的指示就会出现测量误差，这种误差叫作温度误差或换油误差。

1. 温度误差

当温度变化时，电容传感器各零件几何尺寸的改变将导致电容传感器极板间距离和面积的改变，引起电容量变化。同时，温度变化也将引起极板间电介质介电系数和体积的改变，从而引起电容量变化。这些都会引起测量误差。对于变介电系数式电容传感器来说，由于极板间距离较大，故因极板间距离改变引起的温度误差较小，可以忽略不计，而电介质受温度影响，介电系数和密度改变，从而产生的测量误差是不能忽略的。但是，介电系数改变对测量的影响，与密度改变对测量的影响是相反的。例如，当温度升高时，电介质的介电系数减小，传感器电容量也减小，使电容式油量表少指；电介质的体积增大（密度减小），传感器电容量增大，使电容式油量表多指。由于介电系数改变对指示的影响大于电介质密度改变对指示的影响，所以电容式油量表的误差为负值。当温度降低时，电容式油量表的误差为正值。由于飞机上应用的电容式油量表电容传感器两极板间距离是常值且比较大，故下面主要研究电介质受温度影响而产生的误差。

（1）介电系数变化引起的误差。

温度变化将引起电介质介电系数的变化，使电容传感器的电容量改变，从而引起测量误差，误差的大小随介电系数对温度的敏感程度不同而不同。对以空气和云母为介质的电容传感器来说，这项误差很小，可以忽略不计。但在电容式油量表中，由于电介质是煤油，而煤油的温度系数为-0.0006851/℃，如果温度变化100℃，则可引起6.85%的相对误差。这样大的误差必须加以补偿。

当煤油品种不同时，其介电系数不同。对于一种煤油，介电系数 $\varepsilon_{油}$ 将随温度升高而近似线性减小，其关系式为

$$\varepsilon_{油} = \varepsilon_0(1 + \beta \Delta t)$$

式中，ε_0——标准温度下煤油的介电系数；

　　　β——煤油的温度系数；

　　　Δt——温度变化量。

对于同心圆筒形电容传感器，当油面高度为 h 时，温度变化使 $\varepsilon_{油}$ 改变。此时，传感器电容量的变化量为

$$\Delta C_{t1} = \frac{2\pi h}{\ln \dfrac{r_2}{r_1}}(\varepsilon_{油} - \varepsilon_0) - \frac{2\pi h}{\ln \dfrac{r_2}{r_1}}(\varepsilon_{油0} - \varepsilon_0)$$

$$= \frac{2\pi h}{\ln \dfrac{r_2}{r_1}}[\varepsilon_0(1 + \beta \Delta t) - \varepsilon_0] - \frac{2\pi h}{\ln \dfrac{r_2}{r_1}}(\varepsilon_{油0} - \varepsilon_0)$$

$$= \frac{2\pi h}{\ln \dfrac{r_2}{r_1}}\varepsilon_{油0} \beta \cdot \Delta t$$

$\varepsilon_{油}$变化引起煤油介电系数变化，从而产生的相对测量误差为

$$\delta_1 = \frac{\Delta C_{t1}}{C_0} = \frac{\varepsilon_{油0}}{\varepsilon_{油0} - \varepsilon_0} \cdot \beta \Delta t = \frac{\varepsilon_{油0}}{\varepsilon_{油0} - 1} \cdot \beta \cdot \Delta t$$

在标准温度下，当煤油的相对介电系数 $\varepsilon_{油0} \approx 2$ 时，有

$$\delta_1 \approx 2\beta\Delta t$$

由上式可见，当相对介电系数$\varepsilon_{油}$变化时，引起的误差和温度变化量有关，两者呈线性关系。介电系数误差特性曲线如图 2-3-9 所示。因为煤油的温度系数$\beta < 0$，所以当 $t > t_0$ 时，δ_1为负值；当 $t < t_0$ 时，δ_1为正值。

（2）煤油体积变化所引起的误差。

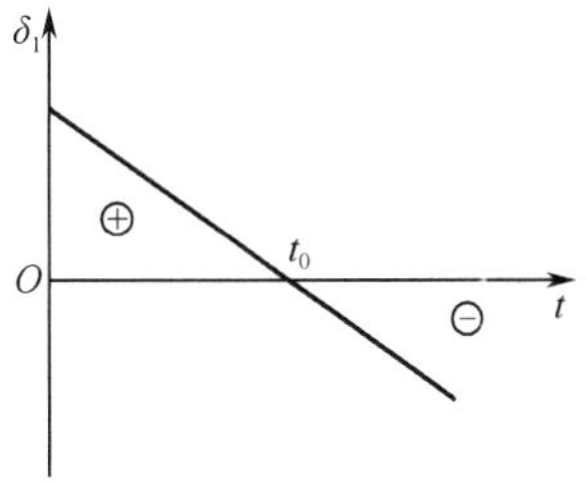

当温度变化时，煤油的介电系数不变，而煤油体积随温度变化而变化。例如，温度升高，煤油体积增大，其关系式为

$$V_{油} = V_{油0}(1 + \alpha\Delta t)$$

式中，$V_{油0}$——温度为t_0时的煤油体积；

α——体积膨胀系数（煤油的$\alpha = 9 \times 10^{-4}/℃$）；

Δt——温度变化量。

图 2-3-9　介电系数误差特性曲线

对于一定容积的油箱来讲，其体积和油面高度的关系为

$$V = S \cdot h$$

式中，S——油箱横截面积；

h——油面高度。

由上两式可得油面高度和温度的关系为

$$h_{油} = h_{油0}(1 + \alpha\Delta t)$$

式中，$h_{油0}$——温度为t_0时的油面高度。

如果油箱的初始油面高度为h_0，温度变化引起煤油体积变化，从而使传感器电容量改变，此时电容量的变化量为

$$\Delta C_{t2} = \frac{2\pi(\varepsilon_{油0} - \varepsilon_0)}{\ln\frac{r_2}{r_1}} \cdot h_{油0}(1 + \alpha\Delta t) - \frac{2\pi(\varepsilon_{油0} - \varepsilon_0)}{\ln\frac{r_2}{r_1}} \cdot h_{油0}$$

$$= \frac{2\pi(\varepsilon_{油0} - \varepsilon_0)}{\ln\frac{r_2}{r_1}} \cdot h_{油0}\alpha\Delta t$$

温度变化引起煤油体积变化从而产生的相对测量误差为

$$\delta_2 = \Delta C_{t2}/C_0 = \alpha\Delta t$$

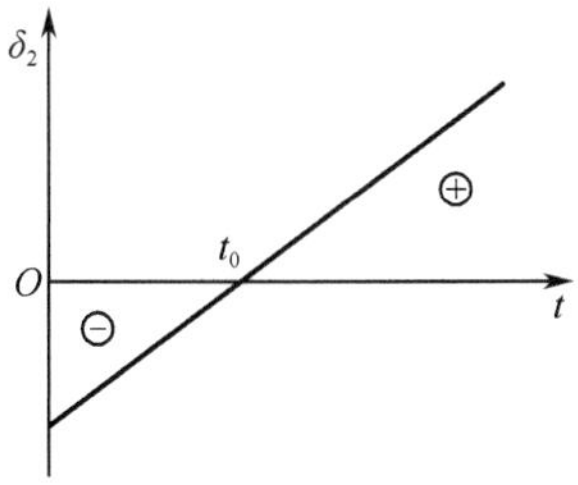

图 2-3-10　体积误差特性曲线

由上式可以看出，当温度变化时，由煤油体积变化所引起的测量误差和温度变化量呈线性关系，其特性曲线如图 2-3-10 所示。因为，煤油的体积膨胀系数$\alpha > 0$，所以当 $t > t_0$ 时，δ_2为正值；当 $t < t_0$ 时，δ_2为负值。

（3）总的温度误差。

电容式油量表的温度误差包括两部分：一部分是由介电系数变化所引起的；另一部分是由油面高度变化所引起的。因此，

总的温度误差为

$$\delta=\delta_1+\delta_2=[\varepsilon_{油0}/(\varepsilon_{油0}-1)\cdot\beta+\alpha]\cdot\Delta t$$

由上式可以看出，如果以规定温度下的实际油量作为比较标准，那么由于 $\varepsilon_{油0}$ 是不变的，因此温度误差的大小只与温度变化量成正比。又因为空气的相对介电系数 $\varepsilon_r=1$，煤油的相对介电系数 $\varepsilon_{油0}=1.8\sim2$（取 2），故上式可近似简化为

$$\delta=(2\beta+\alpha)\Delta t$$

上式表明，当温度变化时，如果 $t>t_0$，则温度误差为负值，电容式油量表少指；如果 $t<t_0$，则温度误差为正值，电容式油量表多指。

2. 换油误差

电容式油量表传感器是根据具体油箱和一定的电介质设计的，因而一种电容式油量表传感器只适用于针对一种油箱测量所规定煤油的油量。如果更换煤油，则由于煤油密度和介电系数不同，测量时会出现误差，这种误差叫作换油误差。所以当更换煤油后，必须根据更换后煤油的介电系数进行调整，以减小或消除换油误差。

油量的测量单位有两种形式：一种以千克（kg）为单位，另一种以升（L）为单位。当以升为单位时，只存在介电系数改变对指示的影响，误差较大；当以千克为单位时，由于煤油密度和介电系数的改变对指示的影响相反，互相抵消了一部分，所以误差较小。因此，电容式油量表多以千克为指示器的刻度单位。

二、燃油耗量表

电容式油量表既能测量总油量又能测量各组油箱的油量，而且当油箱由于某种原因漏油时，它所指示的仍是油箱内实际存在的油量。但是，当飞机俯仰、倾斜或加速飞行时，油面会发生变化，电容式油量表的指示将会出现误差。因此，在有的飞机上还装有燃油耗量表，用来测量飞机燃油系统的燃油消耗量，使飞行员在各种飞行状态下都可以了解到飞机的总油量。

（一）功用

燃油耗量表用来测量并指示发动机每小时的燃油消耗量（瞬时耗量）和飞机油箱内剩余的总油量。

（二）测量原理

每套燃油耗量表包括一个传感器和一个指示器。

燃油耗量表又叫作叶轮式油量表，燃油耗量表和电容式油量表一样，都可以测量飞机上的实有油量。电容式油量表通过测量油箱中油面的高度，直接测量油箱内的剩余油量，而燃油耗量表则是通过测量发动机的耗油量，间接测量油箱内的剩余油量的。当燃油以某种流速流过燃油耗量表传感器时，推动传感器里的叶轮旋转，其转速与燃油的流速成正比。因此，叶轮转速与同时间内燃油流过的量成正比。

1. 瞬时耗量的测定

叶轮转速的测定是利用电磁感应测速器完成的，如图 2-3-11 所示。

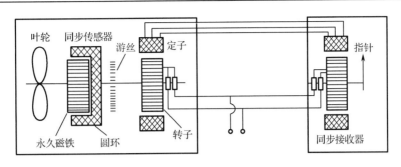

图 2-3-11　电磁感应测速器的工作原理

当叶轮旋转时，带动同轴上的永久磁铁旋转与金属圆环形成切割磁力线，从而产生感应电动势，经圆环导体形成涡流。涡流产生的磁场与永久磁铁产生的磁场相互作用产生涡流转矩，涡流转矩与永久磁铁的转速成正比。当涡流转矩被游丝反作用力矩平衡时，圆环便稳定在这个位置，其转动角度与永久磁铁的转速成正比，也就是与流量成正比。圆环的转动角度用交流同步器的原理远距离输送给指示器的指针，指示出每小时的流量。燃油耗量表指示器面板图如图 2-3-12 所示。

2. 总耗量的测定

燃油经导向器以一定的流速冲击叶轮，使叶轮旋转，如图 2-3-13 所示，并经涡轮蜗杆减速器使带有永久磁铁的轴承旋转。

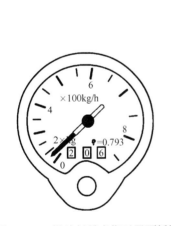

图 2-3-12　燃油耗量表指示器面板图

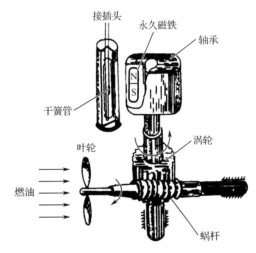

图 2-3-13　总耗量测定机构

当永久磁铁转到靠近干簧管时，干簧管闭合，如图 2-3-14 所示。此时电路接通，如图 2-3-15 所示，在 27V 直流电源电压作用下，指示器的永久磁铁线圈中有电流通过。当永久磁铁离开干簧管时，干簧管断开，永久磁铁线圈没有电流。因此，叶轮带着永久磁铁转动一圈，永久磁铁线圈通、断电一次，衔铁被吸动一次，字码盘逐渐退回，使数字减小，指示出油箱内的剩余油量（事先参照电容式油量表调整好总油量）。

燃油耗量表的指示不会因飞机姿态的改变而产生误差，这是它的优点。但是，它也有不足的一面，如果叶轮前的燃油油管路漏油，指示就有误差，而且这种误差总是指示油量多于实际油量，如果未被飞行员察觉，则容易造成危险。因此，在飞机飞行过程中，常常利用电容式油量表和燃油耗量表来综合判断飞机上的实有油量。

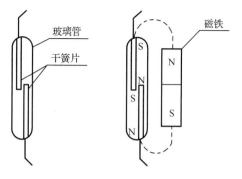

图 2-3-14　干簧管原理结构

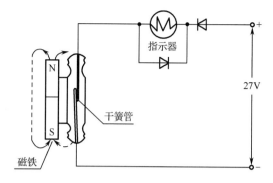

图 2-3-15　燃油耗量表电路原理图

第四节　压力测量原理

气体和液体的压力是表征发动机工作状态的重要参数之一。进气压力决定活塞发动机功率的大小；滑油压力决定涡轮喷气发动机涡轮轴工作时的发热、磨损程度；为了保证发动机转速，必须以一定的压力连续地供给燃油。由此可见，测量压力在飞机上是十分重要的。

测量飞机上气体或液体压力的仪表叫作压力表。压力表可以测量各种流体的压力，如燃油压力、滑油压力、氧气压力、冷气压力等。

压力表的形式很多，按动作原理可分为机械式、电动机械式和电动式三种；按供电的电源形式可分为直流压力表和交流压力表两种。压力表的形式虽多，但有一个共同的本质：利用弹性敏感元件在流体压力作用下变形的程度来表示被测压力的大小。

一、压力测量元件

压力测量元件是压力表的测量装置，它能把被测压力转换成易于输出或指示的物理量。这些物理量有位移、转角，也有与被测压力相对应的电信号，以满足信息的传输、处理、控制和显示要求。一般又把压力测量元件叫作传感器。

本节只介绍航空仪表中常用的几种压力测量元件。

（一）膜盒式压力测量元件

膜盒（或膜片）是一种常用的压力敏感元件。膜盒（或膜片）受到流体压力作用后，它的中心就会产生位移，压力越大，膜盒（或膜片）中心的位移越大，因而利用膜盒（或膜片）可以测量压力的大小，如图 2-4-1 所示。

在航空仪表中，常用富有弹性的金属制成的圆形薄片来测量压力，这种薄片叫作膜片。膜片的径向可以是平的，也可以是波纹的。航空仪表中采用的波纹膜片是一个有同心圆波纹的圆形薄片，它的中央有一段平的部分，叫作硬中心，这个硬中心在膜片受到压力作用时，没有弯曲变形。两层膜片沿周围焊接成膜盒，膜盒和膜片广泛地用作测量压力的敏感元件，它可以测量绝对压力，也可以测量相对压力。

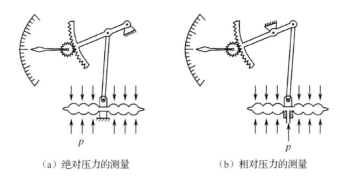

（a）绝对压力的测量　　　　　　　（b）相对压力的测量

图 2-4-1　膜盒压力表

膜盒压力表一般由膜盒、传动机构和指示部分组成。膜盒压力表常用的膜盒有两种：一种是真空膜盒，另一种是开口膜盒。采用真空膜盒作为敏感元件的膜盒压力表用来测量绝对压力；采用开口膜盒作为敏感元件的膜盒压力表用来测量相对压力。真空膜盒硬中心的位移量取决于被测绝对压力的大小；开口膜盒硬中心的位移量取决于被测相对压力的大小。

传动机构将膜盒（或膜片）硬中心的位移量转换并放大为指针轴的转角，转角的大小对应被测压力的数值。

一般膜盒压力表的刻度特性呈线性，指示形式多采用指针和圆形均匀刻度盘。

（二）电位器式压力测量元件

电位器是常用的电气元件。在航空仪表中，常用电位器把输入的机械位移量转换成与压力成一定函数关系的电阻或电压输出。燃油压力传感器、滑油压力传感器、压力信号器等，都是电位器式压力测量元件。典型的电位器结构有平直、弧形和圆形三种，每种电位器都包括绕成均匀线匝的电阻和电刷，如图 2-4-2 所示。

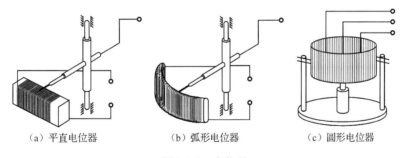

（a）平直电位器　　　　　（b）弧形电位器　　　　　（c）圆形电位器

图 2-4-2　电位器

电位器式压力测量元件结构简单、尺寸小、质量轻、精度高、性能稳定、受外界环境影响小，能完成任意函数的转换，所以应用比较广泛。但它也有不足之处，电刷在电阻上滑动时易磨损积炭，影响使用寿命和精度，同时要求有较大的输入能量，否则带不动电刷，会影响电位器式压力测量元件的正常工作。

电位器的转换特性是指输入位移与输出电阻或电压的关系。对于线性电位器来说，只要电阻骨架绕线间隔处处相等，骨架上导体均匀绕制，当电刷有位移输入时，输出电阻就等于电位器上单位长度的电阻值与电刷位移的乘积，即

$$R_x = R\frac{x}{l} = Kx \qquad (2\text{-}4\text{-}1)$$

式中，x——电刷位移；

R——电位器总电阻；

l——电位器的电阻总长度。

由式（2-4-1）可以看出，输出电阻和电刷位移成正比，因而其理想转换特性曲线是一条直线。但事实上，电刷滑动是一匝一匝地滑过导体的，所以其实际的转换特性曲线是阶跃变化的折线。

$$U_x = \frac{R_x}{R} U \qquad (2\text{-}4\text{-}2)$$

式中，U——电位器两端的电源电压值。

由式（2-4-2）可以看出，如果电位器两端接上电源，则电刷和电位器一个端点的电位差就是电位器的输出电压。空载时电位器的理想转换特性曲线为直线，实际的转换特性曲线是阶跃变化的折线。

电位器式压力传感器是采用电位器作为传感变换元件的一种传感器。

电位器式压力传感器由膜片、传动机构和电位器三部分组成，其结构如图 2-4-3 所示。膜片感受压力，并将压力转换为相应的线位移，先经传动机构变换为电位器电刷转角，再经电位器变换后输出与电刷转角相对应的电信号。

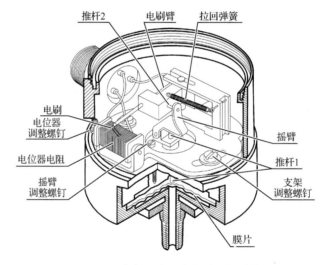

图 2-4-3　电位器式压力传感器的结构

电位器式压力传感器的具体工作过程如下：被测的流体压力经接头进入膜片下部，使膜片中心产生位移。膜片中心的位移经过推杆 1 使摇臂转动。摇臂上的推杆 2 推动电刷臂转动，从而使电位器的电刷在电阻上移动，输出电信号。当流体压力减小时，电刷被拉回弹簧拉回。

（三）电感式压力测量元件

电感式压力测量元件是利用电磁感应原理将压力转换成电感增量的一种装置。航空仪表中常用的电感式压力测量元件有变气隙式、差动式等形式，下面主要讨论这两种形式。

1. 变气隙电感式压力测量元件

图 2-4-4 所示为变气隙电感式压力测量元件的原理结构图，它由线圈、衔铁和铁心等组成。衔铁和铁心有间隙，当衔铁移动时，磁路中气隙的磁阻发生变化从而使线圈的电感发生变化。当将测量元件接入一定的测量电路后，电感变化量进一步转换成电压。这个电压的大小和衔铁与铁心的间隙大小成正比。

设变气隙电感式压力测量元件的线圈匝数为 W，根据电工原理可知，线圈的电感为

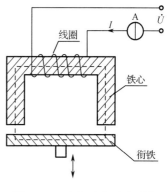

图 2-4-4　变气隙电感式压力测量元件的原理结构图

$$L = \frac{W\Phi}{I} \qquad (2\text{-}4\text{-}3)$$

式中，Φ——穿过线圈的磁通；

　　　W——线圈匝数；

　　　I——线圈中流过的电流。

又知：

$$\Phi = \frac{IW}{R_m} \qquad (2\text{-}4\text{-}4)$$

将式（2-4-4）代入式（2-4-3），得

$$L = \frac{W^2}{R_m} \qquad (2\text{-}4\text{-}5)$$

式中，R_m——磁路的总磁阻。

对于变气隙电感式压力测量元件，其气隙一般很小（0.1～1mm），所以可认为气隙磁场是均匀的。若忽略磁路损失，则磁路的总磁阻为

$$R_m = \sum_{i=1}^{n} \frac{l_i}{\mu_i A_i} + \frac{l_\delta}{\mu_0 A_\delta}$$

式中，l_i——第 i 段磁路的长度；

　　　l_δ——气隙长度；

　　　A_i——第 i 段磁路的横截面积；

　　　A_δ——气隙截面积；

　　　μ_i——第 i 段磁路的磁导系数；

　　　μ_0——气隙的磁导系数。

由于变气隙电感式压力测量元件一般都处于非饱和状态，铁心和衔铁的磁导系数远大于气隙的磁导系数，所以上式可简化为

$$R_m \approx \frac{l_\delta}{\mu_0 A_\delta}$$

将 R_m 代入式（2-4-5），得

$$L = \frac{W^2 \mu_0 A_\delta}{l_\delta} \qquad (2\text{-}4\text{-}6)$$

由式（2-4-6）可以看出，电感 L 是气隙长度 l_δ 和气隙截面积 A_δ 的函数。如果 A_δ 保持不

变，则电感 L 是气隙长度 l_δ 的单值函数，改变气隙长度，即可改变电感数值。同理，若 l_δ 不变，则电感 L 是气隙截面积 A_δ 的单值函数。

　　用于测量压力的变气隙电感式压力传感器如图 2-4-5（a）所示。电感线圈与交流电流表串联，通入交流电。这时衔铁和铁心具有初始气隙 l_0，电流表指示一定的起始电流。当被测压力 p 经接嘴进入膜片空腔后，膜片向上移，经推杆推动衔铁，使气隙长度变小，电感增大，电流变小。在测量线路中，电流和气隙长度成正比，气隙特性曲线如图 2-4-5（b）中虚线所示。然而，变气隙电感式压力传感器的实际特性曲线不是一条过零的曲线。这是由于气隙长度为零时仍存在起始电流 I_n，其真实的特性曲线如图 2-4-5（b）中实线所示。这种传感器由于误差较大，因此只适用于精度要求不高的压力测量场合。

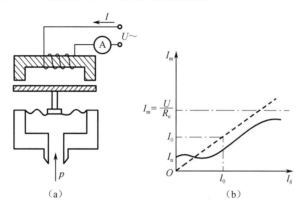

图 2-4-5　变气隙电感式压力传感器及气隙特性曲线

2. 差动电感式压力测量元件

　　差动电感式压力测量元件是由两个对称的变气隙电感式压力测量元件组成的，如图 2-4-6 所示。它有两个电感线圈，分别装在两个固定的铁心上，这两个铁心的材料、几何尺寸相同，对称安装。衔铁位于两铁心中间，当衔铁无位移时，两线圈的电感相等；当衔铁有位移时，它与两铁心的气隙长度一个增大，另一个减小，所以以两线圈的电感一个减小，另一个增大。将两线圈作为四臂交流电桥的两个相邻桥臂，两固定电阻作为另两个桥臂，如图 2-4-7 所示。因此，交流电桥输出电压的大小和相位就能反映出衔铁位移的大小和方向。

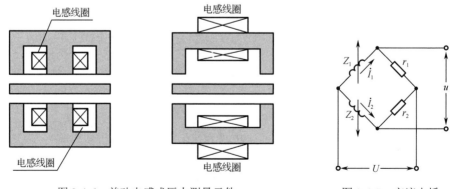

图 2-4-6　差动电感式压力测量元件　　　　　　　图 2-4-7　交流电桥

　　在差动电感式压力测量元件中，衔铁的位移由膜盒感受被测压力并通过传动机构来控制。当被测压力为零时，膜盒硬中心的位移为零，衔铁位于两铁心中间位置。两线圈的感抗相等，使交流电桥处于平衡状态，即满足：

$$Z_1/r_1=Z_2/r_2$$

输出电压 u 为

$$u = \left(\frac{Z_1}{Z_1 + r_1} - \frac{Z_2}{Z_2 + r_2} \right) \cdot U = 0$$

当被测压力变化时，膜盒感受被测压力的变化，其硬中心产生与被测压力变化相对应的位移，经传动机构相应地改变衔铁的位置，两线圈的电感发生相应的变化，使得交流电桥由原来的平衡状态变为不平衡状态，这时桥路两端有电压输出，这个输出电压等于相邻桥臂两端电压之差，即

$$u = \left(\frac{Z_1}{Z_1 + r_1} - \frac{Z_2}{Z_2 + r_2} \right) \cdot U$$

理论分析证明，当差动电感式压力测量元件的间隙很小，能保证间隙变化量很小时，交流电桥的输出电压和被测压力成正比，呈线性关系。

（四）弹簧管式压力测量元件

弹簧管是一种弹性很好的金属管子，它作为测量气体或液体压力的敏感元件在飞机上获得了广泛的应用。

常用的弹簧管横截面为椭圆形。管子弯成弧状，封闭的一端可以随整个管子移动，叫作自由端；开口的一端安装在固定座上，叫作固定端，如图 2-4-8 所示。

流体进入管子之后，在流体压力的作用下，弹簧管有伸直的趋势，自由端产生位移。流体压力愈大，管子伸直变形愈多，自由端产生的位移愈大。因此，根据弹簧管伸直变形的程度就可以测量流体压力的大小。

弹簧管自由端在向外移动时，经过连杆和曲臂，使扇形齿轮转动，扇形齿轮又带动小齿轮转动，小齿轮轴上的指针就在刻度盘上指出压力的大小。压力消失后，弹簧管由于本身弹性力的作用而恢复原形，指针也随之回零。

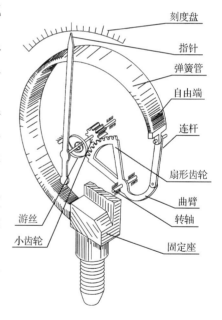

图 2-4-8　弹簧管式压力表

弹簧管式压力表在用于远距离测量时，都采用金属毛细管作为传送装置，容易发生故障，并且不易拆装，这是它的缺点。但是，弹簧管式压力表本身却具有构造简单、坚固耐用等优点。目前飞机上普遍用它来近距离测量黏滞性较小的流体的压力，如氧气压力、冷气压力、液压油压力等。

以上压力测压元件通常由一种或两种组合起来作为压力表的传感器使用。下面介绍由上述压力测量元件组成的几种压力表的工作原理。

二、滑油压力表的工作原理

滑油压力表用来测量进入发动机润滑系统的滑油压力，即滑油泵的出口压力。滑油压力

过低，会使发动机涡轮轴及其他转动轴因得不到充分润滑而损坏，造成严重后果。因此，准确测量滑油压力成为了解发动机工作状态的重要手段之一。

（一）电位器式滑油压力表的工作原理

电位器式滑油压力表由传感器和指示器两大部分组成，这两大部分用导线互相连接，如图 2-4-9 所示。这种压力表也称为直流二线式压力表。

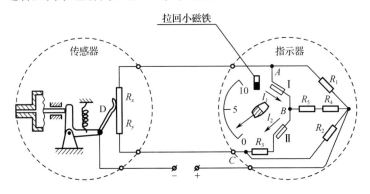

图 2-4-9　电位器式滑油压力表的工作原理

传感器内部主要有金属膜片、传动机构和电位器；指示器是一个两线框动铁式电流比值表，测量范围为 $0\sim0.98$ MPa（$0\sim10$ kgf/cm^2，为使用方便，下面我们仍沿用 kgf/cm^2 这一单位）。电流自电源正极经过电阻 R_4、R_5，分别流过 I、II 线框，再经过电位器的电刷流回负极。

电位器式滑油压力表的基本工作原理：当滑油压力作用在金属膜片上时，膜片发生变形，产生位移，经过传动机构，使电位器的电刷在电阻上滑动；滑油压力由小逐渐增大，电刷也就不断地由上而下滑动。当电位器的电刷在电阻上的位置改变时，电位器两端，即 A、C 两点的电位便随之改变，流过 I、II 线框的电流，以及由两线框电流所形成的合成磁场的方向也都相应地改变，活动磁铁受合成磁场的作用带着指针转动，使指针指出滑油压力的大小。

当滑油压力为 5kgf/cm^2（一半滑油压力）时，膜片变形后正好使电刷停在电阻的中点，电阻 $R_x=R_y$，因此 A、C 两点的电位相同，两线框电流相等，电流比值 $I_2/I_1=1$，合成磁场的方向在两线框的正中央，活动磁铁受合成磁场的作用带着指针转动，使指针指在刻度盘的正中央。

当滑油压力大于 5kgf/cm^2 时，膜片变形后将使电刷停在电阻的下半段，电阻 $R_x>R_y$，于是 A 点电位高于 C 点电位，II 线框电流大于 I 线框电流，电流比值 $I_2/I_1>1$，合成磁场偏向 II 线框的磁场方向，指针指在刻度盘的上半部。同理可以分析，当滑油压力小于 5kgf/cm^2 时，指针将停在刻度盘的下半部。

注：为了便于分析，一般均假定当滑油压力为零时，I 线框电流最大，II 线框电流为零；当滑油压力等于最大值时，II 线框电流最大，I 线框电流为零。

当电位器式滑油压力表不通电时，指针轴上的活动磁铁受拉回小磁铁的作用，使指针轻靠在零刻度以下的限制柱上。

由于电位器式滑油压力表的指针是通过活动磁铁带动的，并且指针的转角只与两线框的电流比值有关，因此这样的指示器称为动铁式电流比值表，指针转角公式为

$$\alpha = \arctan\frac{\sin\gamma}{I_1/I_2 + \cos\gamma}$$

式中，α——指针转角；

　　　γ——两线框的夹角；

　　　I_1、I_2——Ⅰ、Ⅱ线框电流。

由上式可以看出，对于结构确定的电位器式滑油压力表来说，指针转角只与电流比值有关，所以当电源电压变化时，只要两线框电流比值不变，指针指示值就不改变。

（二）电感式滑油压力表的工作原理

电感式滑油压力表由传感器、指示器和电源变压器三部分组成，如图 2-4-10 所示。这种压力表也称为交流二线式压力表，它的主要特点是传感器采用无接触式的电感传感器，增加了工作的可靠性，提高了测量精度。

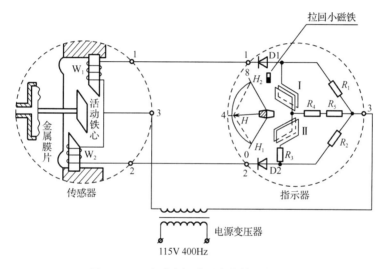

图 2-4-10　电感式滑油压力表的工作原理

传感器中有一个用来感受滑油压力的金属膜片和输出信号的信号转换器。金属膜片随滑油压力变化而胀缩，产生位移，通过推杆将位移传送给信号转换器。信号转换器由活动铁心和两个带固定铁心的电感线圈 W_1、W_2 组成。当金属膜片感受到压力后，经传动杆带动活动铁心产生位移，当活动铁心被金属膜片带动产生位移时，活动铁心与线圈 W_1、W_2 的相对位置发生变化，从而改变了线圈的电感量。两线圈感抗也随之变化，从而改变指示器中两线框的电流比值，使指针指示出相应的滑油压力。因此，线圈 W_1、W_2 感抗的变化就反映出滑油压力的变化。

指示器是一个电流比值表，它的电磁部分有两套交叉成 120°的线圈Ⅰ和Ⅱ，如图 2-4-11 所示。线圈中通过电流后产生磁场 H_1 和 H_2，使线圈中间的活动磁铁带动指针停在合磁场 H 方向。因为合磁场方向由磁场强度的比值大小决定，即取决于通过线圈的电流 I_1 和 I_2 的比值，故称为电流比值表。

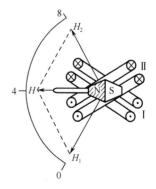

图 2-4-11　指示器的电磁部分

指示器和传感器接成一个电桥，该电桥由电源变压器供给 36V、400Hz（115V、400Hz 变压）交流电。当滑油压力改变时，传感器的金属膜片带动活动铁心产生位移，从而改变了信号转换器线圈 W_1 和 W_2 的感抗，使通过指示器线圈 I 和 II 的电流发生变化，改变了两线圈的电流比值，合磁场方向也随之改变，于是活动磁铁带动指针停在合磁场方向，指示出滑油压力的大小。这就是电感式滑油压力表的基本工作原理。

电感式滑油压力表的工作情况如图 2-4-12 所示。

当滑油压力为零时，传感器的金属膜片处在起始位置上，活动铁心靠近 W_2 线圈，远离 W_1 线圈。当活动铁心靠近 W_2 线圈时，由于气隙长度减小，磁通增加，相当于 W_2 线圈铁心的磁导系数变大，因而 W_2 线圈感抗变大。同理，活动铁心远离 W_1 线圈，将使 W_1 线圈感抗变小。此时，经 D1 和 D2 晶体二极管整流后，流经线圈 I 的电流大于流经线圈 II 的电流，电流比值 I_1/I_2 大于1，在合成磁场作用下，活动磁铁带着指针指示零刻度，表示滑油压力为零，如图 2-4-12（c）所示。

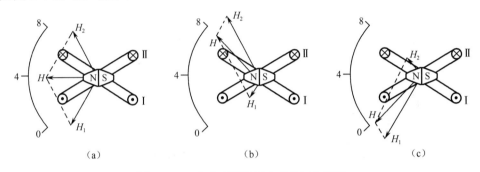

图 2-4-12　电感式滑油压力表的工作情况

当滑油压力为最大刻度值（$8kgf/cm^2$）的一半，即 $4kgf/cm^2$ 时，金属膜片膨胀，经推杆带动活动铁心停在中间位置，这时活动铁心与两个线圈铁心的气隙长度相等，使线圈 W_1 和 W_2 的电感、感抗都相等，所以流经指示器线圈 I 和 II 的电流也相等，即 $I_1=I_2$，电流比值 $I_1/I_2=1$。两线圈产生的磁场强度相等，合磁场正好指向刻度盘的中间刻度。活动磁铁在合磁场作用下，带动指针停在刻度盘的中间刻度上，指示滑油压力为 $4kgf/cm^2$，如图 2-4-12（a）所示。

当滑油压力继续增加时，金属膜片继续膨胀，经推杆带动活动铁心继续移动，于是活动铁心与 W_2 线圈铁心的气隙长度加大，磁通不易通过，线圈的电感减小，感抗减小；活动铁心与 W_1 线圈铁心的气隙长度减小，磁通容易通过，线圈的电感和感抗加大。其结果是，指示器线圈 I 的电流减小，线圈 II 的电流加大，即 $I_2>I_1$，电流比值 $I_2/I_1>1$，合磁场方向向上偏转，活动磁铁带动指针停在合磁场方向，指示滑油压力增加，如图 2-4-12（b）所示。当滑油压力增加到 $8kgf/cm^2$ 时，传感器中线圈 W_1 的感抗最大，线圈 I 电流最小，产生的磁场 H_1 也最弱；线圈 W_2 的感抗最小，使线圈 II 电流达到最大，产生的磁场 H_2 也最强。活动磁铁带动指针停在合磁场方向，指示滑油压力为 $8kgf/cm^2$。

当电感式滑油压力表断电时，两线圈的磁场消失，拉回小磁铁将活动磁铁和指针拉回到零刻度以下，即机械零位。

指示器中的晶体二极管 D1、D2 起单向导电作用，以保证通过指示器线圈 I、II 的电流为方向不变的直流电流，它们产生的磁场 H_1 和 H_2 的方向也就不会改变。由于交流频率较高（400Hz），所以不影响指示器工作的稳定性。

三、煤油压力表的工作原理

煤油压力表用来测量发动机启动喷嘴前的燃油压力，其工作原理和结构与滑油压力表的工作原理和结构基本相同，但煤油压力表还有其特点，主要是煤油压力表的测量范围大，其刻度范围为 0～9.8MPa（0～100kgf/cm²），要求指针的转角大一些，采用两线框电流比值表已不能满足要求。煤油压力表采用四线框动铁式电流比值表来解决指针转角大的问题。煤油压力表由传感器和指示器两大部分组成。与指示器中四线框动铁式电流比值表相适应，传感器中电位器的电阻相应地分为 4 段（两端点短接），它们在电路中的连接如图 2-4-13 所示。

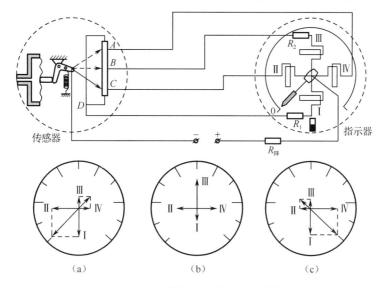

图 2-4-13　煤油压力表的工作原理

当金属膜片受到煤油压力的作用而变形时，经过传动机构带动电位器电刷在电阻上滑动，电位器电刷在电阻上的位置改变，引起指示器 4 个线框电流的改变，以及线框电流所形成的合成磁场方向的改变。活动磁铁受合成磁场的作用，带着指针转动，使指针指示出煤油压力的大小。例如，当被测压力为零时，电刷停在电阻上 CD 段的中间，Ⅰ、Ⅱ线框的电流比较大，而且相等；Ⅲ、Ⅳ线框的电流比较小，也相等。4 个线框电流所形成的合成磁场指向左下方，如图 2-4-13（a）所示，指针指在零刻度处。当压力增大到 50kgf/cm² 时，电刷停在电阻上的 B 点处，Ⅲ线框的电流最大，Ⅰ线框的电流最小，Ⅱ、Ⅳ线框的电流相等，合成磁场指向正上方，如图 2-4-13（b）所示，指针指在刻度盘中央。当压力增大到 100kgf/cm² 时，电刷停在电阻上 DA 段的中间，合成磁场指向右下方，如图 2-4-13（c）所示，指针指示 100kgf/cm²。

四、液压油压力表的工作原理

液压油压力表（以下简称液压表）是用来测量液压系统液压油压力的仪表，包括主液压系统液压表和助力液压系统液压表。其中，主液压系统用于收放起落架、襟翼、减速板等设备；助力液压系统用于向各操纵舵机提供油压。根据两个液压表的指示和两个液压警告灯的配合，可以判断液压系统工作是否正常。

液压表由传感器和指示器组成，接成一个电桥，如图 2-4-14 所示。

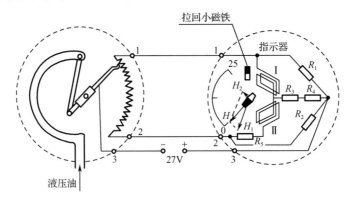

图 2-4-14　液压表的工作原理

传感器主要由弹簧管和电位器组成，其优点是弹簧管结构简单、工作可靠。在测量压力时，在压力作用下弹簧管自由端产生位移，压力越大，位移越大。当自由端向外移动时，通过曲臂、连杆和活动摇臂，改变电位器电刷在电阻上的位置，从而改变指示器中两线框的电流比值，使指针在刻度盘上指示出相应的压力。当液压表不通电时，指针轴上的活动磁铁受拉回小磁铁的作用，使指针停在零刻度以下的限制柱处。

指示器为动铁式电流比值表，其工作原理与滑油压力表指示器的工作原理相似，但液压表电桥由 27V 直流电源供电。

液压表的全套工作原理与滑油压力表基本相同。当弹簧管感受液压油压力后，自由端向外移动，经传动机构带动电刷在电位器上滑动，从而改变了电位器 1、2 接线端的电位，使指示器两线框的电流比值发生变化，线框电流合磁场方向随之改变，活动磁铁带动指针停在合磁场方向，指示出液压油的压力。

五、电流比值表指针转角公式和电流比值公式推导

（一）指针转角公式

电流比值表指针转角公式推导如下。

设两线框的匝数分别为 W_1 和 W_2，两线框的电流分别为 I_1 和 I_2，线框中电流方向和磁场方向如图 2-4-15 所示。从图 2-4-15 中可以看出，两线框的夹角 γ 就是电流 I_1 和 I_2 所产生的磁场 H_1 和 H_2 之间的夹角。

取如图 2-4-16 所示的坐标系，其中 Ox 和 H_1 重合，Oy 平行于 I 线框平面，则两线框磁场强度 H_1 和 H_2 在坐标轴上的投影分别为

$$H_{2x} = H_2\cos 60° = \frac{1}{2}H_2$$

$$H_{2y} = H_2\sin 60° = \frac{\sqrt{3}}{2}H_2$$

$$H_{12x} = H_1 - H_{2x} = H_1 - \frac{1}{2}H_2$$

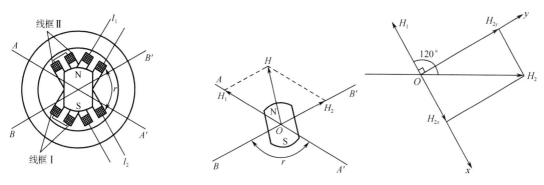

图 2-4-15　电流比值表磁场　　　　　　　　图 2-4-16　合成磁场示意图

因此，H_{2y} 和 H_{12x} 的合成磁场强度为 $H=H_{2y}+H_{12x}$，在合成磁场作用下，活动磁铁将稳定在合成磁场方向上，这时活动磁铁和 H_1 之间的夹角就是指针转角，即

$$\alpha = \arctan \frac{H_{2y}}{H_{12x}} = \arctan \frac{\sqrt{3}H_2/H_1}{2-H_2/H_1} \tag{2-4-7}$$

由电工原理可知，当两线框电流 I、匝数 W 和线框长度 l 已知，并且两线框参数相同时，有

$$H_1 = \frac{I_1 W_1}{l_1} = \frac{I_1 W}{l}$$

$$H_2 = \frac{I_2 W_2}{l_2} = \frac{I_2 W}{l}$$

故式（2-4-7）可变换为

$$\begin{aligned} \alpha &= \arctan \frac{\sqrt{3}I_2/I_1}{2-I_2/I_1} \\ &= \arctan \frac{\sin 120^\circ}{I_1/I_2 + \cos 120^\circ} \\ &= \arctan \frac{\sin \gamma}{I_1/I_2 + \cos \gamma} \end{aligned} \tag{2-4-8}$$

式（2-4-8）就是电流比值表指针转角公式。由式（2-4-8）可知，转角 α 是电流比值 I_1/I_2 的单值函数，其特性曲线如图 2-4-17 所示。由于转角仅和两线框电流比值有关，所以当电源电压变化时，只要两线框电流比值不变，指针指示值就不会改变。

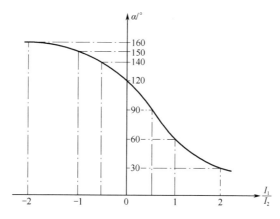

图 2-4-17　电流比值表指针转角的特性曲线

（二）电流比值公式

上面分析了指针转角是电流比值的单值函数，那么电流比值和哪些因素有关呢？

电流比值表的测量线路由电位器和半对角线电路组成。半对角线电路如图 2-4-18 所示，两线框接在 AC 对角线上，温度补偿电阻 R_4 接在 E、B 点之间，主要用来提高 B 点电位和进行温度补偿。R 为固定桥臂电阻，起分流作用。当被测压力变化时，R_x 和 R_y 发生变化，从而改变 A、C 两点的电位，使流过两线框的电流比值发生改变。这时，根据克希霍夫定律，可以列出如下方程式：

$$\begin{cases} I_1(R+r+R_4)+I_2R_4-I_4R=0 \\ I_2(R+r+R_4)+I_1R_4-I_3R=0 \\ I_3(R+R_y)-I_2R=U \\ I_4(R+R_x)-I_1R=U \end{cases}$$

由后两式解出 I_3/I_4，相减并移项，即可得到电流比值公式：

$$\frac{I_1}{I_2}=\frac{Rr+R_y(R+r)+R_4(R_y-R_x)}{Rr+R_x(R+r)-R_4(R_y-R_x)} \tag{2-4-9}$$

由式（2-4-9）可以知道，在正常温度条件下，固定桥臂电阻 R、线框电阻 r 和温度补偿电阻 R_4 都是不变的，因此电流比值仅与可变桥臂电阻 R_x、R_y 有关，也就是和被测压力有关。

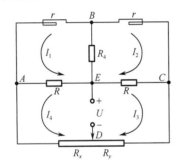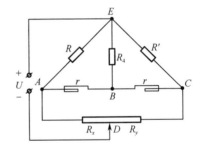

图 2-4-18　半对角线电路

当可变桥臂电阻 $R_x=R_y$ 时，式（2-4-9）中分子、分母相等，$I_1/I_2=1$；当 $R_x<R_y$ 时，式中分子大于分母，$I_1/I_2>1$；当 $R_x>R_y$ 时，式中分子小于分母，$I_1/I_2<1$。由于电流比值仅和 R_x、R_y 有关，而和电源电压无关，所以用这种电路来测量压力可以不受机上电源电压变化的影响。这并不是说电流比值指示表指示绝对准确，没有任何误差，因为电流比值表指示除受电源电压影响以外，还受摩擦、不平衡等机械因素的影响。即使电源电压不变，电流比值和合成磁场方向不变，由于活动系统在转动过程中受各种阻滞力矩影响的大小不同，电流比值表指示也会产生不同的微小误差。

第五节　扭矩测量原理

在直升机和螺旋桨飞机中，发动机是通过传动轴带动旋翼或螺旋桨进行工作的。在飞机飞行过程中，飞行员有必要随时了解两台发动机和主减速器所承受的负荷情况，即输出（输入）功率的大小。那么如何测量发动机和减速器的功率呢？我们知道，当发动机在有负荷的情况下运转时，其传动轴本身受到一定的扭转力矩（扭矩）的作用。负荷越大，扭矩越大。也就是说，扭矩的大小与发动机的输出功率成正比。

　　螺旋桨扭矩压力表用来测量并指示与螺旋桨扭矩成正比的滑油压力，以确定螺旋桨功率，即螺旋桨扭矩压力表用来把与发动机扭矩成正比的滑油压力转换成与扭矩成正比的交流电压信号。

　　为什么滑油压力的大小会与发动机扭矩成正比呢？这是首先要解决的问题。

　　扭矩测量器的作用在于根据发动机扭矩的大小获得一个与扭矩成正比的滑油压力。扭矩测量器由惰性齿轮、活塞、滑油放泄小孔（f）和测量腔（A）组成等，如图 2-5-1 所示。

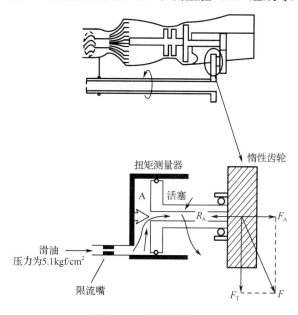

图 2-5-1　扭矩测量器

　　扭矩测量器的惰性齿轮是一个斜齿轮，它与发动机传动轴齿轮啮合，是承受发动机扭矩作用的部件，其位置与扭矩的大小有关。滑油放泄小孔的横截面积是可以改变的，其横截面积的大小与斜齿轮的位置有关。也就是说，滑油放泄小孔横截面积的大小与发动机扭矩的大小有关。滑油放泄小孔横截面积的改变会影响到经限流嘴进入测量腔的滑油的放泄速度，而滑油放泄速度的改变将直接影响到测量腔中滑油压力的大小。因此，测量腔中滑油压力的大小是由发动机的扭矩决定的。

　　具体地讲，当发动机工作时，发动机传动轴齿轮将带动斜齿轮转动，给斜齿轮一个与齿面垂直的作用力 F，这个力的大小与发动机的扭矩成正比。斜齿轮齿面受到的作用力 F 可以分解为一个与斜齿轮轴垂直的切向分力 F_T 和一个与斜齿轮轴平行的轴向分力 F_A。轴向分力简称为轴向力，它的大小与发动机的扭矩是成正比的。轴向反力 R_A 与轴向力大小相等、方向相反。在轴向力 F_A 的作用下，惰性齿轮将产生轴向位移，其位移量与扭矩的大小成正比。

　　当发动机的扭矩一定时，轴向力和轴向反力大小一定，惰性齿轮的位置一定，则滑油放泄小孔的横截面积一定，测量腔中的滑油压力一定。

　　当发动机的扭矩增大时，轴向力和轴向反力相应增大，惰性齿轮的位移量变大，活塞向减小滑油放泄小孔横截面积的方向移动，测量腔的滑油压力增大。

当发动机的扭矩减小时，情况与上述情况相反，测量腔中的滑油压力减小。因此，螺旋桨扭矩压力表是利用扭矩测量器将扭矩测量变为压力测量的。

螺旋桨扭矩压力表面板图如图 2-5-2 所示。螺旋桨扭矩压力表的工作原理与电感式压力表的工作原理相同，这里不再详述。

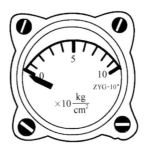

图 2-5-2　螺旋桨扭矩压力表面板图

第六节　振动测量原理

发动机振动仪用来监测发动机在水平或垂直方向的振动过负荷值（单位为 g），并且当振动过负荷值达到一定数值时，发出告警信号，使红色信号灯点亮，警示驾驶员采取安全措施。

当物体振动时，由于物体往复运动必然有加速度出现，由力学定律 $F=ma$ 可知，物体将受到力的作用。振动加速度越大，物体受力就越大。对于一定的物体，振动过程中加速度的大小可以表示物体受力的大小。

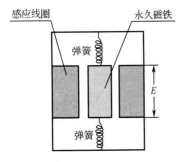

图 2-6-1　振动传感器的工作原理

发动机振动仪利用振动传感器感受发动机的振动加速度，并输出与此加速度成正比的电信号，经放大后加给指示器，从而指示发动机的振动过负荷值。振动传感器的工作原理如图 2-6-1 所示，它是一种电磁式振动传感器。永久磁铁通过两根弹簧和专用轴承与外壳相连接，感应线圈与外壳直接固定。当发动机振动时，振动传感器外壳与固定在其上的感应线圈和发动机一起振动，由于永久磁铁的固有振动频率比较低（一般在 10Hz 以下），因此实际上发动机振动时永久磁铁是不运动的，从而形成了感应线圈与永久磁铁的相对运动。根据电磁感应定律，当感应线圈与永久磁铁发生相对运动时，由于切割磁力线而在感应线圈的两端产生感应电动势 E。振动传感器实际上是一个交流发电机。

感应电动势 E 可按下式求出：

$$E = Bnlv \times 10^{-5} \ (\text{mV})$$

式中，B——磁通密度，单位为 G；

　　　n——线圈匝数；

　　　l——每匝线圈的平均长度，单位为 cm；

　　　v——线圈绕组相对于永久磁铁的运动速度，单位为 cm/s。

对于一定的传感器来说，$Bnlv \times 10^{-5}$ 为一个常数，所以感应电动势 E 正比于运动速度 v，

该速度就是发动机的振动速度，又因为

$$v = S\omega$$

所以

$$a = S\omega^2$$

式中，a——振动加速度；

　　　　S——台面振动单振幅；

　　　　ω——振动频率。

　　发动机的转速是恒定的，角频率 ω 是常数，所以 v 正比于 S 或 a，也就是说，E 正比于 S 或 a。把这种与振动加速度（其振动频率与发动机转速相同）成正比的电压信号输送到带有频率选择功能的放大器中进行放大。放大器由两个完全对称、互不干扰的恒等电路组成，这两个恒等电路共用一个全波桥式整流电源。

　　放大器是由两套结构完全相同的电路组成的。每套电路包括指示器电路、信号灯电路、内部检查电路和外部检查电路。

　　在放大器面板上有一个检查插座（检Ⅰ或检Ⅱ），该插座的 3 号和 4 号插孔接放大器中的 115V、400Hz，供检查仪表使用，2 号插孔接地。至于 1 号插孔，当转换电门放在"Ⅰ"位置时，与放大器输出电路连接，即放大了的信号同时加给检查插座（CZ5 和指示器插座 CZ4）；当转换电门放在"Ⅱ"位置时，与放大器输入电路连接，这样可以给放大器输送一个便于用检查仪表检查和调整指示器及放大器的信号。

　　传感器安装在发动机压气机匣对接面上部的平台上，安装时在传感器底座和发动机平台之间不允许有任何垫片，安装应为刚性连接，应紧固，不应有微小的松动现象，固定螺钉要打保险，传感器的主轴中心应与被测的振动方向一致，偏斜角不超过±5°。

复习思考题

1. 写出热电偶的热电势表达式，并说明热电偶产生热电势的条件。
2. 根据动铁式电流比值表的电流比值关系说明电源电压对仪表指示的影响。
3. 试述电磁式转速测量原理，并说明其温度误差及补偿方法。
4. 试述电容式油量测量原理，并说明当电容传感器被击穿时指示器如何指示。
5. 比较滑油压力表与煤油压力表的异同点。
6. 为什么振动测量传感器安装时应刚性连接？

第三章 飞 参 系 统

飞参系统包括机载飞行参数记录系统和地面数据处理系统,已经成为确保飞行安全的重要机载装备之一。随着以计算机、传感器、存储器和数据处理为核心的飞参技术的发展,机载飞行参数记录系统记录的数据越来越趋于科学、全面,记录数据的精度越来越高。飞参数据的应用也已经从过去单一的飞行事故调查,逐步扩大到飞机状态监控、辅助机务维修保障和飞行训练质量评估等方面,为保障飞行安全、飞机维护和飞行训练发挥了重要作用。

20 世纪 40 年代,一些工业发达国家开始研制飞参系统并首先将其装备到商用飞机上,主要用来为飞行事故调查、分析提供依据。飞参系统的发展经历了 4 个阶段。第一阶段:20 世纪四五十年代至 60 年代末,记录参数仅有空速、高度、航向、垂直加速度和时间 5 个模拟量,记录介质以钢带或胶片为主,记录的数据只有在发生重大事故后或确实需要分析时才进行处理。在这个阶段,美国航空无线电公司为飞行数据的传输、记录制定了各种规范,规定了数据记录的格式,要求每 4s 记录 1 帧,每帧有 4 个副帧,即每秒记录 1 个副帧,每个副帧有 64 个字,每个字记录 12 位数据。第二阶段:20 世纪 70 年代初至 80 年代中,记录参数增加了俯仰角、倾斜角、纵向加速度、发动机推力和驾驶杆位置等,记录参数发展到 11 个,记录介质开始使用磁带,数据记录的功能基本上用于满足试飞和飞行事故调查的需求。第三阶段:20 世纪 80 年代中至 80 年代末,数据总线开始应用在飞机上,数字化的数据大大增加了数据量。美国联邦航空局(FAA)要求 1989 年 5 月以后制造的大型飞机必须记录 11 个参数以上,飞机上开始使用数字式记录器,数据记录时间为至少连续记录 25h。第四阶段:20 世纪 90 年代初至今,出现了新的系统——飞机状态监控系统,数据记录的功能不仅仅用于满足试飞和飞行事故调查的需求,还能够用于进行飞机飞行状态监控和驾驶员的操纵监控。这时的飞行参数记录系统已由一个系统发展成为两个相互独立、在一定条件下又可以相互替代的系统,记录参数包括记录在飞行参数记录系统中的飞行数据和记录在飞机状态监控系统中的飞行状态监控数据。1998 年,国际飞行参数记录系统年会对飞参系统的发展提出要求:数据记录器的记录参数增加到 88 个,并对记录参数有具体要求;事故记录器和维护记录器合二为一,每架飞机安装两组(提高可靠性);记录器改为固态记录器,并增加一个座舱图像记录器。

国外飞参系统发展日趋成熟和完善,形成了飞行数据管理系统(FDMS),对飞行数据信息的综合处理与分析能力已经达到了很高的技术水平,而且具备大容量数据存储和数据的高速实时传输能力。综合管理的飞行数据覆盖了飞机发动机系统、飞控系统、大气数据系统、座舱综合显示系统和控制系统、燃油测量系统、火控系统、无线电通信系统、导航系统、供电系统等机载系统的数据信息。

我国飞参系统,民用比军用要早,这和大型民航客机主要依靠引进以及民用航空与国际接轨有关。国产飞参系统研制始于 20 世纪 80 年代,已发展了四代产品。第一代产品研制定型于 20 世纪 80 年代中期,采用磁带记录方式,不具备防坠毁功能,记录参数为 20 个。第二代产品研制定型于 20 世纪 80 年代末,记录介质有磁带和固态记录器两种,装有防护壳体。

第三代产品研制定型于 20 世纪 90 年代中后期，采用超大规模集成电路、计算机技术、总线技术和数据压缩技术，记录方式为固态存储，记录参数为 50～60 个。20 世纪 90 年代后期开始研制第四代产品，记录介质采用固态记录器，数据容量大，记录参数为 100 多个。

同时，从国外引进的飞机（直升机）都装有相应的飞参系统，包括欧美制和俄制的两大系列。

经过近半个多世纪的发展，机载飞行参数记录系统的记录介质经历了划痕式、钢丝式、磁带式、固态存储式 4 个发展阶段；记录参数从几个发展到几十个、上百个，甚至上千个；数据采集由每分钟几次提高到每秒几次。飞参系统的装备和发展为以飞参数据应用为中心的各项航空装备保障研究工作提供了必要条件。研究成果可以促进地勤维修方式的改革，提高地勤维护、维修水平和效率，提高飞机作战效能、飞行训练水平，也可在飞行事故调查中发挥积极作用。

第一节 飞参系统数据采集、记录与处理一般原理

一、信号的分类

飞参系统采集、记录的是飞机、发动机、相关机载设备（系统）和飞参专用传感器输出的随时间变化的数据，这种数据称为信号。飞参系统记录的信号一般包括模拟信号、数字信号和开关信号三类。

表示连续变化的物理量的信号叫作模拟信号（Analog Signal）。将模拟信号变换为离散值的过程称为模拟信号离散化，被离散化了的信号称为数字信号（Digital Signal）。一般来说，被测信号的原始形态都是随时间连续变化的模拟量。随着计算机及相关技术的发展，以机载计算机为核心的机载系统和设备逐步发展并占据主导地位，信号更多以 ARINC-429、MIL-STD-1553B 等总线数字量的形式出现。除了模拟信号和数字信号，飞参系统还记录了大量的开关信号，如起落架的收起和放下、座舱门的打开和关闭等。

机载飞行参数记录系统把数字信号、开关信号及量化后的模拟信号记录在特定的存储介质中，地面数据处理系统利用特殊的数据处理方法将存储介质中记录的信息还原出来。为了减小体积、减轻质量、简化设计，更有效地利用有限的处理时间和存储空间，目前主流飞机装备的飞参系统大都采用数字化采集、记录与处理技术。

二、模拟信号离散化

脉冲编码调制是模拟信号离散化的常用方法，它在采样、量化和编码等过程中使用。把连续量变换成离散量的过程包括两个方面：一方面是把连续量在数值上（或电平上）离散化（分层）；另一方面是把连续量在时间上离散化（分层）。

（一）模拟信号的量化

模拟信号的量化是指把连续量在数值上（或电平上）离散化（分层）。如果信息（模拟量）可以取有限个确定的数值，而所有中间数值都可以采取舍入的方法转换成邻近的整数或有限个有效数字组成的数，则将这种信息称为在数值上是离散的。用离散的近似值代替信息

（连续量）精确值的方法，称为按信息的数值或电平分层，也称为量化，这个过程一般称为量化过程。按电平分层如图 3-1-1（a）所示。为了简化实现分层的电路，常采用等间隔分层方法。

1. 分层数目与分层误差

若分层间隔（又称为量化单位）为 q，则当信息 $X(t)$ 在 $x_{min} \sim x_{max}$ 范围内变化时，分层数目为

$$N = \frac{x_{max} - x_{min}}{q} + 1$$

当 $x_{min} = 0$ 时，分层数目为

$$N = \frac{x_{max}}{q} + 1$$

由此可以看出，按电平分层实质上就是用阶梯形折线代替连续函数。在一个分层内，真实信息可能在 $\pm q/2$ 范围内变化，所以最大分层误差或量化误差可写为

$$|\varepsilon_{max}| = q/2$$

$$|\varepsilon_{max}| = \frac{x_{max}}{2(N-1)}$$

最大相对分层误差为

$$\zeta_e = \frac{\varepsilon_{max}}{x_{max}} = \frac{q}{2x_{max}} = \frac{1}{2(N-1)}$$

量化单位为 $q = 2\zeta_e x_{max}$，刚满足最大分层误差要求的分层数目为

$$N > \frac{x_{max}}{2\varepsilon_{max}} + 1 = \frac{1}{2|\zeta_e|} + 1 \tag{3-1-1}$$

由此可见，为了减小分层误差，必须增加分层数目。当已知测量范围和允许的最大分层误差，或仅已知允许的最大相对分层误差 ζ_e 时，利用式（3-1-1）可以确定必需的分层数目。实际飞参系统设计时的分层数目一般要大于计算所确定的分层数目。

信息经过分层后，即使在传输分层信息时夹杂着干扰，只要干扰的数值小于分层间隔的一半，我们就可以从信息和干扰的混合信息中无失真地把有用信息还原出来，即分层信息具有较好的再生能力。因此，在被测信息的增加速度远小于测量速度的静态测量情况下，式（3-1-1）是保证所需测量精度和按电平分层的必要条件。本节所阐述的量化方法既适合于连续信号，也适合于离散信号。

2. 分层信息的数字表示法

由于信息 $X(t)$ 分层后有 N 个不同的分层电平，因此需要用 N 个离散量来表示，每个离散量对应着一个确定的分层电平。当用数字来表示分层信息时，根据所选的数制或码制的基数 h，可以把状态或离散量的数目 M 表示为

$$M = h^n$$

式中，h——所选数制的基数；

n——所选数制的位数。

通常取 $M = N$，则分层数目可表示为

$$N=h^n$$

由此可以看出，随着位数 n 的增加，离散量的数目 M 或分层数目 N 也增加。若用二进制数来表示，则 $N=2^n$。

例如，当用 3 位二进制数码表示分层信息时，由于 3 位二进制数码只可编成 8 个不同的码组（$N=2^3=8$），因此只能表示 8 个分层信息。

（二）模拟信号的采样

采样亦称为抽样或取样。香农采样定理是通信原理中十分重要的定理，是模拟信号数字化、时分多路复用及信号分析和处理的理论依据。它实质上是一个当连续时间模拟信号经过采样变成离散序列后，能否由此离散序列采样值重建原始模拟信号的问题。

按时间分层是指把随时间连续变化的量 $X(t)$ 在时间上离散化，即用时间轴上一系列离散点处的信息值来表示连续量，如图 3-1-1（b）所示。每个在时间上离散的信息值称为采样值或采样信号，对信息 $X(t)$ 在一定时间间隔上采集出其函数样本的过程称为采样过程，该时间间隔称为采样间隔或采样周期。采样过程如图 3-1-2 所示。

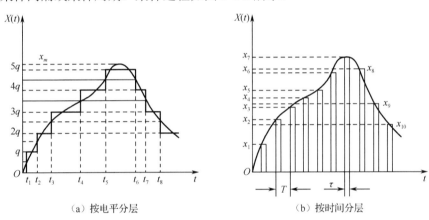

（a）按电平分层　　　（b）按时间分层

图 3-1-1　信息的分层

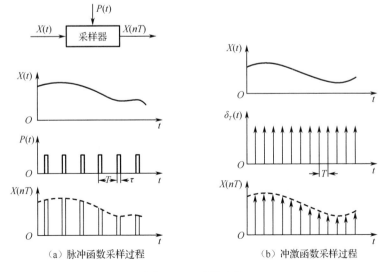

（a）脉冲函数采样过程　　　（b）冲激函数采样过程

图 3-1-2　采样过程

　　采样过程可以看作对信息的脉冲幅度调制过程。当用一个由周期为 T 的脉冲序列 $P(t)$ 控制的电子开关（采样器）对信息 $X(t)$ 进行脉冲幅度调制时，调制后的输出信息 $X(nT)$ 为两函数的乘积，即

$$X(nT) = X(t)P(t)$$

　　由于 $P(t)$ 的傅里叶级数展开式为

$$P(t) = \sum_{n=-\infty}^{\infty} C_n e^{jn\omega_s t}$$

式中，采样频率 $\omega_s = 2\pi/T$；

$$C_n = \frac{1}{T}\int_{-T/2}^{+T/2} P(t)e^{-jn\omega_s t}dt$$

所以已被采样的函数可写为

$$X(nT) = \sum_{n=-\infty}^{\infty} C_n X(t)e^{jn\omega_s t}$$

　　$X(nT)$ 的频谱函数（傅里叶变换式）可写为

$$X(j\omega) = \sum_{n=-\infty}^{\infty} C_n X\left|j(\omega - n\omega_s)\right|$$

　　由此可见，一个具有频谱 $X(j\omega)$ 的信息 $X(t)$，经过等间隔脉冲采样后，其频谱为无穷多个频谱之和。也就是说，采样后的信息 $X(nT)$ 中包含采样前的全部信息。

　　当脉冲序列 $P(t)$ 的脉宽 $t \to 0$ 时，$P(t)$ 为一个冲激脉冲序列或 $\delta_T(t)$，采样后的信息为

$$X(nT) = X(t)\delta_T(t)$$

式中，$\delta_T(t)$ 为冲激函数，即

$$\delta_T(t) = \sum_{n=-\infty}^{\infty} \delta(t - nT)$$

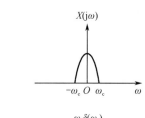

　　采样后的信息频谱函数（傅里叶变换式）为

$$X(j\omega) = \frac{1}{T}\sum_{n=-\infty}^{\infty} X[j(\omega - n\omega_s)]$$

　　上式表明信息频谱函数每隔 ω 重复一次，如图 3-1-3 所示。当信息频谱为有限宽度且其最高截止频率为 ω_c 时，只要 $\omega_c < \omega_s/2$，$X(j\omega)$ 就周期性地重复而不会重叠，即采样后的 $X(j\omega)$ 中包含 $X(t)$ 的全部信息和形状。如果使采样信息通过一个低通或带通滤波器，其通带截止频率为 ω_c，则可不失真地还原出原始信息。这就是香农采样定理。

　　香农采样定理给出了一个重要结论：一个有限频谱的信息，只要对它在一定的时间内进行足够多的采样，就可以保持信息的性质，其条件是 $\omega_s > 2\omega_c$ 或采样周期 $T < 1/(2f_c)$。

　　$f_c = \omega_c/(2\pi)$ 是信息的最高截止频率。采样周期的倒数 $f_s = 1/T$ 是采样脉冲的重复频率，即采样频率，

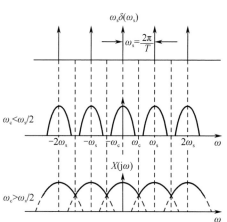

图 3-1-3　采样频率不同时的频谱

做不失真采样的条件又可表示为 $f_s>2f_c$。采样频率低于 $2f_c$ 或采样周期大于 T 时将丢失部分信息。在实际应用中，采样频率 f_s 要比 $2f_c$ 高得多。

还需要指出，由于采样脉冲的宽度 τ 比采样周期 T 小得多，因此每次采样以外的大部分时间可以用来进行时分多路传输。

（三）量化误差

模拟信号转换为数字信号，在电路上通常采用 A/D 转换器（ADC），A/D 转换器是一种编码器。一个理想的 A/D 转换器，其输入和输出的关系应满足：

$$D\equiv(A/R)$$

式中，A——模拟信号；

　　　R——模拟参量；

　　　D——数字信号。

恒等号和括号的定义是，在 D 的分辨力之内，D 是最接近 A/R 值的。如果把上式写成隐函数形式，则为

$$A\approx R(a_12^{-1}+a_22^{-2}+\cdots+a_n2^{-n})$$

由此可见，D 只能逼近 A，二者的差值为量化误差，即

量化误差=量化值-实际值

任何一种 A/D 转换器所产生的总误差都是由模拟误差和数字误差共同造成的。模拟误差来源有很多，要根据规定的模拟误差值确定是否不考虑某些来源。总的来说，数字误差来源较少，模拟误差来源较多。模拟误差和环境条件、电源波动及时间等因素有关。

由于在飞行参数的整个测量过程中，产生误差主要发生在量化过程中，整个量化电路环节也较多，在此不予详述，而只介绍静态误差和动态误差两个概念。

1. 静态误差

A/D 转换器的静态误差是各种模拟误差和数字误差的总和。通常，环境条件和工作状态只能影响模拟误差。

数字误差是指实际 A/D 转换器与理想模型对信号量化的差异，它包含量化误差和重复误差两部分。量化误差受量化单位的限制；重复误差是由模拟或数字漂移造成的。

模拟误差包含偏移误差、线性误差、增益误差和单调性误差。

2. 动态误差

当输入信号是时间的函数时，电路的各种动态特性参数会影响到 A/D 转换器所引起的误差。动态特性包括频率响应、传输延迟、恢复时间等。

三、时分多路传输的原理和方法

为了提高信道利用率，使多路信号沿同一信道传输且互不干扰的方法称为多路复用。目前多路复用方法用得最多的有两大类：频分多路复用和时分多路复用。频分多路复用用于模拟通信，时分多路复用用于数字通信。

时分多路传输是指将多个信号采用时分多路复用技术在一个信道上进行传输。香农采样定理为这种方法奠定了理论基础。

（一）工作原理

在一个信息采样周期的空余时间内传输多个信息，必须把采样信号按一定的时间顺序排列起来，并进行调制或编码。

在时分多路传输系统中，信息的分路是通过时分开关进行的。时分开关的作用是，在系统的输出端对各路连续信号进行采样并按时间顺序将其排列在一起，然后送去进行调制或编码。在系统的输出端用时分开关对排列在一起的多路信号加以区别，解调后将其输出。输入端与输出端的时分开关应保持严格的同步。

时分开关由多路传输门和脉冲分配器组成，如图 3-1-4 所示。

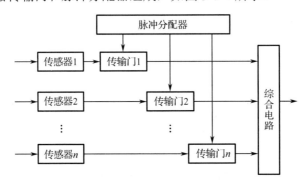

图 3-1-4　时分开关的原理框图

1. 多路传输门

多路传输门是由许多单个开关组合而成的，每个开关的输入端分别与各传感器相连，其输出端接至调制和编码器。每个开关的通断由脉冲分配器或采样程序控制器控制。

各种触点式（机械式或电磁式）开关虽然具有理想的开关特性，但它们的响度速度慢、寿命短、功能简单、体积和质量大、可靠性差，目前已很少采用。电子模拟开关具有采样速度快、功耗低和简单可靠等优点，在数据采集系统中得到了广泛的应用。

传输数字信号的模拟开关由简单的"与"门电路即可实现。用于传输模拟信号的模拟开关主要有二极管桥式开关、双极型晶体管模拟开关、结型场效应管模拟开关和 CMOS 互补模拟开关等。由于 CMOS 互补模拟开关具有较理想的开关特性，较高的输入阻抗，可以切换较高的信号电平，驱动电路简单，功耗低，抗干扰能力强，制造工艺简单，以及便于集成化、小型化等优点，近年来已得到广泛的重视和应用。

2. 脉冲分配器

脉冲分配器是采样程序控制器的一部分，用于产生一系列按时间顺序出现的控制脉冲以控制传输门的通断、提供同步脉冲信号和完成其他逻辑控制功能。采样程序控制器的原理框图如图 3-1-5 所示。采样程序控制器由晶体振荡器或其他振荡电路、取得时钟脉冲的计数分频器和脉冲分配器组成。脉冲分配器可直接由移位寄存器组成，也可由各种计数器和译码器组合而成。

分频后的时钟脉冲经计数器和译码器后即可得到所要求的分路脉冲。

由香农采样定理可知，若对一路信号的采样频率为 $f_s=2f_c$，则要求在一个采样周期内安排 n 路信号，其总采样频率应为

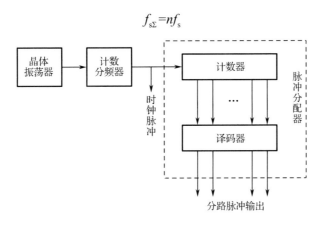

图 3-1-5 采样程序控制器的原理框图

3. 同步的基本概念

在各种时分多路传输系统中,输入端时分开关与输出端时分开关,以及各路采样信息的计算、处理工作在时间上要协调一致,即保持同步是非常重要的,它是整个系统能否正常还原原始信号和保证系统可靠工作的关键。

通常把时分开关循环一周,对各种信号依次进行采样、传送一次,叫作传输了一帧信号。为了保证输入、输出端的分路脉冲序列同频同相工作,输入端时分开关必须在每帧的特殊时间位置给出一个特殊标志信号。输出端时分开关在检出该特殊标志信号后,控制其脉冲分配器与输入端时分开关的脉冲分配器同步工作。这种同步称为帧同步,实现帧同步的特殊标志信号称为帧同步信号。

在数字式时分多路传输系统中,信息是由一连串依次出现的码元传递的。因此,为了正确地检出码元,必须知道每个码元的起止时刻。为此,必须在输出端时分开关中产生码元定时脉冲序列,并且其与输出端时分开关接收到的码元脉冲序列同频同相。这种同步称为码元同步,或称为位同步、比特同步。

另外,在数字式时分多路传输系统中,若干码元组成一个字,一个字可表示一个参数的二进制数。若用 8 位二进制数码表示某个参数的采样值,则这 8 位二进制数码就组成一个字。因此,为了识别这些字,必须知道它们的起止时刻,并应具有用于同步的定时信号。这种同步称为字同步。

可以用不同的方法获取同步信号。在数字式时分多路传输系统中,可发送一个特殊的字作为帧同步信号。这个特殊的字是任何数字信息中都不可能出现或出现概率很小的字。在进行串码记录时,采用不归零制(NRZ1)记录法,应用锁相技术可取得位同步节拍,分频后可获得字同步信号。

(二)调制方法和形式

时分多路传输系统的调制形式主要有以下几种。

1. 脉冲幅度调制(PAM)

一个频带有限的模拟信号经采样后,每个采样信号的幅度随模拟量的变化而变化,这种调制方法称为脉冲幅度调制。在调制信号中,信息由脉冲幅度所携带。这种方法不需要专门的电路，只要使模拟信号通过时分开关即可得到脉冲幅度调制信号。

2. 脉冲宽度调制（PDM）

如果使脉冲宽度 τ 随被测信号变化而变化，就形成了脉冲宽度调制信号。脉冲宽度调制又称为脉冲持续时间调制。脉冲宽度调制的原理框图和波形图如图 3-1-6 所示。

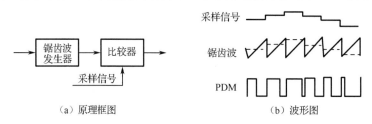

图 3-1-6　脉冲宽度调制的原理框图和波形图

由图 3-1-6 可知，比较器输出的是一系列正脉冲。每个脉冲都在锯齿波电压回到零伏时开始，在锯齿波电压与信号电压相等时结束。当信号电压为最大值时，锯齿波电压上升到和输入电压相等的时间最长，这时输出脉冲最宽；当信号电压为最小值时，锯齿波电压上升到和输入电压相等的时间最短，这时输出脉冲最窄。

3. 脉冲位置调制（PPM）

脉冲位置调制是保持脉冲幅度和脉冲宽度不变，而使脉冲位置随调制信号的变化而变化的方法。这种方法也称为脉冲时间调制或脉冲相位调制。脉冲位置调制最简单的实现方法是在脉冲宽度调制系统后面加一级脉冲形成器，使脉冲宽度调制信号通过脉冲形成器变换成脉冲位置调制信号，此脉冲位置调制信号由脉冲宽度调制信号的后沿触发。脉冲位置调制的原理框图和波形图如图 3-1-7 所示。

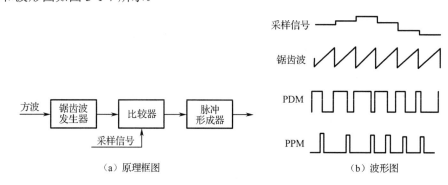

图 3-1-7　脉冲位置调制的原理框图和波形图

4. 脉冲编码调制（PCM）

所谓编码，是指按一定规律把量化后的采样信号变成相应的二进制数码，进而根据需要去除信号间的多余信息，进一步压缩编码，降低数码率。

（1）脉冲编码调制系统的组成和工作原理。

脉冲幅度调制、脉冲宽度调制和脉冲位置调制三种调制方式，虽然被传输的信号是经过采样的离散量，但信号的任意一个值都可能被传送，即所传送的信号都是连续的，所以其调制系统仍称为模拟传输系统。

脉冲编码调制是用有限的脉冲码组表示信息在采样点上的量化值。脉冲的幅度、宽度和频率均不发生变化，其有限个码组仅能表示有限个信号幅度。这种调制系统是一种数字传输系统。典型脉冲编码调制系统的基本组成如图 3-1-8 所示。

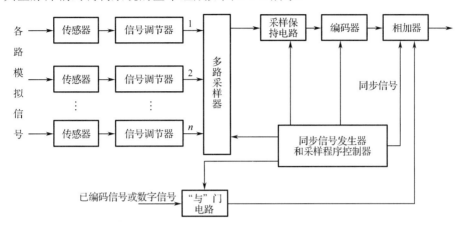

图 3-1-8　典型脉冲编码调制系统的基本组成

各路传感器的输出信号经各信号调节器初步加工后，由多路采样器（多路传输门）输出多路混合采样信号加至采样保持电路，以保证编码器在对每个采样信号进行编码的时间内，信号电压尽可能保持不变。

编码器实质上是一个 A/D 转换器，它将各路采样点的模拟电压信号变换成二进制数码。该数码序列与同步信号在相加器中综合。

当输入信号为已编码信号或数字信号时，只要在对该路采样的特定时间内采样（采用"与"门电路），即可直接将其送至相加器进行综合。

同步信号发生器和采样程序控制器用来产生定时信号，并控制采样保持电路和编码器工作，产生同步脉冲信号。

（2）脉冲编码调制系统的特点。

脉冲编码调制近年来得到了广泛的应用，其主要特点如下。

① 具有较强的抗干扰能力和较高的传输精度。在用二进制编码信号传送分层信息时，只要干扰小于分层误差，就不会对复现分层信号有任何影响，因此信号的还原或再生能力强。同时，由于采用二进制编码，可较方便地加入检错和纠错码，还可以通过增加码位来提高编码精度。

② 具有较高的传输效率。

③ 使用方便灵活。它既能对模拟信号进行采样分层编码传送，又能直接传送数字信号，这是其他调制方法难以做到的。同时，它可以根据信号的不同特性和所需通道数灵活地选择采样频率和编码精度，这为实现可变程序的数据传输和控制提供了方便。

④ 能方便地与数字计算机配合，实现实时数据处理。

（三）采样保持电路

采样信号的保持是脉冲编码调制的主要环节之一。在多路传输系统中，由于采样时间较短，编码器来不及完成 A/D 转换，从而影响 A/D 转换的精度，因此需要将采样的模拟信号

保持一段足够长的时间。同时，为了使模拟开关和编码器之间有良好阻抗匹配，它们之间也需要一个缓冲级。采样保持电路可以完成上述两个任务。

采样保持电路一般均由存储电容的缓冲放大器组成，如图 3-1-9 所示。该电路包括由一个输入缓冲放大器 A_1 和受脉冲分配器控制的模拟开关 S_1、S_2 组成的采样器（多路传输门），以及由存储电容（电容量为 C_s）和输出缓冲放大器 A_2 组成的保持电路两部分。

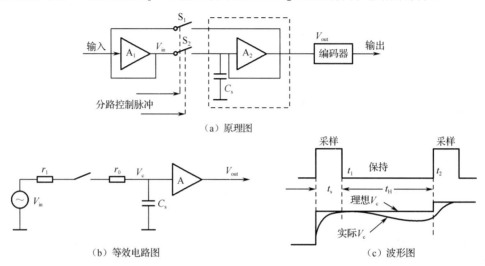

（a）原理图
（b）等效电路图
（c）波形图

图 3-1-9 采样保持电路

在采样状态下，当 S_1 断开时，S_2 接通，模拟信号 V_{in} 对存储电容充电，存储电容两端电压 V_c 随 V_{in} 变化而变化；当 S_2 断开时，S_1 接通，存储电容两端电压 V_c 保持不变，并等于 S_2 断开时的 V_{in}。在理想情况下，采样时 V_c 的变化应无延迟，在保持时间内应保持存储电容两端电压不变。

但是，在采样时间 t_s，即 S_2 接通的时间内，V_c 的变化规律为

$$V_c = V_{in}(1 - e^{-t/\tau})$$

式中，τ——电容充电时间常数，$\tau = (r_1+r_0)C_s$，其中 r_1 为信号源电阻，r_0 为模拟开关的导通电阻。

由此可以看出，减小电容充电时间常数 τ，即减小 r_1、r_0 或 C_s，可以减小采样时的误差。若增大采样时间 t_s，则 V_c 越接近 V_{in}。在用电容作为存储元件时，采样精度可用电压相对误差来表示，即

$$\zeta_s = \frac{V_c - V_{in}}{V_{in}}$$

在保持时间 t_H，即 S_2 断开的时间内，V_c 的变化规律为

$$V_c = V_{in}e^{-t/\tau}$$

考虑到存储电容、模拟开关的漏电流及其他漏电流 I_R 造成的电压损失，存储电容两端的电压可写为

$$V_c = \frac{1}{C_s}\int_{t_1}^{t_2} I_R dt$$

$$\frac{\mathrm{d}V_\mathrm{c}}{\mathrm{d}t} = \frac{I_\mathrm{R}}{C_\mathrm{s}}$$

在保持时间结束时，存储电容两端的电压降 ΔV_c（误差）为

$$\Delta V_\mathrm{c} = \frac{1}{C_\mathrm{s}} I_\mathrm{R} \cdot \Delta t$$

由此可见，保持时间或存储时间过长、漏电流较大或存储电容较小，都将降低保持精度。因此，应采用漏电流小的电子模拟开关和高质量的存储电容。

（四）切换逻辑

模拟多路通道的切换有两种典型的方法：移位寄存器法和矩阵法。

1. 移位寄存器法

移位寄存器法的切换逻辑如图 3-1-10 所示。每个被切换通道在移位寄存器内都占有一个触发器，初始状态移位寄存器置 0，各个通道都没有接入，当加入启动脉冲后，在时钟脉冲作用下，多路通道开始切换。首先，时钟脉冲使第一个触发器置 1，接通通道 1 的模拟开关，将通道 1 的信号加到 A/D 转换器中。紧接着在时钟脉冲作用下，把第一个触发器的 1 状态一级一级地移位下去，每移位一次就切换一个通道。若移位寄存器是 N 位的，则这就是 N 路通道切换电路。通道的切换速度取决于时钟脉冲的频率。

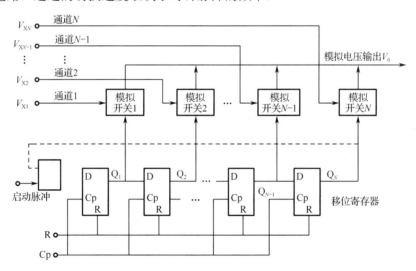

图 3-1-10　移位寄存器法的切换逻辑

假如移位寄存器的最后一级输出又返回到移位寄存器的输入端，就构成了环形移位寄存器，如图 3-1-10 中虚线所示。

2. 矩阵法

矩阵法的切换逻辑如图 3-1-11 所示，它由 4 个触发器组成的二进制计数器和一个与门矩阵构成，可以切换 16 个通道的输入信号。

$G_{1-1} \sim G_{1-4}$ 为触发器 TT_1 和 TT_2 的译码器，$G_{2-1} \sim G_{2-4}$ 为触发器 TT_3 和 TT_4 的译码器。在初始状态下，触发器输出端 $Q_1 \sim Q_4$ 为 0，则 $\overline{Q_1} \sim \overline{Q_4}$ 为 1。故 G_{1-1} 和 G_{2-1} 有高电平输出，G_0

输出高电平接通通道 0，将通道 0 的输入信号 V_{X0} 接入。之后在第一个时钟脉冲的作用下，触发器 TT_1 的输出端 Q_1 为 1，而 $\overline{Q}_2$ 仍为 1，使 G_{1-2} 有高电平输出，G_1 输出高电平，驱动模拟开关 1 将通道 1 的输入信号 V_{X1} 接入，以此类推，在时钟脉冲的作用下，依次将 16 个通道的输入信号分时接入。矩阵式切换方式的优点是节省元件，通道数越多，这种优点越突出。

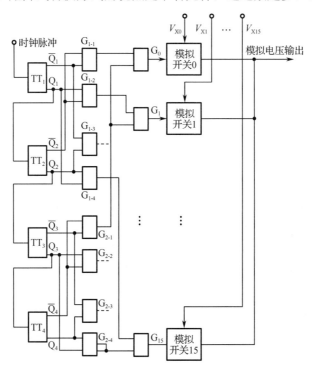

图 3-1-11　矩阵法的切换逻辑

（五）时分多路传输系统的特点

与频分多路传输系统相比，时分多路传输系统有很多优点。

（1）容量大。时分多路传输系统可以同时传输和切换较多路信号，一般均可达几百路，近年来已出现可切换数千路信号的数据采集系统。

（2）精度高。时分多路传输系统在采用脉冲编码调制的情况下具有很高的精度。

（3）通道间的干扰小。在频分多路传输系统中，各通道信号在时间上是重叠的，因此由电路非线性产生的谐波信号会产生通道间的干扰。在时分多路传输系统中，不同通道的信号分配在不同的时间区间内，所以通道间的干扰很小。

（4）具有较强的抗干扰能力。

（5）系统组成简单、统一，便于集成化。

但是，时分多路传输系统必须有可靠的同步装置，这在一定程度上增加了系统的复杂性。另外，时分多路传输系统的传输速度受传输精度和通道数的制约，在满足高精度、大通道数要求时，其传输速度将降低。所以，与频分多路传输系统相比，时分多路传输系统适宜传输缓变参数。在测量和传输速变动态参数时，一般宜采用频分多路传输系统，或采用频分与时分混合的体制。

四、帧结构

数字通信的一个特点是通过时间分割来实现多路复用。输入到脉冲编码调制（PCM）终端设备的各路信号经过采样、编码等处理后，变成了以一定时间规律排列的数字流，即在进行多路信息传输时，需要将各路信息的码字或码组在时间上进行周期性划分和排列，每个这样的周期称为一帧。也就是说，在采样过程中，飞参系统需要采集的信号至少采集1次，各路采样值所编成的PCM信息码顺序地传送一次，这些PCM信息码所对应的各个数字时隙有次序地组合成为一帧，所得到的数据结构称为帧结构。

只要确定了一帧的开始，再加上正确的位同步（收端、发端时钟脉冲同频同相），即在位同步的前提下能把每帧的首、尾辨别出来，就可解决正确区分每个信息的问题，由此能从收到的信号中提取正确的信息。帧同步的目的是使收端与发端相应的信息（8位码）在时间上对准，也就是要从收到的信息中，分辨出哪8位码是一个采样值的码字，以便正确解码。为了建立收发系统的帧同步，需要在每一帧（或几帧）中的固定位置插入具有特定码型的帧同步码，这样只要收端能正确识别出这些帧同步码，就能正确辨别出每一帧的首、尾，从而正确区分出发端送来的各路信号。帧同步码通常位于第一路PCM信息码之前，占1bit或几比特。

为了合理利用帧结构，在飞参系统中一帧数据又分为若干子帧，因为有的信号1s内需要采集8次，而有的信号1s内只需采集1次，同时每个信号的采集还需要符合采样定理的要求。子帧中也有相应的子帧同步码。这样就形成了整个飞参系统的数据结构。

综上，帧数据中含有帧同步码、子帧同步码、各路PCM信息码及告警码等。

五、数据处理

当记录数据通过一定的方式传递到地面计算机中之后，先用专用的软件对记录信息进行解压缩、特征识别、物理量还原，得到基本的记录数据，然后根据需要进行处理，按要求的形式（如报表、曲线、物理量、电压等）输出。

第二节　飞参系统的工作原理

飞参系统由机载设备和地面设备组成。机载设备包括传感器、采编器、记录器。

- 传感器：既可以是飞参专用传感器（角位移传感器、振动传感器、过载传感器等），也可以是机上设备（大气数据计算机、惯性导航系统等）。
- 采编器：将传感器送来的各类信号按照一定的时序采样、编码、转换成二进制数字量。
- 记录器：利用磁带、半导体芯片等记录介质存储飞行数据。

地面处理系统一般组成和作用如下：转录设备完成数据卸载，重现设备完成数据回放，计算机完成数据处理，输出设备完成数据处理结果的打印、保存。

如果在外场采用便携式计算机，则转录设备、重现设备和计算机可实现一体化。

本节主要介绍机载设备的基本工作原理。

一、飞参系统信号采集传感器

飞参系统采集、记录的是飞机、发动机、相关机载设备（系统）和飞参专用传感器输出的随时间变化的数据，这种数据称为信号。飞参系统记录的信号一般包括模拟信号、数字信号和开关信号三类，共几十个甚至上百个信号。这些信号除部分来自飞参专用传感器以外，大部分来自机上设备，这些机上信号源的测量及工作原理在各章节中介绍，下面主要介绍飞参专用传感器的功能及工作原理。

（一）角位移传感器

1. 功能

角位移传感器用于各种转角的测量，如舵偏角、操纵杆位移。当用恒定电压源激励时，输出与角位移量成比例的电信号。

2. 工作原理

角位移传感器外形图如图 3-2-1 所示。角位移传感器由敏感系统、电位计、外壳及盖组成。

敏感系统由指针、导电环、电刷部件、导电环衬套等组成。指针轴上装有一对轴承，摩擦小，转动灵活；导电环固定在导电环衬套上，导电环衬套又固定在指针轴上；电刷座用铜拉伸成型，导电性好；导电环用黄铜做底座，表面镀硬金，具有导电性好、抗腐蚀、耐磨等优点；电刷部件固定在导电环衬套上。当飞机操纵机构有机械位移时，电刷（传感器滑臂）就在电位计上移动，当有激励电源时，其输出电压与操纵杆位移成比例变化。

电位计采用铝合金环形骨架制成，具有耐高温、散热快、不易变形等特点。电刷采用金镍合金丝压制成型。

为保证可靠密封，外壳和盖之间采用螺纹连接，并加 O 形密封圈密封。

方向舵偏角位移传感器、平尾角位移传感器和副翼角位移传感器的工作原理和结构完全相同，它们分别安装在不同的位置。角位移传感器采用电位计作为变换器，其原理图如图 3-2-2 所示。电刷通过机械转轴上的插口与飞机操纵机构相连。这样飞机操纵机构的机械角位移就被转换成了电刷在电位计上的移动，从而输出一个与舵面转角成比例的电压信号。由传感器带指针的一侧看去，当指针顺时针转动时，电压（或电阻）增大；当指针逆时针转动时，电压（或电阻）减小。

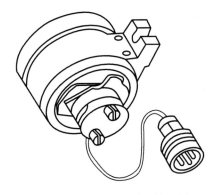

图 3-2-1　角位移传感器外形图

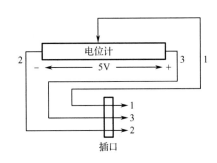

图 3-2-2　角位移传感器原理图

（二）三轴加速度计

1. 功能

三轴加速度计的功能是测量载体沿三个相互垂直的轴的方向的线加速度，提供与加速度成正比的直流电压信号，适用于飞行参数记录系统及其他领域。

2. 工作原理

三轴加速度计原理结构图如图 3-2-3 所示。

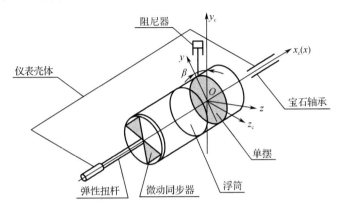

图 3-2-3　三轴加速度计原理结构图

$Ox_cy_cz_c$ 为仪表壳体与载体固连的坐标系。x_c 轴为纵轴（输出轴），y_c 轴为竖轴，z_c 轴为横轴（敏感测量轴）。$Oxyz$ 为单摆活动坐标系，x 轴与 x_c 轴重合，y 轴为单摆轴，z 轴为单摆敏感测量轴。

三轴加速度计实际上是一个液浮摆式加速度计，是单摆效应的应用。质量为 m 的单摆，其质心偏离旋转轴（x 轴）距离为 l。当载体沿仪表敏感测量轴（z_c 轴）负方向加速运动时，单摆受惯性力作用而产生惯性力矩 Ma，使单摆绕 x 轴旋转一个角度 β，与浮子单摆固连的弹性扭杆同样被扭转 β 角，β 角的出现使弹性扭杆产生恢复力矩 Mk，以平衡惯性力矩 Ma。这样，β 与被测加速度 a 的关系为

$$\beta = \frac{m \cdot l}{K_c} \cdot a \cdot \cos\beta$$

式中，K_c——弹性扭杆刚度，单位为 g·cm/rad。

当 β 很小时，可写为 $\beta = (ml/K_c)\, a$。

另外，由于微动同步器的定子固接在壳体上，而转子与弹性扭杆固连，因此转子随弹性扭杆一起转动，造成微动同步器中磁路不对称，从而在定子输出绕组上产生感应电压 V（输出电压）。输出电压 V 与微动同步器转子和定子间的相对转角 β（单摆转角）也成正比例，即

$$V = K_u \cdot \beta = \frac{K_u \cdot m \cdot l}{K_c} \cdot a$$

二、采集记录器的工作原理

采集记录器是机载设备的主要组成部分，有分体式和一体式两类，装在不同型号的飞机上。分体式采集记录器由采集器和记录器组成，它们由机上电缆连接在一起，且装在防坠毁

壳体中。一体式采集记录器同时完成采集、记录，它有主记录器和事故记录器两个记录装置，事故记录器模块装在防坠毁壳体中，记录不少于 15min 的飞行数据。

一体式采集记录器是典型的计算机系统（见图 3-2-4），各接口板是按信号类型，即模拟量类型、开关量类型、频率/周期类型、总线类型、同步器类型来设计的，它们作为主控计算机的外部设备与主控计算机交换信息。在这些接口板中，总线接口和同步器接口是智能化接口，它们各由一个单片机来管理，独立进行信号采集，构成一个小系统。模块化的设计不仅减轻了主控计算机的负担，简化了系统软件的设计，也使得系统非常灵活，容易满足各种用户的不同要求。飞参系统被加电后，在主控计算机的控制下，按帧结构表对机上信号源进行信号采集。当飞参系统根据一些特征参数判定满足启动记录条件时，将采集到的数据以压缩的方式同时记录在两个记录器（主记录器和事故记录器）中。数据是循环记录的，不同飞行数据文件用履历加以区别。

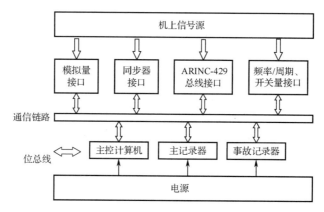

图 3-2-4　一体式采集记录器原理框图

分体式采集记录器，其采集器构造与一体式采集记录器的类似，它的主控计算机增加了一路 RS-422 总线接口，用来与记录器通信（见图 3-2-5）。记录器的记录控制板也是一个单片计算机系统，它的 RS-422 总线接口收到采集器发来的数据后，写入记录介质（见图 3-2-6）；当数据卸载时，它将记录介质中的数据读出发给采集器。分体式记录器具有自检测功能，可将检测结果报告给采集器。

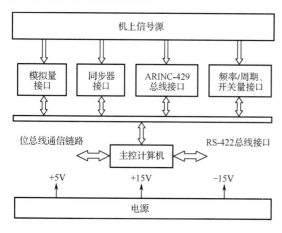

图 3-2-5　采集器原理框图

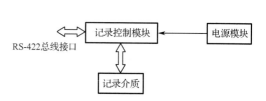

图 3-2-6　记录器原理框图

飞参系统内部交联关系图如图 3-2-7 所示。

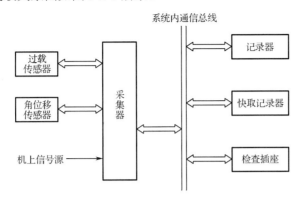

图 3-2-7　飞参系统内部交联关系图

采集器主要完成对飞机上相关系统信息的采集、处理，在满足记录器的记录条件后将数据通过系统内通信总线送至记录器和快取记录器记录。记录器安装在飞机的垂尾处，是具有三防功能的事故记录器，记录的数据既可用于日常的飞行维护，也可用于飞行事故分析。快取记录器安装在飞机座舱的操纵台上，数据卡可快速插拔，仅用于日常的飞行维护。过载传感器是三个独立的传感器，通过一个安装支架安装在飞机的成型架上。三个传感器分别感受飞机三个方向的加速度。角位移传感器在飞机上有多个，分别感受所在位置的舵面位移量。

下面以某型采集记录器的工作原理为例进行介绍。

某型采集记录器原理框图如图 3-2-8 所示。该采集记录器是一个典型的计算机系统，控制单元是以 32 位微控制器（MC68302）为核心构成的嵌入式计算机。接口单元，如模拟量接口单元，频率/周期、开关量接口单元，同步器接口单元，ARINC-429 总线接口单元，以及事故记录器均作为主控计算机的外部设备。主控计算机按预定的采集格式（用户定义的采集表），从接口单元接收所采集的数据，当满足规定的启动记录条件时，将采集到的数据以原码形式同时记录在两个记录器上。主记录器和事故记录器的启动、停止记录条件可按用户的要求重新设置。

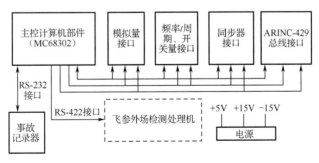

图 3-2-8　某型采集记录器原理框图

两个记录器均采用循环记录的方式。用户可按需要通过飞参外场检测处理机将记录在记录器上的数据复制到 PC 卡上，送到地面站进行数据处理。

1. 主控计算机部件

主控计算机部件原理框图如图 3-2-9 所示。该部件是以 MC68302 微控制器为核心构成的嵌入式计算机,该微控制器的特点是集成了一个通信控制器,在完成通信任务时不需要处理器干预。因此,该部件有比较强的通信能力,可以比较好地完成采集记录器的管理和通信要求。在 20MHz 的时钟频率下,处理能力约为 2Mbps。

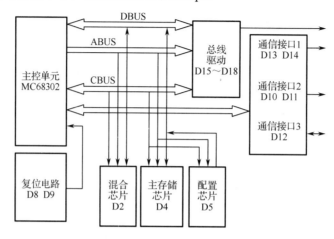

图 3-2-9　主控计算机部件原理框图

为了支持采集记录器的在线编程功能,提高系统的可维护性、配置的灵活性和可靠性,该部件采用了 Flash/SRAM 混合存储器作为程序和数据存储器,同时采用了 EEPROM 保存系统的配置信息。在一线设备的支持下可以完成控制程序的加载和配置信息的修改。

该部件采用 4MB 的闪存(Flash Memory)作为系统的主记录器,用于记录采集到的飞行数据。由于主存储器是挂在该部件内部并行总线上的,所以可支持高速的数据卸载,通过 HDLC 链路,下载速度可达 2Mbps。该记录器没有坠毁幸存能力。

2. 模拟量接口单元

模拟量接口单元原理框图如图 3-2-10 所示,它由多路开关、A/D 转换器、电流源和电压源等组成。

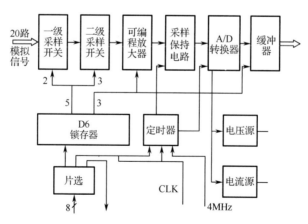

图 3-2-10　模拟量接口单元原理框图

(1)多路开关。

程序控制 N1～N7 切换模拟开关选择输入通道,模拟信号分成两类。

- 直流差分输入：10 路，2 线制。
- 电位计差分输入：10 路，6 线制（也可接成 2 线制）。

（2）A/D 转换器。

A/D 转换器的输入信号调理由 N8、N9 组成的可编程放大器完成，增益 12 级分别为 1、2、4、8、10、20、40、80、100、200、400、800，可保证小信号的采样精度。可编程放大器的增益范围由用户定义，采样保持由 D2 完成，A/D 转换由 D3 完成，转换定时信号由 D7 产生。A/D 转换后的数据通过 D4 和 D5 送到数据总线上。采样地址和增益码由 D6 锁存器锁存。

（3）电流源。

电流源产生电路由 D11 组成，为外部需要电流激励的传感器提供激励电流。电流可选择设为 5mA。

（4）电压源。

电压源产生电路由 D9 和 D10 组成，可产生 5000mV 的激励电压，为外部需要电压激励的传感器提供激励电压。输出传输线是电压源反馈环路的一部分，因此负载上的激励电压不受传输线长度的影响。

3. 频率/周期、开关量接口单元

频率/周期、开关量接口单元原理框图如图 3-2-11 所示，它由电平转换电路、频率/周期测量电路、计数器和开关量采集电路等组成。

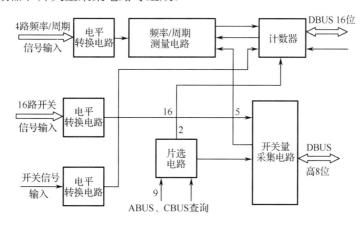

图 3-2-11　频率/周期、开关量接口单元原理框图

① 电平转换电路。

电平转换电路由 N1～N6 组成，可将输入信号按接口关系转换成 TTL 电平。

② 频率/周期测量电路。

频率/周期测量电路由 D1～D8 组成。根据用户定义，可以按需要选择 4 个输入通道中的任意一个进行频率/周期测量。在进行频率测量时，该电路输出的是外部信号的脉冲个数；在进行周期测量时，该电路对内部产生的 8μs 标准时间间隔脉冲进行计数，由外部信号的一个周期启动和停止计数。计数器中的计数值表示标准信号的脉冲个数。

③ 计数器。

由 D9、D10 组成 6 个 16 位计数器（分频器），其中 4 个用于频率/周期测量，1 个作为分频器，提供 125kHz（8μs）的标准计数脉冲，1 个用来分频接收片选电路信号。

④ 开关量采集电路

开关量（KG1～KG16）采集电路由 D11 组成，采用动态采集方式。通过两条输入命令同时采集 16 个开关量，对开关量 KG17 进行单独采集。开关量接口特征满足 ARINC-717，即大于 7V 为高电平，小于 3V 或开路为低电平，4V 回差提高了电路的抗干扰能力。

4. ARINC-429 总线接口单元

ARINC-429 总线接口单元原理框图如图 3-2-12 所示。ARINC-429 总线接口是智能化接口，用于接收 ARINC-429 总线信号。ARINC-429 总线接口单元主要由单片机 80C31 和专用可编程接口芯片 HS3282 组成。

D11、D14、D15 是 ARINC-429 总线接口电路，可接收 4 路 ARINC-429 总线信号。

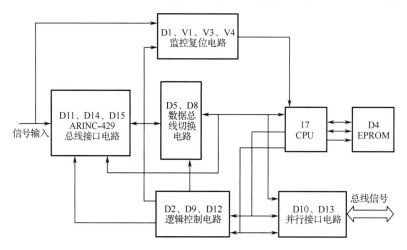

图 3-2-12　ARINC-429 总线接口单元原理框图

5. 电源单元

电源单元原理框图如图 3-2-13 所示。它的作用是把+27V 的电源转换为+5V、+15V、−15V 的电源。

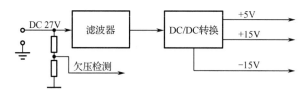

图 3-2-13　电源单元原理框图

6. 事故记录器

事故记录器原理框图如图 3-2-14 所示。它是一个专用计算机系统，选用 8 位微控制器对闪存（Flash Memory）的读、写、擦除进行管理。微控制器选用 Intel 公司的 80C31，该芯片使用广泛、易开发、成本低。

PSD303 是一种可编程微控制器通用外设芯片，它集成了 1MB 的 EPROM、16KB 的 SRAM、19 位可编程 I/O 接口、可编程逻辑器件（PLD）、管理单元及程序加密等功能模块，并且这些功能模块具有可配置性，增强了硬件开发的灵活性。在事故记录器的设计中，EPROM 用作程序存储器，PA 口设置为低 8 位地址线接口，PB 口设置为输出接口，构成 Flash Memory 的地址线 MA8～MA15。PC 口设置为片选逻辑，用于 Flash Memory 的片选。选用该器件可提高产品的可靠性，简化硬件设计，缩小印制板尺寸，加密程序，降低产品成本和功耗。

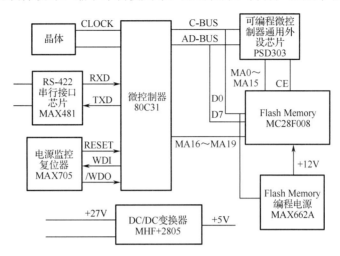

图 3-2-14　事故记录器原理框图

记录介质为 Flash Memory MC28F008，容量为 1MB，由 16 个 64KB 的块构成，以字节为单位进行读、写操作，以块为单位进行擦除操作。微控制器通过 Flash Memory 内部的用户命令接口进行管理，并能通过读取状态寄存器的内容来判断 Flash Memory 的工作状态。其中还集成了与 SRAM 兼容的写数据缓冲区接口。写、擦除操作要求由 12V 直流电源供电（电流不得小于 15mA）。因 Flash Memory 容量为 1MB，而 80C31 寻址范围仅有 64KB，所以在设计中 Flash Memory 的地址线 MA0～MA7 用 80C31 的低 8 位地址线，MA8～MA15 由 PSD303 的 PB 口产生，MA16～MA19 由 80C31 的 PA 口产生。

MAX705 是一个带监视定时器（WDT）的电源监控复位器，监视定时器可保证微控制器在一定时间内从某种硬件或软件故障引起的非正常工作状态中跳出复位，恢复正常运行，提高了软件的抗干扰能力。在本产品中，MAX705 可使事故记录器从死循环中复位，恢复正常记录。

MHF+2805 是一种 DC/DC 变换器，该模块可把+27V 直流电压变成+5V 直流电压，最大输出电流为 2A。

MAX662A 可为 Flash Memory 的写、擦除操作提供+12V 的编程电源。

MAX481 是半双工的 RS-422 串行接口芯片，用来和某型采集记录器进行通信。

在这样的硬件环境支持下，再配以专用的软件，即可完成事故记录器自检、记录、复制等任务。

三、数据信号调理与接口技术

如前所述，飞参信号一般分为模拟信号、开关信号和数字信号三类。无论哪类飞参信号，都必须转换为计算机所能处理的数字信号。

（一）模拟信号

模拟信号主要来自飞机上的温度、压力、流量、速度、位移等物理量。一般通过各种传感器将这些物理量转换成电压或电流，电压和电流仍然是连续变化的模拟信号，要先通过 A/D 转换器转换成数字信号，再送入计算机。

（二）开关信号

开关量表示两个状态，如开关的闭合和断开、起落架的收起和放下、座舱门的打开和关闭等。在实际运用时，这样的量只要用 1 位二进制数码就可以表示，重要的是需要把继电器的电压值转换为计算机所能处理的电压值。

（三）数字信号

数字信号在这里主要是指总线信号。目前在飞机上应用的总线主要有 ARINC-429 总线和 MIL-STD-1553B 总线。总线信号虽然也是数字信号，但与一般的计算机能够处理的数字信号还是有区别的，因此需要专用接口来完成总线信号与计算机能够处理的数字信号的转换。

机载设备的交联关系是航空电子装备综合化的直观表现。随着航空电子装备的增多和数字化发展，各电子装备之间的交联关系越来越多，对数据共享的要求越来越高，各电子装备迫切需要综合化。因此，美国公布了 ARINC-419、ARINC-429、ARINC-629 民用航空总线标准，以及 MIL-STD-1553B 军用航空总线标准。目前大多数国家都采用以上总线标准进行各电子装备的交联。

复习思考题

1．研讨飞参系统的发展过程，比较各阶段飞参系统的记录参数和可靠性发展。

2．说明香农采样定理的物理意义，分析量化误差。

3．什么是帧结构？在进行飞参数据采集时应用帧同步的目的是什么？帧数据中包含哪些内容？

4．试述角位移传感器的功能和信号特点。

5．试述采集记录器的工作原理。

6．画出某型飞参系统的交联关系图，分析哪些是飞机上现有设备的信号，哪些是需要加装传感器感受的信号。

第四章　陀螺仪的特性

第一节　陀螺仪的力学基础

刚体转子陀螺仪的运动，实质上是刚体的定点转动。因此，掌握定点转动刚体的运动学和动力学问题，是研究陀螺仪原理的基础。本节将有针对性地介绍刚体定点转动的有关力学知识，以便为学习陀螺仪原理打下必要的基础。下面首先介绍陀螺仪的基本组成。

一、陀螺仪及其组成

（一）陀螺仪的概念和分类

航空陀螺仪表中所用的陀螺仪为环架式刚体转子陀螺仪，其核心部件是一个绕自转轴高速旋转的刚体转子，自转轴又称为主轴或转子轴。转子一般用高密度的金属材料，如黄铜、不锈钢等做成空心圆柱体，如图 4-1-1 所示。航空陀螺仪表中的转子可以用陀螺电动机驱动，也可以用高压气源驱动，目前大都采用前者。陀螺电动机的定子和转子组成一个整体，且做成内定子、外转子的形式，以便加大转子的转动惯量。常用的陀螺电动机有三相交流异步电动机和磁滞电动机两种。当采用磁滞电动机驱动时，转子转速一般为 24000r/min；当采用三相交流异步电动机驱动时，转子转速略低些，约为 23000r/min。此外，也可采用直流电动机驱动，在这种情况下转子转速只能达到几千转每分。

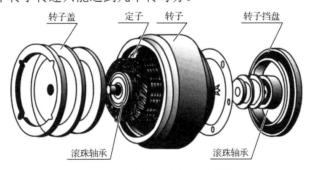

图 4-1-1　由陀螺电动机驱动的转子

当高密度的空心转子在陀螺电动机驱动下绕自转轴高速旋转时，转子具有一定的角动量，这时的陀螺仪才有可能表现出它所具有的特性。

将转子安装在专用的环架上，使转子相对于基座具有转动自由度，这种装置称为陀螺仪，在工程应用中常简称为陀螺。

根据转子相对于基座的转动自由度不同，陀螺仪可分为三自由度陀螺仪和双自由度陀螺仪；根据自转轴相对于基座的转动自由度不同，陀螺仪可分为双自由度陀螺仪和单自由度陀螺仪。这两种分类方法没有本质区别，只是后者不计入转子自转的转动自由度。在实际应用中，普遍采用后一种分类方法。

（二）双自由度陀螺仪的基本组成

双自由度陀螺仪是指自转轴相对于基座具有两个转动自由度的陀螺仪，它由转子、内环、外环等组成，如图 4-1-2 所示。

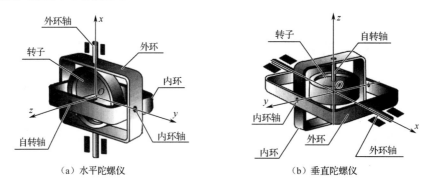

（a）水平陀螺仪   （b）垂直陀螺仪

图 4-1-2　双自由度陀螺仪

转子通过自转轴上的一对轴承安装在内环上。内环也称为内框或内平衡环，通过内环上的一对轴承安装在外环上。外环也称为外框或外平衡环，通过外环上的一对轴承安装在基座或表壳上。自转轴轴线与内环轴轴线垂直，内环轴轴线与外环轴轴线垂直。当三条轴线相交于一点时，该交点称为陀螺仪的支点。这种结构形式保证了转子可以绕自转轴转动，转子连同内环又可以绕内环轴转动，转子连同内环和外环还可以一起绕外环轴转动。因此，对转子来说，具有绕自转轴、内环轴和外环轴的三个转动自由度；对自转轴来说，只具有绕内环轴和外环轴的两个转动自由度，这样就构成了双自由度陀螺仪。

双自由度陀螺仪由于安装方式不同，又可分为垂直陀螺仪和水平陀螺仪。自转轴与地面平行的陀螺仪称为水平陀螺仪［见图 4-1-2（a）］；自转轴与地面垂直的陀螺仪称为垂直陀螺仪［见图 4-1-2（b）］。

（三）单自由度陀螺仪的基本组成

单自由度陀螺仪是指自转轴相对于基座只具有一个转动自由度的陀螺仪，它由转子和内环组成，如图 4-1-3 所示。对自转轴来说，只有绕内环的一个转动自由度，故称为单自由度陀螺仪。

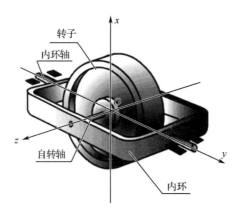

图 4-1-3　单自由度陀螺仪

二、科里奥利加速度（科式加速度）

（一）科式加速度的形成

由运动学知识可知，物体的运动是指物体相对于所选取的参考坐标系的运动。所选取的参考坐标系不同，同一物体在同一瞬间可以有不同的运动状态。

假设有两个参考坐标系：一个假定是可以看作静止不动的参考坐标系，称为静坐标系；另一个是相对于静坐标系运动的参考坐标系，称为动坐标系。有一个运动的质点（或刚体），它相对于静坐标系的运动称为该质点（或刚体）的绝对运动；它相对于动坐标系的运动称为该质点（或刚体）的相对运动。动坐标系相对于静坐标系的运动称为牵连运动。

对于牵连运动为平动的合成运动而言，由于不可能形成科式加速度，因此这种情况下的绝对加速度仅为相对加速度和牵连加速度的向量和，即

$$a_a = a_r + a_e \tag{4-1-1}$$

在牵连运动为转动的合成运动中，相对运动和牵连运动相互影响将形成科式加速度。那么，相对运动和牵连运动是怎样相互影响从而形成科式加速度的呢？科式加速度的大小和方向又怎样确定呢？搞清这些问题，深刻理解科式加速度的实质，对掌握陀螺仪原理是极为有用的。下面以小球运动模型为例进行说明。

小球运动时速度的变化如图 4-1-4 所示，直杆以角速度 ω 绕定轴 z 匀速转动；直杆上的小球又以速度 v_r 沿直杆向外做匀速直线运动。在 Δt 时间内，小球的相对速度和牵连速度都发生了变化。相对速度由 v_r 变为 v_r'，其速度增量为 Δv_r。

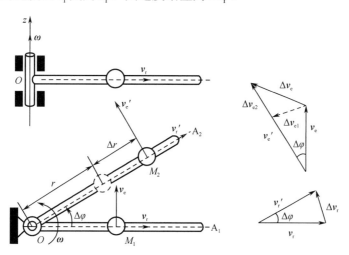

图 4-1-4 小球运动时速度的变化

由图 4-1-4 中的速度向量图可以看出，相对速度增量 Δv_r 表示了相对速度方向的变化。牵连速度由 v_e 变为 v_e'，其速度增量为 Δv_e。

由图 4-1-4 中的速度向量图同样可以看出，牵连速度增量 Δv_e 表示了牵连速度大小和方向的变化。将 Δv_e 分解为 Δv_{e1} 和 Δv_{e2} 两个分量，其中 Δv_{e1} 表示牵连速度方向的变化，Δv_{e2} 表示牵连速度大小的变化。相对速度和牵连速度的变化所存在的加速度分别讨论如下。

1. 使小球相对速度方向改变的加速度

使小球相对速度方向改变的加速度为

$$\lim_{\Delta t \to 0} \frac{\Delta v_r}{\Delta t} = \lim_{\Delta t \to 0} \frac{2v_r \sin \frac{\omega \Delta t}{2}}{\Delta t} = \omega v_r$$

这项加速度的方向可以由 $\Delta t \to 0$（$\Delta \varphi \to 0$）时 Δv_r 的极限方向得出，它垂直于 ω 和 v_r 组成的平面，且指向转动方向的一边。

这就是由直杆的牵连运动形成的、使小球相对速度方向改变的加速度。可以想象，如果直杆没有牵连运动，小球相对速度的方向就不会改变，这项加速度也就不会存在。

2. 使小球牵连速度方向改变的加速度

使小球牵连速度方向改变的加速度为

$$\lim_{\Delta t \to 0} \frac{\Delta v_{e1}}{\Delta t} = \lim_{\Delta t \to 0} \frac{2\omega \cdot r \sin \frac{\omega \Delta t}{2}}{\Delta t} = r\omega^2$$

这项加速度的方向可以由 $\Delta t \to 0$（$\Delta \varphi \to 0$）时 Δv_{e1} 的极限方向得出，它是沿直杆指向轴心 O 的。

这就是由直杆的牵连运动形成的、使小球牵连速度方向改变的加速度，实质上就是向心加速度。

3. 使小球牵连速度大小改变的加速度

使小球牵连速度大小改变的加速度为

$$\lim_{\Delta t \to 0} \frac{\Delta v_{e2}}{\Delta t} = \lim_{\Delta t \to 0} \frac{\omega v_r \Delta t}{\Delta t} = \omega v_r$$

这项加速度的方向可由 $\Delta t \to 0$（$\Delta \varphi \to 0$）时 Δv_{e2} 的极限方向得出，它垂直于 ω 和 v_r 组成的平面，且指向转动方向的一边。

这就是由小球的相对运动形成的、使小球牵连速度大小改变的加速度。显然，如果小球没有相对运动，牵连速度的大小就不会改变，这项加速度也就不会存在。

上面讨论了使小球相对速度和牵连速度改变的三种加速度。第一项和第三项加速度既不是相对加速度，也不是牵连加速度，而是在特定情况下附加的一种加速度，这种附加加速度称为科里奥利加速度，简称为科式加速度，用符号 a_c 表示。

通过以上分析，我们对科式加速度的形成有了比较详尽的了解：在质点（或刚体）的牵连运动为转动的情况下，牵连运动会使相对速度的方向不断发生变化，同时相对运动又会使牵连速度的大小不断发生变化，而且它们的变化速率（加速度）的方向相同，从而形成了特有的附加加速度，即科式加速度 a_c。总之，科式加速度是由于相对运动和牵连运动相互影响而形成的。

科式加速度的大小是第一项加速度和第三项加速度之和，即 $a_c=2\omega v_r$。这是在 v_r 与 ω 相垂直的特殊条件下得出的。一般情况下，相对速度 v_r 与牵连角速度 ω 之间可能成任意夹角 θ，如图 4-1-5 所示。这时可将相对速度 v_r 分解为与牵连角速度 ω 垂直的分量 $v_r \sin\theta$ 和平行的分量 $v_r \cos\theta$，显然平行分量 $v_r \cos\theta$ 不可能形成科式加速度，所以科式加速度大小的表达式为

$$a_c = 2\omega v_r \sin\theta \tag{4-1-2}$$

科式加速度的方向：a_c 的方向垂直于相对速度 v_r 与牵连角速度 ω 组成的平面，且指向转动方向的一边。其规律可用右手定则确定，如图 4-1-6 所示，从 ω 沿最短路径握向 v_r 的右手旋进方向为 a_c 的方向。

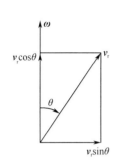

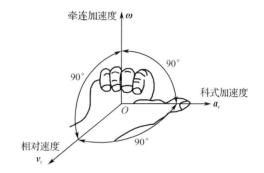

图 4-1-5　v_r 与 ω 之间可能成任意夹角 θ　　　图 4-1-6　科式加速度的方向

（二）转子各质点的科式加速度

已知环架式刚体转子陀螺仪的结构特点是，转子既能绕自转轴相对环架转动，又能同时随环架一起绕环架轴相对于基座转动。其中，转子相对于环架的转动可以看成相对运动，转子随环架相对于基座的转动可以看成牵连运动，因此转子相对于基座的运动是上述两种运动的合成运动，且牵连运动为转动。这时转子各质点的加速度不但包含相对加速度和牵连加速度，还包含相对运动和牵连运动相互影响而形成的科式加速度。下面以双自由度水平陀螺仪为例进行分析。

图 4-1-7 所示为双自由度水平陀螺仪上转子各质点的科氏加速度。设转子绕自转轴 z 相对于内环以匀角速度 Ω 正向转动，同时转子又连同内环和外环一起绕外环轴 x 相对于基座以匀角速度 ω_x 正向转动。无疑，转子各质点都做合成运动，且牵连运动为定轴转动。现在具体讨论转子各质点的科式加速度。

由于转子各质点在相对于环架做相对运动的同时，环架又相对于基座做牵连运动，而且是绕 x 轴的转动。因此，在相对运动和牵连运动的相互影响下，转子各质点具有科式加速度。已知转子各质点相对速度的大小为 $v_r = r\Omega$，牵连角速度的大小为 ω_x，且相对速度 v_r 与牵连角速度 ω_x 之间存在夹角 θ。根据式（4-1-2）可得，转子各质点的科式加速度大小为

$$a_c = 2\omega_x \Omega r \sin\theta \tag{4-1-3}$$

转子各质点的科式加速度方向可按右手定则确定，即在 y 轴上半部，转子各质点的科式加速度方向均垂直于纸面，且指向纸外；在 y 轴下半部，转子各质点的科式加速度方向仍垂直纸面，但指向纸内。

式（4-1-3）说明，转子各质点的科式加速度大小与质点所在位置有关。具体来说，它既按角度 θ 呈正弦变化，又随半径 r 成比例变化。若在转子上取一个薄圆片，那么该薄圆片上各质点的科式加速度分布规律如图 4-1-8 所示。

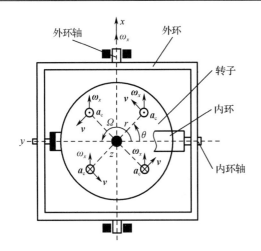 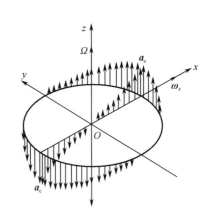

图 4-1-7　双自由度水平陀螺仪上转子各质点的科式加速度　　　图 4-1-8　薄圆片上各质点的科式加速度分布规律

三、转动惯量

（一）转动惯量的定义及表达式

刚体内各质点的质量与其到某轴的距离平方之乘积的总和，称为刚体对该轴的转动惯量，其表达式为

$$J_l = \sum m_i r_i^2 \tag{4-1-4}$$

式中，J_l——刚体对 l 轴的转动惯量；

　　　　m_i——质点 i 的质量；

　　　　r_i——质点 i 到 l 轴的垂直距离。

若刚体质量是连续分布的，那么转动惯量的表达式还可以用积分形式表示为

$$J_l = \int r^2 \mathrm{d}m \tag{4-1-5}$$

式中，$\mathrm{d}m$——刚体内任意的质量元；

　　　　r——该质量元到 l 轴的距离。

由上述表达式可以看出，转动惯量 J_l 的大小不仅与刚体质量的大小有关，而且与刚体质量的分布情况有关。

（二）转子的转动惯量

转子的转动惯量是陀螺仪的一个重要参数。一般来说，总是希望转子的转动惯量尽可能大一些，然而航空仪表的体积又限制了转子不能做得太大。因此，陀螺电动机的结构与普通电动机不同，它把定子置于里面，而将转子套在外面，即采用所谓"内定子、外转子"的结构。这样，转子的主要部分为空心圆柱体，使质量分布远离转轴。另外转子一般采用高密度材料制成，以增大转子的质量，从而使转子获得较大的转动惯量。

转子的转动惯量可以通过积分计算求得。由于转子的主要部分是空心圆柱体，下面列出空心圆柱体的转动惯量。图 4-1-9 所示为匀质空心圆柱体转子，其外半径为 R，内半径为 r，高度为 h，材料的质量密度为 ρ。经积分计算（计算过程从略，可参考有关教材），可求得转

子对自转轴 z 和赤道轴 x、y 的转动惯量分别为

$$J_z = \frac{\pi}{2}(R^4 - r^4)h\rho$$

$$J_x = J_y = \frac{\pi}{12}[3(R^4 - r^4) + (R^2 - r^2)h^2]h\rho$$

转子对自转轴的转动惯量称为极转动惯量，转子对赤道轴的转动惯量称为赤道转动惯量。实际使用的转子，其赤道转动惯量与极转动惯量之比为 0.6～0.63。也就是说，赤道转动惯量要比极转动惯量小，但其差别并不太大。

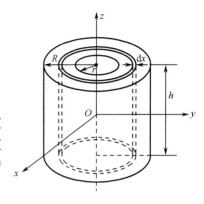

图 4-1-9　匀质空心圆柱体转子

四、角动量及角动量定理

（一）定轴转动刚体的角动量

图 4-1-10 所示为绕定轴转动的刚体。刚体内各质点的动量与其到转轴的距离的乘积总和，也就是刚体内各质点的动量对轴之矩的总和，称为刚体对轴的角动量，其表达式为

$$H_z = \sum r_i m_i v_i \tag{4-1-6}$$

式中，H_z——刚体对 z 轴的角动量；

m_i——刚体内任一质点的质量；

r_i——质点 i 到 z 轴的距离；

v_i——质点 i 的速度。

设刚体绕 z 轴转动的角速度为 ω_z，则刚体内任一质点的速度 $v_i = r_i\omega_z$，将其代入式（4-1-6）可得

$$H_z = \sum r_i^2 m_i \omega_z$$

由于刚体内所有质点的角速度都是相同的，故 ω_z 可以写到求和符号 $\sum$ 之外，即

$$H_z = \omega_z \sum m_i r_i^2$$

式中，$\sum m_i r_i^2$——刚体对 z 轴的转动惯量 J_z。因此，定轴转动刚体对 z 轴的角动量可表达为

$$H_z = J_z \omega_z \tag{4-1-7}$$

式（4-1-7）说明，定轴转动刚体对轴的角动量等于刚体对该轴的转动惯量与角速度的乘积。

（二）转子角动量

转子角动量对于陀螺仪来说是一个十分重要的参数，它直接影响陀螺仪特性。支承在环架中的转子，既能绕自转轴高速转动，又能绕环架轴转动。绕自转轴转动产生的角动量称为自转角动量，绕环架轴转动产生的角动量称为非自转角动量。

如图 4-1-11 所示，设转子对自转轴的转动惯量为 J_z，绕自转轴以自转角速度 Ω 高速转动；转子对赤道轴的转动惯量为 J_e，绕赤道轴转动的角速度为 ω_e。转子的自转角动量 H_z 和非自转角动量 H_e 的大小可分别表示为

$$H_z = J_z \Omega$$

$$H_e = J_e \omega_e$$

其方向分别沿 z 轴和 y 轴，且分别与角速度 Ω 和 ω_e 的方向一致。

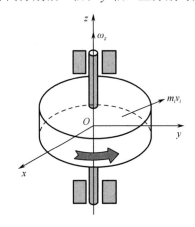

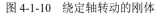

图 4-1-10　绕定轴转动的刚体

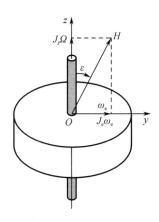

图 4-1-11　转子角动量

转子的总角动量 H 由转子的自转角动量和非自转角动量决定。它的大小为

$$H = \sqrt{H_z^2 + H_e^2} = \sqrt{(J_z\Omega)^2 + (J_e\omega_e)^2}$$

它的方向由转子的自转角动量与非自转角动量之间的夹角 ε 决定，其值为

$$\varepsilon = \arctan[J_e\omega_e/(J_z\Omega)]$$

对于实际使用的转子来说，它的赤道转动惯量和极转动惯量的大小比较接近，其比值约为 0.6。然而，在陀螺仪正常工作时，转子绕自转轴转动的角速度却比绕赤道轴转动的角速度高得多，前者可达 22000～24000r/min，而后者却仅为几度每分。因此，在陀螺仪正常工作情况下，转子的自转角动量远远大于非自转角动量，即 $J_z\Omega \gg J_e\omega_e$。

正因为这样，陀螺角动量的大小与自转角动量非常接近，因而有 $H \approx H_z$。同时，陀螺角动量与自转角动量之间的夹角 ε 也非常小，从而在工程应用中可以忽略非自转角动量的影响，认为陀螺角动量的大小和方向都与自转角动量相同。本书后续提到的陀螺角动量指的都是自转角动量。

（三）角动量定理

角动量定理是动力学中非常重要的一条基本定理，它反映了刚体角动量的变化与作用于刚体的外力矩之间的关系。

1. 刚体对轴的角动量定理

刚体对任一固定轴 l 的角动量 H_l 对时间的一阶导数，等于作用于刚体的所有外力对该轴之矩的代数和 M_l，这称为刚体对固定轴的角动量定理，其表达式为

$$\frac{\mathrm{d}H_l}{\mathrm{d}t} = M_l \tag{4-1-8}$$

为了进一步理解刚体对轴的角动量定理，我们将刚体对轴的角动量关系式 $H_l = J_l\omega_l$ 代入式（4-1-8），可得

$$J_l\frac{\mathrm{d}\omega_l}{\mathrm{d}t} = M_l \tag{4-1-9}$$

式（4-1-9）中刚体绕轴 l 转动的角速度 ω_l 对时间的导数就是刚体绕该轴转动的角加速度。

显然，式（4-1-9）就是刚体定轴转动的基本方程。由此可见，刚体对轴的角动量定理是刚体定轴转动方程的另一种表示形式，它们描述的都是定轴转动刚体在外力矩作用下的运动规律。

从式（4-1-8）、式（4-1-9）中可以看出，当绕定轴转动刚体受到外力矩作用（$M_l \neq 0$）时，刚体对轴的角动量也随之变化。当作用于刚体的所有外力矩之代数和等于零（$M_l = 0$）时，刚体的角加速度为零，角速度保持不变，即刚体处于静止或匀速转动状态，其角动量保持常值。

2. 刚体对固定点的角动量定理

刚体对固定点的角动量 $\boldsymbol{H}$ 对时间的矢导数，等于作用于刚体的所有外力矩对该点之矩的向量和 $\boldsymbol{M}$，这称为刚体对于固定点的角动量定理，其表达式为

$$\frac{\mathrm{d}\boldsymbol{H}}{\mathrm{d}t} = \boldsymbol{M} \tag{4-1-10}$$

刚体对于固定点的角动量定理反映了定点转动刚体角动量的变化率与作用于刚体定点的外力矩向量之间的关系。必须强调指出，绕定点转动刚体的角动量是一个向量，即不但有大小还有方向。因此，只要作用于刚体的外力矩向量不为零，定点转动刚体的角动量就会发生变化，这种变化既包含大小的变化，也包含方向的变化，还有可能大小和方向都发生变化。

如果定点转动刚体不受外力矩作用，即 $\boldsymbol{M}$ 为零，那么刚体对该点的角动量保持不变，这种情况称为角动量守恒。

五、陀螺仪运动表示方法

陀螺仪的运动属于刚体绕定点的转动，它在空间中的位置可以用欧拉角确定。然而，对于陀螺仪的运动，人们关心的是自转轴相对于参考坐标系的位置，也就是陀螺仪绕环架轴转动的角度。

如图 4-1-12 所示，取静坐标系 $Ox_0y_0z_0$ 和动坐标系 $Ox_2y_2z_2$ 作为陀螺仪运动的参考基准，也称为参考坐标系。动坐标系 $Ox_2y_2z_2$ 与内环固连，称为内环坐标系，它可以表示自转轴在空间中的位置，但不参与转子的转动。

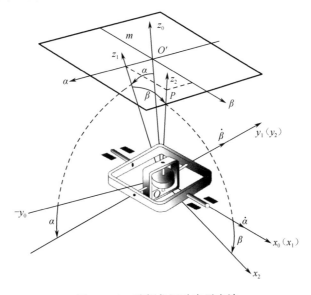

图 4-1-12　陀螺仪运动表示方法

当在起始位置时，设两个坐标系各轴均重合。陀螺仪绕内、外环轴转动而改变空间位置，可以看成内环坐标系相对参考坐标系两次转动的结果。第一次绕外环轴（x_0轴）以角速度$\dot{\alpha}$转动，转过α角后到达$Ox_1y_1z_1$位置；第二次绕内环轴（y_2轴）以角速度$\dot{\beta}$转动，转过β角后到达$Ox_2y_2z_2$位置。在此过程中，陀螺仪自转轴（z_2轴）从z_0轴位置转过α角到达z_1轴位置，而后又转过β角到达z_2轴位置。由此可见，自转轴相对参考坐标系的运动完全可以表示陀螺仪绕内、外环轴的转动。

为了说明自转轴相对参考坐标系的运动，作一个与参考坐标系固连的球面，球心取在陀螺仪支点O处，其半径为一单位长度。此球面与参考坐标系的z_0轴相交于点O'，与内环坐标系的z_2轴（自转轴）相交于点P，该点称为自转轴的极点，也称为顶点或陀点。这样，自转轴相对参考坐标系的运动就可以用极点在球面上的运动表示。

由于实际应用的陀螺仪在正常工作状态下转角α和β都很小，极点在球面上的移动范围不大，因此可以把原点O'附近的球面用平面来近似。为此，在原点O'处作球面的切平面，此平面称为相平面，也称为尖顶平面。这样，极点在相平面上相对于原点O'偏离的坐标值α和β，可近似地表示自转轴相对于参考坐标系的转角α和β；极点在相平面上移动的线速度$\dot{\alpha}$和$\dot{\beta}$，可近似表示自转轴相对于参考坐标系转动的角速度$\dot{\alpha}$和$\dot{\beta}$；极点在相平面上的运动轨迹，可近似地表示自转轴在空间中的运动轨迹。陀螺仪运动的这种表示方法称为相平面法或尖顶轨迹法。

第二节　双自由度陀螺仪的运动特性

双自由度陀螺仪由转子、内环、外环等组成，当转子静止不转时，陀螺仪的运动表现和一般刚体没有什么区别，此时它是一个非陀螺体；当转子高速旋转且具有一定的角动量后，陀螺仪的运动就表现出与一般刚体明显不同的特殊性，它本身也从非陀螺体转变为陀螺体。我们把陀螺仪运动的这种特殊性称为陀螺仪特性，主要表现为进动性和稳定性。航空陀螺仪正是依据陀螺仪特性完成姿态角和航向角测量的。因此，深入掌握和灵活运用陀螺仪的运动特性具有重要意义。

本节将对双自由度陀螺仪的运动特性及有关问题进行分析，主要包括双自由度陀螺仪的进动性、稳定性、运动方程、传递函数、典型动态分析，以及地球自转和飞机飞行对陀螺仪运动的影响等。

一、双自由度陀螺仪的进动性

（一）陀螺仪的进动性及进动规律

双自由度陀螺仪在转子高速旋转的情况下，如果沿环架轴方向作用着常值外力矩，陀螺仪就会出现进动现象。下面通过实验的方法说明这一现象。

如图4-2-1所示，一个双自由度水平陀螺仪的外环轴x沿铅垂方向安装在基座上，内环轴y和自转轴z呈水平放置。在转子没有转动的情况下［见图4-2-1（a）］，如果沿外环轴x正向加一个外力矩，则外环将带动内环和转子绕外环轴做角加速度运动，转动方向与外力矩方向一致，其运动情况和一般刚体相同。当转子高速旋转而具有一定的角动量后［见图4-2-1（b）］，如果仍沿外环轴x正向加一个外力矩，则可以发现外环轴并不绕自身沿外力矩方向转动，而由内环带动转子绕内环轴 y 缓慢地做等角速度转动，其方向与外力矩方向垂直。

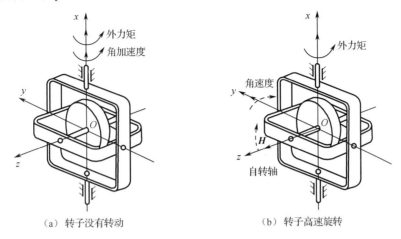

（a）转子没有转动　　　　　　　（b）转子高速旋转

图 4-2-1　沿外环轴方向作用外力矩时陀螺仪的运动

如果将常值外力矩作用在内环轴 y 方向，如图 4-2-2 所示，重复上述实验，则可以得到相似的结果：在转子没有转动的情况下，陀螺仪将沿外力矩方向绕内环轴 y 做角加速度运动；当转子高速旋转而具有一定的角动量后，陀螺仪绕外环轴 x 缓慢地做等角速度转动，其方向仍与外力矩方向垂直。

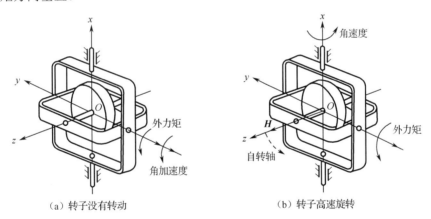

（a）转子没有转动　　　　　　　（b）转子高速旋转

图 4-2-2　沿内环轴方向作用外力矩时陀螺仪的运动

归纳以上实验，可以得出这样的结论：转子高速旋转的陀螺仪，当在其某一环架轴上加一个常值外力矩时，会引起陀螺仪绕另一交叉轴向缓慢地做等角速度转动。我们将这种现象称为陀螺仪的进动，其转动角速度称为进动角速度 ω。陀螺仪的这种特性叫作进动性，它是双自由度陀螺仪的一个基本特性。

从实验中可以看出，当所加外力矩的方向或者转子角动量方向改变时，都会引起进动方向的改变，这说明陀螺仪进动角速度 ω 的方向取决于转子角动量方向和外力矩方向。其进动规律是，角动量 H 沿最短路径趋向外力矩 M 的方向。这一规律可以用右手定则来表达：从角动量 H 沿最短路径握向外力矩 M 的右手旋进方向，为进动角速度 ω 的方向。

从实验中还可以看出，当陀螺仪的角动量一定时，进动角速度的大小随常值外力矩大小成比例变化；当同样大小的常值外力矩作用于角动量大小不同的陀螺仪时，角动量大的陀螺仪进动角速度小，角动量小的陀螺仪进动角速度大。这表明进动角速度 ω 的大小取决于转子角动量 H 和常值外力矩 M 的大小，其关系为

$$\omega = \frac{M}{H} \tag{4-2-1}$$

已知转子角动量的大小等于转子极转动惯量 J_z 与自转角速度 Ω 的乘积，即 $H=J_z\Omega$，故式（4-2-1）又可表达为

$$\omega = \frac{M}{J_z\Omega} \tag{4-2-2}$$

由双自由度陀螺仪的结构特点可知，自转轴与内环轴始终保持着垂直关系，内环轴与外环轴也始终保持着垂直关系。然而自转轴与外环轴不一定垂直，它们之间的几何关系取决于内环绕内环轴相对外环的转角。当内环带动转子绕内环轴发生进动或基座带动外环绕内环轴转动时，自转轴与外环轴就不再保持垂直了。设自转轴相对外环轴偏离垂直位置 θ 角，如图 4-2-3 所示，则式（4-2-2）应改写为

$$\omega = \frac{M}{H\cos\theta} \tag{4-2-3}$$

由式（4-2-3）可以看出，在一定的外力矩作用下，当陀螺仪三轴互相垂直，即 $\theta = 0°$ 时，陀螺仪不易产生进动，进动角速度小；随着偏离角 θ 加大，进动角速度将很快增大。当偏离角 θ 增大到 $90°$ 时，自转轴与外环轴重合，如图 4-2-4 所示，会使陀螺仪失去一个转动自由度。这时，如果沿外环轴向作用外力矩，那么在此力矩作用下，通过外环轴承的摩擦，外环将带动内环、转子一起绕外环轴不停地转动，像一般刚体一样，陀螺仪特性不复存在。这种现象称为环架自锁，在实际工程应用中应竭力避免这种现象发生。

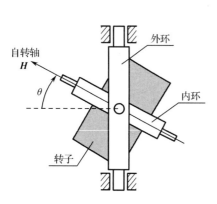

图 4-2-3　自转轴偏离垂直位置

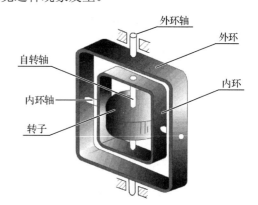

图 4-2-4　环架自锁

从实验中还可以发现，外力矩加上的瞬间，陀螺仪立即出现进动，外力矩去除的瞬间，进动立即停止；当外力矩的大小或方向改变时，进动角速度的大小或方向立即发生相应的变化。因此，可以认为陀螺仪的进动是无惯性的运动。

总之，当在转子高速旋转的双自由度陀螺仪上作用一个常值外力矩时，陀螺仪立即产生绕交叉轴向（垂直于外力矩方向）的进动。进动角速度方向是角动量 H 沿最短路径向外力矩 M 靠拢的方向，进动角速度大小由式（4-2-3）决定。

（二）对陀螺仪进动性的力学解释

陀螺仪的进动从现象上看似乎不符合物体运动的规律，然而它却是遵循力学定理的，可以用有关的力学定理解释。由于陀螺仪的运动属于刚体的定点转动，刚体对点的角动量定理正描述了定点转动刚体在外力矩作用下的运动规律。下面运用这一定理解释双自由度陀螺仪的进动性。

已知角动量定理为

$$\frac{\mathrm{d}H}{\mathrm{d}t} = M$$

对陀螺仪来说，上式中的 H 应表示陀螺角动量，它的大小可以用转子角动量 $H = J_z\Omega$ 来近似表示；M 是沿内环轴向或外环轴向作用于陀螺仪的外力矩。因此，当将角动量定理具体运用于陀螺仪时，可以这样来表述：陀螺角动量 H 在惯性空间对时间的矢导数，也就是陀螺角动量 H 在惯性空间的变化率 $\mathrm{d}H/\mathrm{d}t$，等于作用在陀螺仪上的外力矩 M。或者说，只要有外力矩作用于陀螺仪，就会引起陀螺角动量 H 在惯性空间发生变化（包括大小或方向的变化）；一旦外力矩消失，陀螺角动量 H 在惯性空间就保持稳定，不再变化，即角动量守恒。

由于转子是由电动机驱动的，当陀螺仪进入正常工作状态后，电动机带动转子高速旋转的转速是恒定的，而且作用于陀螺仪的外力矩，由于环架系统的结构特点，不可能作用到自转轴上使转子的转速发生变化，所以转子角动量是恒定不变的。当有外力矩沿内环轴（或外环轴）方向作用在陀螺仪上时，根据角动量定理，有外力矩 M 作用于陀螺仪，就必然会引起陀螺角动量在惯性空间中的变化率 $\mathrm{d}H/\mathrm{d}t$，既然 H 的大小不会改变，那就说明陀螺角动量 H 在惯性空间中的方向发生了变化。

必须强调指出，在外力矩 M 作用下陀螺角动量 H 的变化率是相对于惯性空间而言的，所以陀螺仪的进动也必然是相对于惯性空间的。

根据角动量定理，当外力矩作用于陀螺仪时，陀螺角动量立即出现变化率而相对于惯性空间改变方向，陀螺仪立即产生进动。当外力矩消失时，陀螺角动量的变化率立即为零，相对于惯性空间保持方向不变，陀螺仪立即停止进动。这说明双自由度陀螺仪的进动是"无惯性"的。

（三）陀螺力矩

对于陀螺仪，当它受到外力矩作用而产生进动时，会出现惯性反作用力矩，作用在给陀螺仪施力的物体上。转子高速旋转的陀螺仪在受到沿环架轴向的外力矩作用时，会绕交叉轴向产生进动。这时转子各质点既绕自转轴高速转动，又绕环架轴慢速进动，这两种运动的相互作用使转子各质点形成科式加速度。做加速度运动的质点必然产生惯性反作用力，并在交叉轴向形成惯性反作用力矩，称为陀螺力矩，又称科式惯性力矩。由此可见，陀螺力矩是在陀螺仪受到外力矩作用产生进动时，因惯性反抗而表现出的反作用力矩，所以陀螺力矩 L 与外力矩 M 是同时存在的一对力矩，它们的大小应相等，方向应相反，但作用在不同的物体上。因此，它们有以下关系：

$$L = -M$$

已知 $M = \omega \times H$，将其代入上式得

$$L = -(\omega \times H) = H \times \omega \tag{4-2-4}$$

当角动量 **H** 与进动角速度 **ω** 垂直时，陀螺力矩的大小可表示为

$$L = H\omega \qquad\qquad (4\text{-}2\text{-}5)$$

陀螺力矩的方向是从角动量 **H** 沿最短路径握向进动角速度 **ω** 的右手旋进方向。

由于陀螺力矩是陀螺仪进动过程中才存在的反作用力矩，因此只要转子没有自转或因出现环架自锁现象而使陀螺仪失去进动性，陀螺力矩就不复存在。这时，作用在外环轴向的外力矩将使陀螺仪绕外环轴以一定的角加速度转动，虽然此时也存在因惯性反抗而产生的惯性力矩，但这不是陀螺力矩，而是一般刚体转动时具有的转动惯性力矩。

必须强调指出，作为惯性力矩的陀螺力矩并不作用于转子本身，而作用在给陀螺仪施加力矩的物体上。例如，我们用手绕外环轴给陀螺仪施加力矩，此力矩先通过外环传递到内环轴上的一对轴承，再通过内环传递到自转轴上的一对轴承从而作用在转子上，这样才能使转子产生绕内环轴的进动。转子绕内环轴进动的同时产生沿外环轴向的陀螺力矩，又通过自转轴上的一对轴承传递到内环，再通过内环轴上的一对轴承传递到外环从而反作用在手指上。因此，对于转子而言，它仅受外力矩作用，故转子处于进动状态，而不处于平衡状态。但对外环来说，由于它的任务是传递力矩，所以它同时受到外力矩和陀螺力矩的作用，两者大小相等、方向相反，从而使外环处于平衡状态，绕外环轴相对于惯性空间保持方位稳定。这就是沿外环轴向加外力矩，陀螺仪却绕内环轴进动，而外环并不转动，或者沿内环轴向加外力矩，陀螺仪绕外环轴进动，而内环却保持平衡的原因。

陀螺力矩不仅存在于陀螺装置中，还存在于一些具有高速旋转部件的工程机械中。因为对高速旋转的部件来说，只要同时存在与自转轴不相重合的牵连转动角速度，就会产生陀螺力矩。工程上将产生陀螺力矩的现象称为陀螺效应。

飞机发动机的涡轮转子也是具有较大转动惯量的转动体，而且涡轮转速很高，因此当飞机转弯或俯仰时，都会产生较大的陀螺力矩并作用在飞机上，影响飞机的稳定，给飞行员操纵飞机带来一定困难。

二、双自由度陀螺仪的稳定性

（一）陀螺仪稳定性的表现及其解释

对于双自由度陀螺仪，在转子高速旋转的情况下，其自转轴具有相对惯性空间保持稳定的特性，这种特性称为陀螺仪的稳定性。它有两种表现形式：定轴和章动。下面分别对其进行讨论。

1. 定轴

我们取双自由度水平陀螺仪进行实验。在转子尚未转动的情况下，若缓慢转动基座，则由于外环轴承的摩擦，整个陀螺仪将被基座带着一起转动，自转轴随之偏离原来的方向。当转子高速旋转时，若缓慢转动基座，则陀螺仪并不跟随基座转动，自转轴仍稳定在原来的方向不变，这种现象叫作定轴，这种特性叫定轴性。

陀螺仪为什么具有稳定性呢？我们首先看陀螺仪不受外力矩作用时的情况。根据角动量定理 $dH/dt = M = 0$，当陀螺仪不受外力矩 **M** 作用时，角动量 **H** 不会发生变化，这时角动量守恒，这意味着角动量 **H** 在惯性空间中的方向及大小都不发生变化，从而使自转轴在惯性空

间中保持定轴。然而陀螺仪不受外力矩作用只是一种理想状态，实际并不存在。况且对于任何定点转动刚体，如果不受到外力矩作用，则刚体相对于惯性空间的方位是保持不变的。因此，这样讨论陀螺仪的定轴性并不能真正说明定轴的本质。

实际应用的陀螺仪，由于环架轴承的摩擦或质量分布不均会使质心偏离支点，因此会产生干扰力矩作用在陀螺仪上。然而，陀螺仪具有很强的抵抗外界干扰的能力，当陀螺仪受到干扰力矩作用时，只沿交叉轴向产生缓慢的进动，自转轴也相对于惯性空间缓慢地发生偏离。由于偏离角速度非常小，所以表现出陀螺仪的定轴性。在干扰力矩作用下陀螺仪自转轴的缓慢偏离运动称为陀螺漂移，简称漂移。漂移角速度 ω_d 就是陀螺仪在干扰力矩 M_d 作用下的进动角速度，漂移方向就是进动方向。漂移角速度的大小可表示为

$$\omega_d = \frac{M_d}{H} \tag{4-2-6}$$

从式（4-2-6）中可以看出，加大陀螺角动量可以减小漂移角速度，当陀螺角动量足够大，且干扰力矩作用时间不很长时，自转轴相对于惯性空间偏离的角度就会很微小，从而使陀螺仪表现出定轴性。

总之，陀螺仪在干扰力矩作用下以进动的方式缓慢漂移，表现出陀螺仪具有很强的抗干扰能力，使自转轴相对于惯性空间的方位变化极其缓慢，这就是陀螺仪稳定性的表现形式之一——定轴。陀螺角动量越大，漂移越缓慢，陀螺仪的定轴性表现越好。

2. 章动

我们仍通过实验来说明章动现象。在转子没有转动时，如果沿内环轴向加一个数值比较大，但作用时间非常短的瞬时冲击力矩，那么在冲击力矩消失后，内环将连同转子一起沿冲击力矩方向绕内环轴以等角速度转动，其运动状态像一般刚体一样。但是当转子高速旋转后再沿内环轴向作用一个瞬时冲击力矩，会发现自转轴在原来方位附近做微小的圆锥形振荡运动，如图4-2-5所示，这种运动称为陀螺章动，简称章动。这是双自由度陀螺仪稳定性的另一种表现形式。若陀螺仪具有较大的角动量，章动频率就会很高（几百赫），而章动的幅值却很小（一般为角分级以下），使自转轴相对于惯性空间的方位变化极其微小，以致不易觉察，陀螺仪表现出很好的稳定性。只有当转子转速降低、陀螺角动量减小时，章动频率减慢，章动的幅值显著加大，章动现象才明显表现出来。

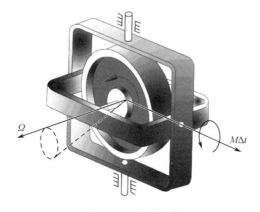

图 4-2-5　章动现象

（二）陀螺仪精度的主要指标——漂移率

通过对双自由度陀螺仪稳定性的讨论可知，实际使用的陀螺仪不可避免地存在干扰力矩，会使其产生漂移，漂移所引起的陀螺仪方位改变将随时间积累从而表现得比较明显，成为影响陀螺仪精度的主要因素。

漂移的快慢（漂移角速度值）通常称为漂移率。漂移率是恒量陀螺仪精度的主要指标。不同使用对象或不同工作系统对陀螺仪漂移率的要求是不同的。例如，指示仪表或飞行控制系统对陀螺仪精度的要求相对低一些，一般要求其漂移率为几十度每时到 1(°)/h；在飞机上使用的惯性导航系统对陀螺仪精度的要求就高得多，一般要求其漂移率为 0.01(°)/h 到 0.001(°)/h，甚至更小。

（三）陀螺仪的表观运动

双自由度陀螺仪的稳定性所引起的陀螺仪与地球之间的相对运动，称为陀螺仪的表观运动，也称为视在运动。

当陀螺仪的漂移率足够小时，自转轴相对于惯性空间的方位变化极其微小，可以认为自转轴相对于惯性空间保持方位稳定。然而，地球却以其自转角速度相对于惯性空间不停地转动。这样，对站在地球上的观察者来说，将会看到陀螺仪相对于地球发生转动，这就是陀螺仪的表观运动。由此可见，陀螺仪的表观运动是人们以地球为参考基准来观察陀螺仪运动所引起的。

现举例说明陀螺仪的表观运动的表现特点。如图 4-2-6 所示，一个置于地球北极的高精度陀螺仪，其外环轴垂直于地面放置，自转轴处于水平位置。这时将会看到其自转轴在水平面内相对于地球顺时针转动，且每 24h 转动一周。

这种由陀螺仪的表观运动所引起的自转轴偏离当地垂线或当地子午线的误差称为陀螺仪的表观误差。若要消除陀螺仪的表观误差，使自转轴始终重现当地垂线或当地子午线，则必须对陀螺仪施加一定的控制力矩（或称为修正力矩），以便使自转轴始终跟随当地垂线或当地子午线相对于惯性空间的方位变化。

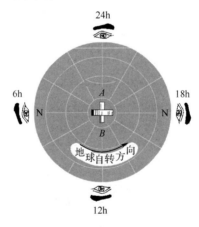

图 4-2-6　置于地球北极的陀螺仪的表观运动

三、双自由度陀螺仪的运动方程及传递函数

为了进一步理解陀螺仪的运动特性，我们进一步分析陀螺仪的运动与外力矩之间的关

系，这就是陀螺仪的动力学问题。为此，必须先建立它的动力学方程，或称为运动方程，可以用比较简便的动静法来建立。

把运动方程从形式上转换为静力学中的平衡方程，这种处理动力学问题的方法称为动静法。

（一）陀螺仪相对惯性坐标系的运动方程

应用动静法可以直接而简便地建立起陀螺仪相对于惯性坐标系的运动方程。我们知道，双自由度陀螺仪包含三个刚体，即转子、内环和外环。由于我们所要研究的陀螺仪的运动是陀螺仪绕外环轴或内环轴相对于惯性空间的运动，因此取外环坐标系、内环坐标系和惯性坐标系作为参考基准，如图 4-2-7 所示。外环坐标系 $Ox_1y_1z_1$ 与外环固连，坐标原点与陀螺仪支点 O 重合；内环坐标 $Ox_2y_2z_2$ 与内环固连，坐标原点仍与陀螺仪支点 O 重合。内环坐标系也称为陀螺坐标系，应用最多，有时不写下标，直接用 $Oxyz$ 表示。

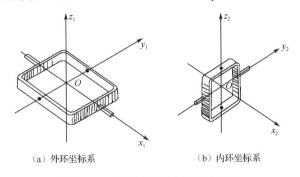

(a) 外环坐标系　　　　　　　(b) 内环坐标系

图 4-2-7　外环坐标系和内环坐标系

惯性坐标系 $Ox_iy_iz_i$ 与惯性空间固连，不参与运动。

在初始状态时，三个坐标系的对应坐标轴均重合。当陀螺仪相对于惯性坐标系先绕外环轴转过 θ_x 角，再绕内环轴转过 θ_y 角时，各坐标系之间的关系如图 4-2-8 所示。假设转子角动量为 H，陀螺仪绕内环轴的转动惯量为 J_y，陀螺仪绕外环轴的转动惯量为 J_x。当陀螺仪受外力矩作用而产生运动时，会出现惯性力矩，根据达朗贝尔原理，将惯性力矩同时作用在陀螺仪上，这样作用在陀螺仪上的力矩有下面几种。

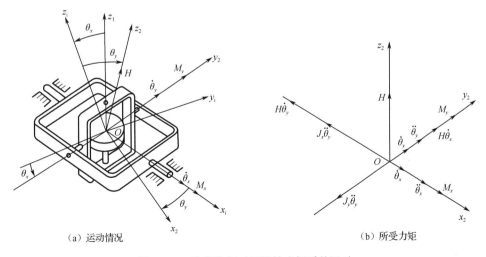

(a) 运动情况　　　　　　　　　(b) 所受力矩

图 4-2-8　陀螺仪相对于惯性坐标系的运动

1. 外力矩

设沿外环轴和内环轴的正方向分别作用外力矩 M_x 和 M_y，在这两个外力矩作用下，陀螺仪将沿相应轴向产生相对于惯性坐标系的角加速度 $\ddot{\theta}_x$ 和 $\ddot{\theta}_y$，同时相对于惯性坐标系产生角速度 $\dot{\theta}_x$ 和 $\dot{\theta}_y$。

2. 转动惯性力矩

当陀螺仪绕外环轴和内环轴以某角加速度转动时，会产生一般定轴转动刚体的转动惯性力矩，其方向与角加速度方向相反，其大小为转动惯量与角加速度的乘积，即

$$M_{Qx} = -J_x \ddot{\theta}_x$$
$$M_{Qy} = -J_y \ddot{\theta}_y$$

3. 陀螺力矩

由于陀螺仪具有角动量 H，当陀螺仪绕外环轴和内环轴以角速度 $\dot{\theta}_x$ 和 $\dot{\theta}_y$ 转动时，会产生陀螺力矩，其方向根据右手定则判定，其大小为陀螺角动量与牵连角速度的乘积，即

$$L_x = -H\dot{\theta}_y$$
$$L_y = H\dot{\theta}_x$$

在明确了作用于陀螺仪的各种力矩后，根据动静法即可列出陀螺仪沿外环轴向和内环轴向的外力矩与惯性力矩的平衡方程，即

$$M_{Qx} + L_x + M_x = 0$$
$$M_{Qy} + L_y + M_y = 0$$

（4-2-7）

将各力矩的表达式代入式（4-2-7），并考虑到它们的方向，则有

$$-J_x \ddot{\theta}_x - H\dot{\theta}_y + M_x = 0$$
$$-J_y \ddot{\theta}_y + H\dot{\theta}_x + M_y = 0$$

（4-2-8）

式（4-2-8）这一形式上的静力学方程实质上仍是运动方程，将其移项后得

$$J_x \ddot{\theta}_x + H\dot{\theta}_y = M_x$$
$$J_y \ddot{\theta}_y - H\dot{\theta}_x = M_y$$

（4-2-9）

式（4-2-9）是在考虑了转子赤道转动惯量和环架转动惯量的情况下双自由度陀螺仪的运动方程。这种方程称为陀螺仪的技术方程，如果忽略转子赤道转动惯量和环架转动惯量的影响，则双自由度陀螺仪的运动方程可简化为

$$H\dot{\theta}_y = M_x$$
$$-H\dot{\theta}_x = M_y$$

（4-2-10）

式（4-2-10）称为双自由度陀螺仪的进动方程。必须注意，式（4-2-10）中 $\dot{\theta}_x$ 和 $\dot{\theta}_y$ 是指陀螺仪相对于惯性坐标系绕外环轴和内环轴的进动角速度。

（二）陀螺仪的结构图和传递函数

1. 陀螺仪的结构图

首先，对双自由度陀螺仪的运动方程，即式（4-2-9）进行拉普拉斯变换。假设陀螺仪绕

内、外环轴转动的初始转角和初始角速度均为零，即

$$\theta_x(0) = 0, \quad \dot{\theta}_x(0) = 0$$
$$\theta_y(0) = 0, \quad \dot{\theta}_y(0) = 0$$

则式（4-2-9）的拉普拉斯变换式为

$$J_x s^2 \theta_x(s) + H s \theta_y(s) = M_x(s)$$
$$J_y s^2 \theta_y(s) - H s \theta_x(s) = M_y(s)$$

（4-2-11）

将式（4-2-11）稍加变化可得

$$\theta_x(s) = \frac{1}{J_x s^2}[M_x(s) - H s \theta_y(s)]$$
$$\theta_y(s) = \frac{1}{J_y s^2}[M_y(s) + H s \theta_x(s)]$$

（4-2-12）

根据式（4-2-12）可分别画出与两个式子相对应的结构图，如图 4-2-9 所示。

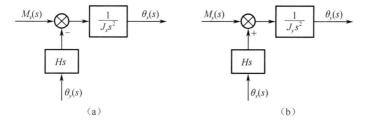

（a）   （b）

图 4-2-9 式（4-2-12）对应的结构图

从图 4-2-9 中可以看出，陀螺仪绕两个环架轴的运动都可以看作一个双重积分环节，其传递函数分别为 $1/(J_x s^2)$ 和 $1/(J_y s^2)$，输出量分别为 $\theta_x(s)$ 和 $\theta_y(s)$，输入量由两部分组成：一部分是绕同轴作用的外力矩；另一部分是由交叉轴向角速度引起的陀螺力矩。这样，两个环节的开环结构图正好构成一个闭环结构图，如图 4-2-10 所示。

如果忽略陀螺仪绕外环轴的转动惯量 J_x 和绕内环轴的转动惯量 J_y，则式（4-2-11）可简化为

$$H s \theta_y(s) = M_x(s)$$
$$-H s \theta_x(s) = M_y(s)$$

（4-2-13）

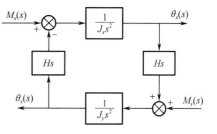

图 4-2-10 闭环结构图

式（4-2-13）就是陀螺仪进动方程的拉普拉斯变换式。这两个关系式已不是联立方程，而是彼此独立的，即陀螺仪绕内、外环轴的运动互不交联。根据式（4-2-13）可得到陀螺仪的简化结构图，如图 4-2-11 所示。从中可以看出，以外力矩为输入、以转角为输出时，陀螺仪的运动为一个积分环节。这时外环轴向的外力矩 M_x 引起陀螺仪绕内环轴的转角 θ_y，该转角随时间增大；内环轴向的外力矩 M_y 引起陀螺仪绕外环轴的转角 θ_x，该转角也随时间增大。由此可见，陀螺仪的简化结构图表明了陀螺仪的进动规律。

图 4-2-11 陀螺仪的简化结构图

2．陀螺仪的传递函数

根据图 4-2-10 可求得陀螺仪的开环传递函数 $W(s)$ 和闭环传递函数 $\Phi(s)$。由于图 4-2-10 是一个单环反馈回路，因此其开环传递函数只有一种形式，即

$$W(s)=\frac{Hs \cdot Hs}{J_x s^2 \cdot J_y s^2}=\frac{H^2}{J_x J_y} \cdot \frac{1}{s^2}=\frac{\omega_0^2}{s^2} \qquad (4\text{-}2\text{-}14)$$

式中，$\omega_0 = H/\sqrt{J_x J_y}$，称为陀螺仪的固有频率。

由图 4-2-10 可以看出，陀螺仪有两个输出量 $\theta_x(s)$ 和 $\theta_y(s)$，两个输入量 $M_x(s)$ 和 $M_y(s)$。因此，有 4 种不同的闭环传递函数可用来表征其特性，分别为

$$\Phi_1(s)=\frac{\theta_x(s)}{M_x(s)}=\frac{\dfrac{1}{J_x s^2}}{1+2W(s)}=\frac{1}{J_x} \cdot \frac{1}{s^2+\omega_0^2}$$

$$\Phi_2(s)=\frac{\theta_x(s)}{M_y(s)}=\frac{-\dfrac{1}{J_y s^2}Hs\dfrac{1}{J_x s^2}}{1+W(s)}=-\frac{H}{J_x J_y} \cdot \frac{1}{s(s^2+\omega_0^2)}$$

$$\Phi_3(s)=\frac{\theta_y(s)}{M_x(s)}=\frac{\dfrac{1}{J_x s^2}Hs\dfrac{1}{J_y s^2}}{1+W(s)}=\frac{H}{J_x J_y} \cdot \frac{1}{s(s^2+\omega_0^2)} \qquad (4\text{-}2\text{-}15)$$

$$\Phi_4(s)=\frac{\theta_y(s)}{M_y(s)}=\frac{\dfrac{1}{J_y s^2}}{1+W(s)}=\frac{1}{J_y} \cdot \frac{1}{s^2+\omega_0^2}$$

如果忽略转动惯性力矩的影响，即忽略陀螺仪绕内、外环轴的转动惯量 J_y 和 J_x，则根据图 4-2-11 可得，陀螺仪的传递函数为

$$W_1(s)=\frac{\theta_y(s)}{M_x(s)}=\frac{1}{Hs}$$

$$W_2(s)=\frac{\theta_x(s)}{M_y(s)}=-\frac{1}{Hs} \qquad (4\text{-}2\text{-}16)$$

四、双自由度陀螺仪的典型动态分析

陀螺仪的运动方程描述了陀螺仪的运动与外力矩之间的关系。对陀螺仪的运动方程进行求解，就可得到陀螺仪的运动规律。这一过程就是分析陀螺仪的输出量随输入量变化的瞬态响应特性的过程。随着外力矩形式的不同，陀螺仪的瞬态响应特性也不同，即陀螺仪具有不同的运动规律。下面以瞬时冲击力矩和阶跃常值力矩为典型外力矩，分析陀螺仪的运动规律。

（一）瞬时冲击力矩作用下陀螺仪的运动规律

瞬时冲击力矩是一种力矩数值很大，但作用时间极短的冲击力矩，这种力矩对时间的积分是一个有限数值。实际上这是一种抽象化了的力矩，它可以近似模拟飞机发射导弹、火炮射击或着陆时起落架撞击跑道瞬间，陀螺仪所受到的冲击干扰力矩。

那么，在瞬时冲击力矩作用下，陀螺仪将表现出怎样的运动规律呢？我们已建立了陀螺

仪的运动方程，并写出了它的闭环传递函数。因此，只要知道所作用的外力矩的表达式，就可以得到陀螺仪的运动规律，也就是陀螺仪绕内、外环轴转角变化的规律。

设当 $t=0$ 时，沿陀螺仪的内环轴 y 负向作用瞬时冲击力矩 $-M_{yi}$。瞬时冲击力矩具有脉冲形式，如图 4-2-12 所示，可用冲激函数表示为

$$M_y(t) = -M_{yi}(t) = -J_y\dot{\theta}_{y0}\delta(t)$$

式中，$\delta(t)$——单位冲激函数，其拉普拉斯变换式为 1，故瞬时冲击力矩的拉普拉斯变换式为

$$M_y(s) = -M_{yi}(s) = -J_y\dot{\theta}_{y0} \qquad (4\text{-}2\text{-}17)$$

在确定外力矩的拉普拉斯变换式后，将其代入陀螺仪的闭环传递函数表达，即式（4-2-15），可得

$$\theta_x(s) = \Phi_2(s) \cdot M_y(s) = -\frac{H}{J_x J_y} \cdot \frac{1}{s(s^2+\omega_0^2)}(-J_y\dot{\theta}_{y0}) = -\frac{J_y\dot{\theta}_{y0}}{H}\left(\frac{s}{s^2+\omega_0^2} - \frac{1}{s}\right)$$

$$\theta_y(s) = \Phi_4(s) \cdot M_y(s) = \frac{1}{J_y}\frac{1}{s^2+\omega_0^2}(-J_y\dot{\theta}_{y0}) = \frac{\dot{\theta}_{y0}}{s^2+\omega_0^2}$$

由 $\theta_x(s)$ 和 $\theta_y(s)$ 的拉普拉斯反变换，即可得到陀螺仪的运动规律，即

$$\theta_x(t) = -\frac{J_y\dot{\theta}_{y0}}{H}(\cos\omega_0 t - 1)$$

$$\theta_y(t) = -\frac{\dot{\theta}_{y0}}{\omega_0}\sin\omega_0 t$$

令 $\lambda = \dot{\theta}_{y0}/\omega_0$，将其代入上式可得

$$\theta_x(t) = \sqrt{\frac{J_y}{J_x}}\lambda(1-\cos\omega_0 t) \qquad (4\text{-}2\text{-}18)$$

$$\theta_y(t) = -\lambda\sin\omega_0 t$$

式（4-2-18）展示了陀螺仪绕外、内环轴转角的变化规律，这种运动规律如图 4-2-13 所示。这说明在冲击力矩作用下，陀螺仪绕内环轴 y 做简谐振荡运动，绕外环轴 x 出现常值偏角，并以此常值偏角为中心做简谐振荡运动。它们的相位差为 π/2。

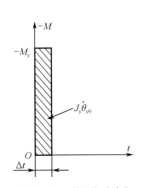

图 4-2-12　瞬时脉冲力矩

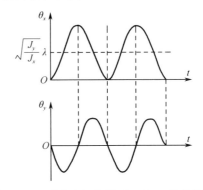

图 4-2-13　冲击力矩作用下 θ_x 和 θ_y 的变化规律

设陀螺仪对内、外环轴的转动惯量大小相等，即 $J_x=J_y$，将式（4-2-18）等号的两边平方后相加，消去参变量 t，即可得到陀螺仪运动的轨迹方程，即

$$(\theta_x - \lambda)^2 + \theta_y^2 = \lambda^2 \tag{4-2-19}$$

显然，这是一个圆的轨迹方程，用陀螺极点在相平面上的运动轨迹来表示，如图 4-2-14 所示。由此可以看出，陀螺极点在相平面上的运动轨迹是一个圆，圆心坐标为$(\lambda,0)$，圆的半径为λ。如果$J_x \neq J_y$，则其运动轨迹将是一个椭圆。

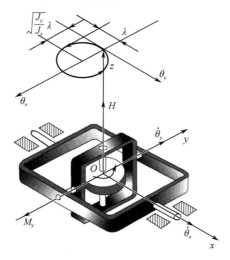

图 4-2-14　瞬时冲击力矩作用下陀螺仪的运动轨迹

很明显，陀螺仪的这种振荡运动就是章动，章动的角频率为

$$\omega_n = \omega_0 = \frac{H}{\sqrt{J_x J_y}} \text{ 或 } \omega_n = \frac{J_z}{\sqrt{J_x J_y}}\Omega \tag{4-2-20}$$

如果用章动频率表示，则有

$$f_n = \frac{1}{2\pi} \cdot \frac{H}{\sqrt{J_x J_y}} \text{ 或 } f_n = \frac{1}{2\pi} \frac{J_z}{\sqrt{J_x J_y}}\Omega \tag{4-2-21}$$

陀螺仪的章动振幅：由式（4-2-18）可知，当陀螺仪受到沿内环轴向的瞬时冲击力矩作用时，绕外环轴和内环轴的章动振幅分别为

$$\theta_{nx} = \lambda\sqrt{\frac{J_y}{J_x}} = \frac{M_y \Delta t}{H}$$

$$\theta_{ny} = \lambda = \frac{M_y \Delta t}{H}\sqrt{\frac{J_x}{J_y}} \tag{4-2-22}$$

陀螺仪的章动振幅与陀螺角动量 H 成反比，当转子极转动量 J_z 一定时，章动振幅与转子自转角速度 Ω 成反比。

若瞬时冲击力矩作用在陀螺仪外环轴向，则根据上述分析方法可以得到类似的结果，此处不再叙述。

［例］设陀螺角动量 H=3.92×10^{6}g·cm^2/s，陀螺仪对内、外环轴的转动惯量分别为 J_y=1500g·cm·s^2 和 J_x=2000g·cm·s^2，绕内环轴负向作用的冲击力矩 M_y=10^{5}dyn·cm（1dyn=10^{-5}N），作用时间Δt = 0.01s，求章动频率和绕内、外环轴的最大偏角。

解：由式（4-2-21）可知，章动频率为

$$f_n = \frac{1}{2\pi}\frac{H}{\sqrt{J_x J_y}} = \frac{1}{2\pi}\frac{3.92\times10^6}{\sqrt{1500\times2000}} \approx 360 \text{（Hz）}$$

绕内环轴的章动振幅，即绕内环轴的最大偏角为

$$\theta_{nym} = \frac{M_y \Delta t}{H}\sqrt{\frac{J_x}{J_y}} = \frac{10^5\times0.01}{3.92\times10^6}\sqrt{\frac{1500}{2000}} = 0.76'$$

绕外环轴的章动振幅为

$$\theta_{nx} = \frac{M_y \Delta t}{H} = \frac{10^5\times0.01}{3.92\times10^6} = 0.88'$$

绕外环轴的最大偏角为

$$\theta_{nxm} = 2\theta_{nx} = 2\times0.88' = 1.76'$$

在陀螺仪启动或断电后的某个瞬间，转子转速为正常速度的 1/200，这时陀螺角动量仅为 $1.96\times10^4 \text{g·cm}^2/\text{s}$，在瞬时冲击力矩仍与上述相同的情况下，可计算得

$$f_n = 1.8\text{Hz}, \quad \theta_{nxm} = 5.73°, \quad \theta_{nym} = 2.53°$$

由此可以看出，在陀螺仪进入正常工作状态时，转子已达到额定转速，具有较大的自转角动量，因此受到瞬时冲击力矩后章动频率很高，一般为数百赫，而章动振幅却很小，一般在角分量级以下，表现出陀螺仪具有很高的稳定性。

然而，当陀螺仪处于启动或停转过程时，转子转速低，陀螺角动量小，在受到瞬时冲击力矩作用后，章动频率明显降低，章动振幅却明显加大，容易造成仪表内部的接触部件受损，还会加速轴承的损坏，以致影响陀螺仪的性能和使用寿命。因此，在陀螺仪启动或停转过程中，应尽量避免搬动仪表，防止其受到震动，这是在维护工作中应注意的。

（二）阶跃常值力矩作用下陀螺仪的运动规律

阶跃常值力矩是指大小和方向都不随时间而改变的力矩。例如，为修正陀螺仪而施加的常值修正力矩，因组件静平衡不良而造成的不平衡力矩等，一般都可看成阶跃常值力矩。

设沿内环轴 y 的方向加一个常值力矩 $-M_{yO}$，由于它是瞬时外加上去的，所以实际上是一个幅值为 $-M_{yO}$ 的阶跃函数，它的表达式为

$$M_y(t) = -M_{yO}\cdot1(t)$$

式中，$1(t)$——单位阶跃函数。因此，阶跃常值力矩的拉普拉斯变换式为

$$M_y(s) = -\frac{M_{yO}}{s} \tag{4-2-23}$$

已知外力矩的拉普拉斯变换式后，将其代入陀螺仪的闭环传递函数表达式，即式（4-2-15），可得

$$\theta_x(s) = \Phi_2(s)\cdot M_y(s) = -\frac{H}{J_x J_y}\cdot\frac{1}{s(s^2+\omega_0^2)}\left(-\frac{M_{yO}}{s}\right) = \frac{M_{yO}}{H}\left(\frac{1}{s^2} - \frac{1}{s^2+\omega_0^2}\right)$$

$$\theta_y(s) = \Phi_4(s) M_y(s) = \frac{1}{J_y}\cdot\frac{1}{s^2+\omega_0^2}\left(-\frac{M_{yO}}{s}\right) = -\sqrt{\frac{J_x}{J_y}}\cdot\frac{M_{yO}}{H\omega_0}\left(\frac{1}{s} - \frac{s}{s^2+\omega_0^2}\right)$$

由 $\theta_x(s)$ 和 $\theta_y(s)$ 的拉普拉斯反变换，即可得出 θ_x 和 θ_y 的变化规律，即

$$\theta_x(t) = \frac{M_{yO}}{H}\left(t - \frac{1}{\omega_0}\sin\omega_0 t\right)$$

$$\theta_y(t) = -\sqrt{\frac{J_x}{J_y}} \cdot \frac{M_{yO}}{H\omega_0}(1 - \cos\omega_0 t)$$

（4-2-24）

式（4-2-24）说明了陀螺仪沿内环轴向有阶跃常值力矩作用时绕外环轴和内环轴的运动规律，这种角度变化规律如图 4-2-15 所示。陀螺仪绕内环轴相对于起始位置出现常值偏角，并以该偏角为中心做简谐振荡运动；绕外环轴的转角随时间增大，并附加有简谐振荡运动。陀螺仪的这种运动规律可以用陀螺极点在相平面上的运动轨迹形象地加以表征。

为此，设陀螺仪绕内、外环轴的转动惯量大小相等，即 $J_y = J_x$，并将式（4-2-24）中的两式各自移项后将等号两边平方再相加，可得到陀螺仪的运动轨迹方程为

$$\left(\theta_x - \frac{M_{yO}}{H}t\right)^2 + \left(\theta_y + \frac{M_{yO}}{H\omega_0}\right)^2 = \left(\frac{M_{yO}}{H\omega_0}\right)^2$$

（4-2-25）

式（4-2-25）表明，在阶跃常值力矩作用下，陀螺极点在相平面上的运动轨迹是一条旋轮线，或称为摆线，如图 4-2-16 所示。

通过以上分析可知，在阶跃常值力矩作用下，陀螺仪的运动由两部分组成：一部分是陀螺仪转角随时间等速增大的部分，这一部分是陀螺仪的进动；另一部分是简谐振荡部分，这一部分是陀螺仪的章动。我们把这种带有章动分量的进动称为准规则进动，俗称摆线运动。其进动角速度和进动转角，以及章动的频率和幅值均可由式（4-2-24）得出。在沿内环轴向的阶跃常值力矩作用下，陀螺仪绕外环轴进动的角速度及转角分别为

$$\dot{\theta}_x = \frac{M_{yO}}{H}, \quad \theta_x = \frac{M_{yO}}{H}t$$

（4-2-26）

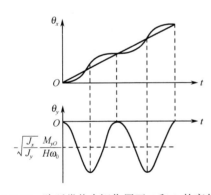

图 4-2-15　阶跃常值力矩作用下 θ_x 和 θ_y 的变化规律

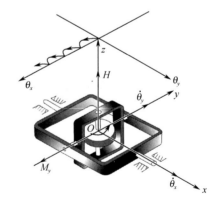

图 4-2-16　常值力矩作用下陀螺仪的运动轨迹

章动频率与前述分析相同，见式（4-2-20）。根据式（4-2-22），绕内环轴的章动幅值应为

$$\theta_{ny} = -\frac{M_{yO}}{H\omega_0}\sqrt{\frac{J_x}{J_y}} = -\frac{J_x}{H^2}M_{yO}$$

（4-2-27）

用同样的方法可以分析阶跃常值力矩作用于外环轴向时陀螺仪的运动规律，此处不再赘述。

在阶跃常值力矩作用下，陀螺仪的运动主要表现为绕交叉轴向的进动，对高频微幅的章动影响可忽略，把上述摆线轨迹看成直线轨迹对于工程应用来说是完全可以的，也

是足够精确的。

五、 研究陀螺仪运动常用的参考坐标系及其相互关系

（一）研究陀螺仪运动常用的参考坐标系

1. 惯性坐标系 $Ox_iy_iz_i$

对于陀螺仪来说，我们是在地球上研究它的运动状态的，由于地球存在自转，所以不能以地球作为惯性坐标系，而必须选取一个相对于太阳或其他恒星没有转动的坐标系作为惯性坐标系。通常选用地心惯性坐标系。

地心惯性坐标系 $Ox_iy_iz_i$ 的原点选在地球中心，如图 4-2-17 所示。x_i 轴和 y_i 轴位于地球赤道平面内，并指向确定的恒星，z_i 轴与地轴重合且指北。地心惯性坐标系不参与地球自转，但随地球绕太阳公转。

惯性坐标系三根轴所构成的空间习惯上称为惯性空间，它与惯性坐标系具有相同的含义。

2. 地球坐标系 $Ox_ey_ez_e$

地球相对于惯性空间的转动可以用地球坐标系相对于惯性坐标系的转动来表示，如图 4-2-17 所示，地球坐标系 $Ox_ey_ez_e$ 与地球固连，其原点仍取在地球中心，x_e 轴和 y_e 轴仍位于赤道平面内，分别指向初始经线和东经 90°，而 z_e 轴仍与地轴重合且指北。地球坐标系参与地球自转，它相对于惯性坐标系的转动角速度等于地球自转角速度 ω_e。

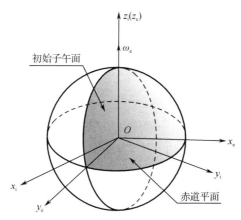

图 4-2-17 地心惯性坐标系与地球坐标系

3. 地理坐标系 $OEN\zeta$

为确定飞机或运载体在地球表面附近运动时的航向，需要用地理坐标系作为参考坐标系。地理坐标系 $OEN\zeta$ 的原点与飞机的重心重合，E 轴沿当地纬线指东，N 轴沿当地子午线指北，ζ 轴沿当地垂线指天，如图 4-2-18 所示。其中，E 轴与 N 轴构成的平面为当地水平面，N 轴与 ζ 轴构成的平面为当地子午面。地理坐标系是跟随飞机运动的，所以实际上是当地的地理坐标系。

4. 地平坐标系 $O\xi\eta\zeta$

在确定飞机或运载体的姿态时，采用地平坐标系比采用地理坐标系更方便。地平坐标系

$O\xi\zeta$ 的原点也与飞机的重心重合，η 轴沿飞机纵轴的水平投影线且指向飞行方向，ζ 轴沿当地垂线指天，ξ 轴沿飞机横轴的水平投影线，$O\xi\eta\zeta$ 构成右手直角坐标系，如图 4-2-18 所示。其中，ξ 轴与 η 轴构成的平面为当地水平面，η 轴与 ζ 轴构成的平面为飞机的纵向铅垂面。地平坐标系也是跟随飞机运动的，所以实际上是当地的地平坐标系。不难看出，地平坐标系与地理坐标系只在水平面上相差一个航向角 Ψ。

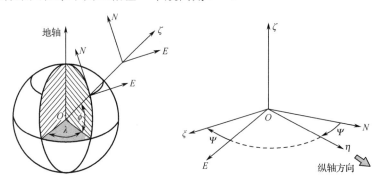

图 4-2-18　地理坐标系与地平坐标系

5. 机体坐标系 $Ox_cy_cz_c$

为了确定飞机的航向角和姿态角，还必须使用机体坐标系。按照飞行力学的习惯，机体坐标系 $Ox_cy_cz_c$ 的原点与飞机的重心重合，x_c 轴沿机体纵轴指向飞行方向，y_c 轴沿机体立轴向上，z_c 轴沿机体横轴方向，$Ox_cy_cz_c$ 构成右手直角坐标系。其中，x_c 轴与 y_c 轴构成的平面称为飞机纵向对称平面。

6. 陀螺坐标系 $Oxyz$

陀螺坐标系的原点位于陀螺仪支点，陀螺坐标系与内环坐标系固连，所以陀螺坐标系也就是内环坐标系 $Ox_2y_2z_2$。

（二）地理坐标系相对于惯性坐标系的转动角速度

当飞机相对于地球不断改变位置时，地理坐标系也随之改变位置，从而引起地理坐标系相对于地球坐标系的转动，而地球自转又使地球坐标系相对于惯性坐标系转动。由此可见，地理坐标系相对于惯性坐标系的转动角速度由两部分组成：一部分是地理坐标系相对于地球坐标系的转动角速度；另一部分是地球坐标系相对于惯性坐标系的转动角速度。

设飞机水平飞行，当时所处的地理纬度为 φ，飞行高度为 h，飞行速度为 v，飞行航向为 Ψ，地球自转角速度为 ω_e，地球半径为 R_e。

综合考虑地球自转和飞行速度的影响，即可得到地理坐标系相对于惯性坐标系的转动角速度在地理坐标系各轴上的投影，即

$$\omega_E = -\frac{v\cos\Psi}{R_e + h}$$

$$\omega_N = \omega_e\cos\varphi + \frac{v\sin\Psi}{R_e + h} \tag{4-2-28}$$

$$\omega_\zeta = \omega_e\sin\varphi + \frac{v\sin\Psi}{R_e + h}\tan\varphi$$

（三）地平坐标系相对于惯性坐标系的转动角速度

飞机相对于地球的运动和地球自转同样会引起地平坐标系相对于惯性坐标系的转动。因此，地平坐标系相对于惯性坐标系的转动角速度也包括两部分；一部分是地平坐标系相对于地球坐标系的转动角速度；另一部分是地球坐标系相对于惯性坐标系的转动角速度。

综合考虑飞机飞行速度和地球自转的影响，即可得到地平坐标系相对于惯性坐标系的转动角速度在地平坐标系各轴上的投影，即

$$\omega_\xi = -\omega_e \cos\varphi \sin\Psi - \frac{v}{R_e + h}$$
$$\omega_\eta = \omega_e \cos\varphi \cos\Psi \qquad\qquad (4\text{-}2\text{-}29)$$
$$\omega_\zeta = \omega_e \sin\varphi$$

复习思考题

1. 什么是陀螺仪？陀螺仪具有哪些特性？
2. 当陀螺仪的自转轴偏离垂直位置时，对陀螺仪的性能有什么影响？
3. 什么是陀螺仪的稳定性？它具有哪些表现形式？
4. 陀螺仪的章动与什么有关？陀螺仪在什么情况下会出现章动？
5. 写出地理坐标系相对于惯性坐标系的转动角速度在地理坐标系各轴上的投影。

第五章 姿态陀螺仪

姿态陀螺仪或地平仪是应用双自由度陀螺仪特性制成的仪表，用来测量和指示飞机的倾斜角和俯仰角。习惯上将测量并输出俯仰角和倾斜角电信号给机载特种设备的陀螺仪称为姿态陀螺仪，而把带指示机构供飞行员判读俯仰角和倾斜角的陀螺仪称为地平仪。因此，姿态陀螺仪和地平仪两者并无本质上的区别，只是用途和称法不同而已。飞机的俯仰角和倾斜角用于表示飞机在空中的姿态，统称为姿态角。

本章讨论姿态陀螺仪的基本理论，主要包括姿态陀螺仪的基本原理和组成；姿态陀螺仪运动方程；姿态陀螺仪的运动规律和误差分析等。

第一节　飞机姿态角及其测量原理

一、飞机姿态角

飞机姿态角是指飞机的机体坐标系 $Ox_c y_c z_c$ 相对于地平坐标系 $O\xi\eta\zeta$ 的角位置，如图 5-1-1 所示。当飞机处于水平状态时，两个坐标系的相应轴互相重合，它们的原点都位于飞机重心处。当飞机处于任意姿态时，其姿态角可以通过机体坐标系相对于地平坐标系的两次旋转运动得到的两个欧拉角表示。

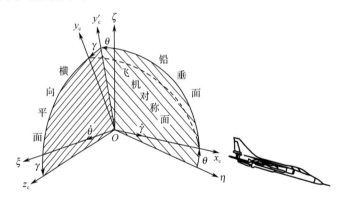

图 5-1-1　飞机姿态角定义

俯仰角：机体坐标系绕地平坐标系的 ζ 轴正向转过的角度，用 θ 表示。由于 ζ 轴是飞机横轴在水平面上的投影，习惯上称其为横向水平轴，因此俯仰角就是飞机绕横向水平轴转过的角度。从图 5-1-1 中可以看出，俯仰角是飞机纵轴 x_c 相对于地平面在铅垂面内的夹角。因此，横向水平轴是俯仰角的定义轴。俯仰角也可以理解为飞机竖轴相对于当地垂线在飞机对称面内的夹角。

倾斜角：机体坐标系绕自身 x_c 轴正向转过的角度，用 γ 表示。从图 5-1-1 中可以看出，倾斜角就是飞机对称面相对于当地铅垂面的夹角，且位于飞机的横向平面 $y_c O z_c$ 内。因此，飞机纵轴是倾斜角的定义轴。倾斜角也可以理解为飞机竖轴相对于当地垂线在飞机对称面的垂直面内的夹角。

二、姿态角测量原理

由姿态角定义可知，要测量飞机的俯仰角和倾斜角，就必须解决机体坐标系和地平坐标系在飞机上进行相互比较的问题，或者说必须解决飞机竖轴与当地垂线相互比较的问题。那么，在运动着的飞机上，如何实现两者之间的比较以测量姿态角呢？我们知道机体坐标系就是飞机的三条形态轴，它与飞机相固连，因此在飞机上是比较容易确定的。比较困难的是在运动着的飞机上建立一个不随机体坐标系变化的、独立的地平坐标系，或者说在飞机上建立一条稳定的人工当地垂线，只要这个问题得到解决，姿态角测量问题也就迎刃而解了。因此，姿态角测量原理所要解决的核心问题就是如何在飞机上建立一条稳定的、不随飞行状态变化的人工当地垂线。

建立人工当地垂线，即模拟当地垂线的途径一般有两个：一个是利用摆式元件的地垂性模拟当地垂线；另一个是利用陀螺仪的稳定性模拟当地垂线。但因这两个途径各自的特点，它们都不可能独立完成人工当地垂线的建立，必须相互配合才能完成。

（一）使用摆式元件模拟当地垂线

陀螺仪中常用的摆式元件有重力摆和液体摆两种类型，目前使用较多的是液体摆。图 5-1-2 所示为重力摆的模型。重力摆能够敏感当地垂线方向。如图 5-1-2（a）所示，小球在重力 mg 的作用下，停在当地垂线方向，这时小球摆线与基座垂直线重合，说明基座处于水平状态。当基座倾斜时，如图 5-1-2（b）所示，小球仍在重力 mg 的作用下停在当地垂线方向，此时小球摆线与基座垂线不重合，其夹角 A 表示基座倾斜角。因此，我们可以利用重力摆来测量物体相对于当地垂线的倾斜程度。这说明重力摆具有敏感当地垂线的方向选择性，即地垂性。

然而，当基座以加速度 a 运动时，如图 5-1-2（c）所示，作用于小球的除重力 mg 以外还有惯性力 ma。因此，在瞬变过程结束时，小球摆线将偏离当地垂线停在重力和惯性力的合力方向，该方向称为视垂线方向。视垂线相对于当地垂线的偏角 A' 为

$$A' = \arctan \frac{a}{g} \approx \frac{a}{g} \tag{5-1-1}$$

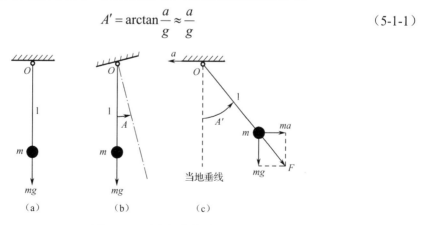

图 5-1-2　重力摆的模型

当基座的加速度 a 消失时，作用在小球上的惯性力随之消失，小球在重力作用下经过一定的过渡过程后，恢复到当地垂线方向。由此可见，重力摆虽然在静基座情况下能准确停在

当地垂线方向，但当基座做加速度运动使摆受到外干扰作用时，摆就会产生振荡而偏离当地垂线，最后稳定在视垂线方向，出现较大偏差，所以不能单独用重力摆来模拟当地垂线。

　　液体摆实际上是一个气泡水准仪。如图5-1-3（a）所示，一个上表面具有一定曲率半径的玻璃管被安放在水平基座上，管内的液体没有装满，留有一个气泡。当基座处于水平状态时，液体在重力作用下使气泡处于液体摆的中心位置，即当地垂线方向；当基座倾斜时，液体在重力作用下使气泡移向倾斜的反方向，如图5-1-3（b）所示。由此可见，液体摆同样具有敏感当地垂线（或当地水平面）的能力，可以用来测量物体相对于当地垂线（或当地水平面）的倾斜程度。然而，当基座做加速度运动时，液体在外干扰作用下也会使气泡产生振荡而偏离当地垂线，并稳定在视垂线方向，从而失去了敏感当地垂线的能力，如图5-1-3（c）所示，即液体摆的抗干扰能力差。显然不能在飞机上单独使用摆式元件来模拟当地垂线，而必须寻求其他方法。

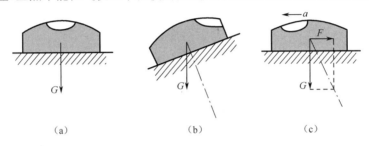

　　　　（a）　　　　　　　　　　（b）　　　　　　　　　（c）

图 5-1-3　液体摆原理

（二）使用陀螺仪模拟当地垂线

　　由陀螺仪特性可知，双自由度陀螺仪的自转轴具有很高的方位稳定性。如果将双自由度陀螺仪安装在飞机上，事先将其自转轴调整到当地垂线方向，那么其自转轴就能在此方向上保持稳定，即使飞机做加速度运动而造成干扰力矩作用在双自由度陀螺仪上，双自由度陀螺仪也仅会出现缓慢的进动漂移，其自转轴不会像摆那样大幅度偏离当地垂线，仍然能精确地保持在当地垂线附近，表现出很高的稳定性。这说明双自由度陀螺仪具有很高的抵抗干扰的方位稳定性。然而，双自由度陀螺仪的自转轴是相对于惯性空间保持方位稳定的。首先，地球自转使当地垂线相对于惯性空间不断改变方位，从而引起双自由度陀螺仪的自转轴与当地垂线的相对运动；其次，飞机在地球表面运动，而地球上不同地点的地垂线相对于惯性空间的方位是不相同的，这也将造成双自由度陀螺仪的自转轴与当地垂线的相对运动。这些相对运动都会使原来位于当地垂线方向的双自由度陀螺仪的自转轴逐渐偏离当地垂线。此外，实际使用的双自由度陀螺仪不可避免地会因存在着干扰力矩而产生漂移，这也会引起其自转轴逐渐偏离当地垂线。这些因素都使双自由度螺仪的自转轴不可长时间地稳定在当地垂线方向，而且仪表在进入工作状态时，自转轴也不可能自行调整到当地垂线方向。这说明双自由度陀螺仪不具敏感当地垂线的方向选择性。

　　归纳双自由度陀螺仪的运动特性可以得出：由于双自由度陀螺仪具有很强的抗干扰能力，在干扰力矩作用下，其自转轴仍能较准确地稳定在事先调整好的当地垂线方向，因此双自由度陀螺仪具有很高的抵抗干扰的方位稳定性；因为地球自转和飞机飞行造成的视在运动，以及干扰力矩造成的慢漂移，都会使自转轴偏离当地垂线，故双自由度陀螺仪没有敏感当地垂线的方向选择性。

（三）人工当地垂线的建立

综观摆式元件和双自由度陀螺仪的特点，单独使用它们都不可能在飞机上建立起稳定的人工当地垂线。要解决这一问题，有两种可能的途径。一种途径是使具有敏感当地垂线方向的摆获得抵抗干扰的方位稳定性。这就需要增大摆的自由振荡周期，使它对加速度不敏感。舒拉于 1923 年指出，当摆的自由振荡周期等于 84.4min 时，可以完全消除加速度对摆的干扰。然而对于一般的摆，要达到这个周期，其摆长需要达到地球半径的长度，显然这是无法办到的。因此，对于一般的摆，要达到这个振荡周期也是难以实现的。

另一种途径是使相对于惯性空间具有方位稳定性的双自由度陀螺仪的自转轴获得敏感当地垂线的方向选择性。为此，把液体摆和陀螺仪组合在一起，构成一个闭环位置伺服系统，先取陀螺仪抵抗干扰的方位稳定性这个长处，以陀螺仪作为仪表的工作基础；再取摆敏感当地垂线的方向选择性这个长处，对陀螺仪进行修正，使它获得敏感当地垂线的方向选择性，从而使自转轴保持在当地垂线方向。通过上述途径即可在飞机上建立一条精确而稳定的人工当地垂线。将机体坐标系与人工当地垂线进行比较，就可测量出飞机的俯仰角和倾斜角。这就是姿态陀螺仪的基本原理。

第二节　姿态陀螺仪的组成及修正

一、姿态陀螺仪的基本组成

姿态陀螺仪由双自由度垂直陀螺仪、修正装置、信号传感器、控制机构及托架伺服系统组成，如图 5-2-1 所示。

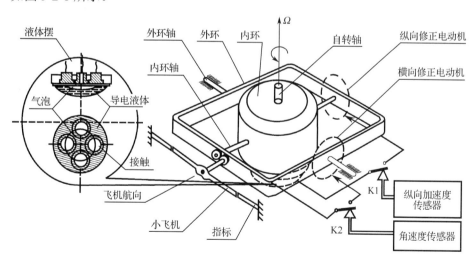

图 5-2-1　姿态陀螺仪的基本组成

（一）双自由度垂直陀螺仪

双自由度垂直陀螺仪是组成姿态陀螺仪的基本部件，由转子、内环、外环等组成。转子通常由三相异步电动机或磁滞电动机带动，转速可达 22000～24000r/min，陀螺角动量可达几千克·厘米·秒（相当于 10^6 g·cm²/s 的数量级），常见的为 4000g·cm·s（3.92×10^6 g·cm²/s）。内环是陀螺电动机的外壳，也称为陀螺盒或陀螺房，它的支承轴在外环上。外环轴支承在壳体上，通常与飞机纵轴平行，也有的与飞机横轴平行。当仪表进入正常工作状态时，自转轴位于当地垂线方向。内环轴和外环轴作为姿态角的测量轴。

（二）修正装置

修正装置用来使自转轴跟踪当地垂线，或者说将自转轴修正到当地垂线方向，因此称为垂直修正装置。修正装置分电气式修正装置和机械式修正装置两大类。当前使用的大多数为电气式修正装置。敏感元件是安装在陀螺盒上的液体开关，用来敏感当地垂线，并根据自转轴偏离当地垂线的状态输出相应的电信号；执行元件是两个修正电动机，分别装在内环轴向和外环轴向，用来根据敏感元件送来的电信号产生不同方向的修正力矩作用在双自由度垂直陀螺仪上，使双自由度垂直陀螺仪产生进动，并将其自转轴修正到当地垂线方向。

（三）信号传感器

信号传感器用来给地平仪提供指示，以及给自动驾驶仪或其他机载设备提供飞机姿态角的电信号，通常采用同步发送器。

（四）控制机构

控制机构用来在双自由度垂直陀螺仪启动时或飞机机动飞行后，使自转轴迅速恢复到当地垂线方向，或者使陀螺坐标系迅速与机体坐标系重合，以便很快进入正常工作状态。

（五）托架伺服系统

托架伺服系统用来使托架经常处于水平状态，以保证横向安装的双自由度垂直陀螺仪的外环轴始终与自转轴保持垂直，消除双自由度垂直陀螺仪可能出现的环架自锁现象，同时可以使姿态陀螺仪的俯仰角、倾斜角测量范围扩大到 360°，并保证准确测量姿态角。

二、姿态陀螺仪的安装及姿态角测量

双自由度垂直陀螺仪在飞机上有两种安装方式：一种是外环轴与飞机纵轴平行，称为纵向安装；另一种是外环轴与飞机横轴平行，称为横向安装。双自由度垂直陀螺仪的安装方式不同，姿态陀螺仪测量姿态角的原理和误差也不同。

纵向安装的姿态陀螺仪，其倾斜角的测量轴（外环轴）始终与其定义轴（飞机纵轴）保持平行，其俯仰角的测量轴（内环轴）也始终与其定义轴（横向水平轴）保持平行。因此，纵向安装的姿态陀螺仪能够准确测量飞机的俯仰角和倾斜角，不存在姿态角测量的方法误差。但是，当俯仰角达到 90° 时，外环轴将与自转轴重合使双自由度垂直陀螺仪出现环架自锁现象，从而使姿态陀螺仪失去正常工作能力。因此，纵向安装的姿态陀螺仪一般用在机动性较小的大型飞机和直升机上。

横向安装的姿态陀螺仪，其俯仰角的测量轴是外环轴，其倾斜角的测量轴是内环轴。由于姿态角的测量轴不可能始终与其定义轴保持平行，因此存在姿态角测量的方法误差。这种误差是由环架安装关系造成的，也称为支架误差。利用加装倾斜伺服托架的方法，可以消除支架误差。

三、姿态陀螺仪的修正装置及其修正特性

已知修正装置的作用是将自转轴修正到当地垂线方向。当前多采用液体开关和修正电动机组成的修正装置，液体开关作为敏感元件安装在陀螺盒上，以感受自转轴相对于当地垂线的偏差，并将偏差角转换为电信号；两个修正电动机作为执行元件，分别安装在内环轴向和外环轴向，用于接收来自液体开关的电信号产生修正力矩，使双自由度垂直陀螺仪进动以消除自转轴相对于当地垂线的偏差。修正装置的原理框图如图 5-2-2 所示。这是一个按偏差角调节的闭环控制系统，系统的给定量是当地垂线方向，被调量则是自转轴方向。

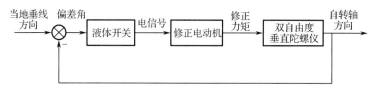

图 5-2-2　修正装置的原理框图

修正装置的修正力矩随自转轴偏差角变化的特性叫作修正装置的修正特性。虽然修正装置的结构、工作原理各不相同，但其修正特性可归纳为比例修正特性、常数修正特性和复合修正特性三种。下面先介绍两种典型修正装置的工作原理和修正特性，然后给出修正特性的表达式。

（一）五极式液体开关和扁环形修正电动机组成的修正装置

五极式液体开关实际上是一种可以传送电信号的液体摆，其结构如图 5-2-3 所示。它的外壳是一个密封的扁圆形紫铜盒，分成上、下两部分。盒内装有氯化锂和酒精溶液制成的导电液体，但未装满，留有气泡。紫铜底座上有 4 个互相绝缘的电极，其中一对电极的中心连线与外环轴平行，用以敏感自转轴绕内环轴的偏角；另一对电极的中心连线与内环轴平行，用以敏感自转轴绕外环轴的偏角。

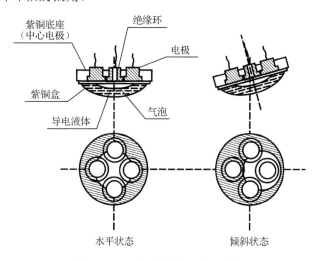

图 5-2-3　五极式液体开关的结构

当五极式液体开关处于水平状态时，气泡位于紫铜盒中央，4 个电极被导电液体覆盖的

面积相等，因此 4 个电极经导电液体到中心电极的电阻相等。当五极式液体开关处于倾斜状态时，气泡偏离紫铜盒中央向倾斜的反方向移动，使两个相对电极被导电液体覆盖的面积不再相等。这时，被导电液体覆盖的面积减小的电极至中心电极的电阻增大，而另一个被导电液体覆盖的面积增大的电极至中心电极的电阻减小。两个电极与中心电极之间出现了电阻差，此电阻差随五极式液体开关偏的增大而增大。由此可见，当五极式液体开关安装在陀螺盒底部与自转轴垂直的平面上时，它便能敏感自转轴绕内环轴或外环轴相对于当地垂线的偏角，并将其转换成电阻差的变化。

扁环形修正电动机是一种特殊结构的两相异步感应电动机，由扁环形的定子和转子组成，如图 5-2-4 所示。定子铁心上有三套绕组，其中一套激磁绕组由 36V、400Hz 的交流电源供电，两套控制绕组的匝数相等、绕向相反，分别与五极式液体开关中两个相对电极连接。当两套控制绕组通过的电流相等时，两组控制磁场互相抵消，修正电动机不产生力矩；当两套控制绕组通过的电流不相等而出现电流差，且此电流差相位与激磁电流差相位接近 90°时，定子产生旋转磁场，鼠笼转子感生短路电流从而产生转动力矩，即修正力矩。修正力矩的方向和大小根据两套控制绕组电流差的方向和大小而定。双自由度垂直陀螺仪进动的特点使修正电动机工作在制动状态，即只给出修正力矩但不转动，故修正电动机也称为力矩电动机。修正电动机共有两个，习惯上将安装在飞机纵轴方向的修正电动机叫作纵向修正电动机，它所产生的修正力矩叫作纵向修正力矩；将安装在飞机横轴方向的修正电动机叫作横向修正电动机，它所产生的修正力矩叫作横向修正力矩。

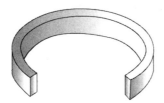

图 5-2-4　扁环形修正电动机

五极式液体开关和扁环形修正电动机组成的修正装置的电路原理图如图 5-2-5 所示。现以纵向修正电路为例说明其修正原理。当飞机没有纵向加速度，且自转轴位于当地垂线方向时，液体开关处于水平状态，气泡处于中央位置。这时由于前后电极至中心电极的电阻相等，因此通过纵向修正电动机两套控制绕组的电流也相等，没有电流差，故纵向修正电动机不产生修正力矩，自转轴仍停在当地垂线方向。当自转轴向前偏离当地垂线时，液体开关随之向前倾斜，气泡向后移动，从而使前面电极与中心电极间电阻减小，后面电极与中心电极间电阻增大。这时通过纵向修正电动机两套控制绕组的电流不相等，出现电流差，纵向修正电动机产生向后的纵向修正力矩 M_{kx}，使自转轴朝着减小偏角的方向向后进动，直到自转轴恢复到当地垂线方向。

同理，当自转轴向左（右）偏离当地垂线时，液体开关左、右电极与中心电极的电阻发生变化，从而使横向修正电动机两套控制绕组出现电流差，产生横向修正力矩 M_{ky}，将自转轴修正到当地垂线方向。

由五极式液体开关与扁环形修正电动机组成的修正装置的工作原理可看出，当自转轴相对于当地垂线的偏角小于 10′～30′时，液体开关两个相对电极的电阻差随偏角成正比变化，从而使修正电动机两套控制绕组的电流差也随偏角成正比变化，所以修正电动机的修正力矩大小与自转轴偏角成正比，这种工作特性称为比例修正特性。当自转轴偏角大于 10′～30′时，液体开关两个相对电极的电阻差不再随偏角变化而变化，修正电动机两套控制绕组的电流差也不再随偏角增大而增大，修正电动机产生的修正力矩保持常值而不会因自转轴偏角变化而变化，这种工作特性称为常数修正特性。由此可见，五极式液体开关和扁环形修正电动机组成的修正装置在自转轴偏角较小时呈现比例修正特性，在自转轴偏角较大时呈现常数修正特性，我们称这种修正装置的工作特性为复合修正特性。

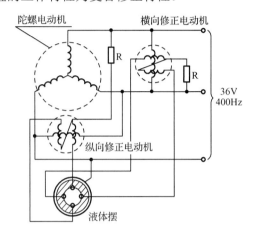

图 5-2-5　五极式液体开关和扁环形修正电动机组成的修正装置的电路原理图

应当指出，虽然一个五极式液体开关可以同时敏感自转轴绕内、外环轴的偏角，但存在交联影响，即绕某个轴的比例修正范围受绕交叉轴偏角大小的影响。因为在绕交叉轴已有偏角的情况下，需要偏转较大的角度，电极才能完全暴露在气泡中，所以造成比例修正范围的增大；绕交叉轴的偏角越大，比例修正范围增大得就越多。

（二）三极式液体开关和弧形修正电动机组成的修正装置

三极式液体开关实际上也是一种可以传送电信号的气泡水准仪，其结构如图 5-2-6 所示。在密封的玻璃管内装着碘化钠或碘化钾与酒精或二异丙基甲酮配制成的导电液体，但未装满，留有气泡。玻璃管具有一定的曲率半径，常用的一种三极式液体开关的玻璃管曲率半径为 170mm。玻璃管内有三个电极，两个工作电极对称地分布在上部两端，中心电极横置在下部。三极式液体开关的工作原理与五极式液体开关相同，但它只能敏感自转轴绕一个轴的偏角，因此在姿态陀螺仪的修正装置中需要两个三极式液体开关：一个装在陀螺盒上，其轴线与内环轴垂直，以敏感自转轴绕内环轴的偏角；另一个装在陀螺盒或外环上，其轴线与外环轴垂直，以敏感自转轴绕外环轴的偏角。

弧形修正电动机也是一种特殊结构的两相异步感应电动机，由弧形定子和环形转子两部分组成，如图 5-2-7 所示。弧形定子相当于扁环形修正电动机整个定子的一个弧段，弧角一般为 30°。在其弧形铁心上嵌有两套对称的绕组，当这两套绕组中通过的电流存在相位差时，便会形成旋转磁场。环形转子的铁心表面镀有一层紫铜，在旋转磁场作用下，紫铜层产生感应电流并产生转动力矩。同样由于双自由度垂直陀螺仪进动的特点，弧形修正电动机也工作在制动状态，即只给出修正力矩但不转动。两个弧形修正电动机分别装在内环轴向和外环轴向，并产生沿内环轴向和外环轴向的修正力矩。

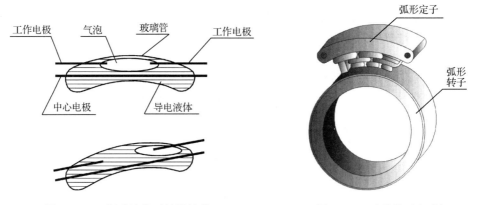

图 5-2-6　三极式液体开关的结构　　　　图 5-2-7　弧形修正电动机

　　两个三极式液体开关与两个弧形修正电动机分别组成纵向、横向修正电路。其中，敏感自转轴绕内环轴偏角的三极式液体开关与外环轴向的弧形修正电动机相接，敏感自转轴绕外环轴偏角的三极式液体开关与内环轴向的弧形修正电动机相接，其电路原理图如图 5-2-8 所示。

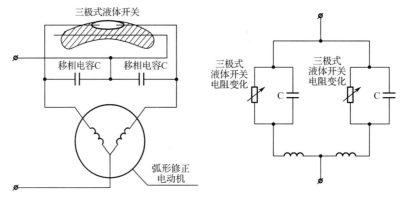

图 5-2-8　三极式液体开关和弧形修正电动机组成的修正装置的电路原理图

　　当自转轴位于当地垂线方向时，三极式液体开关的气泡处于中央位置，两个工作电极到中心电极的电阻相等，由于弧形修正电动机两套绕组电路对称，使两套绕组中通过的电流不但大小相等，而且相位相同，弧形修正电动机不产生修正力矩，自转轴仍停在当地垂线方向。当自转轴偏离当地垂线时，三极式液体开关的气泡向自转轴偏离的反方向移动，离开中央位置，使两个工作电极到中心电极的电阻不等，造成弧形修正电动机两套绕组电路不对称。这时通过两套绕组的电流大小不等，相位也不相同，形成旋转磁场，弧形修正电动机产生力矩作用在双自由度垂直陀螺仪上，使自转轴向减小偏角的方向修正。

　　由于三极式液体开关的工作特性也具有复合性质，因此这种修正装置的修正特性也是复合修正特性，其比例修正范围约为 $1°\sim2°$。因修正装置采用两个三极式液体开关分别敏感两个方向的偏角，消除了五极式液体开关的交联影响，故其比例修正范围与交叉轴向的偏角无关。

（三）修正装置的修正特性

修正装置的修正特性有比例修正特性、常数修正特性和复合修正特性三种。

1. 比例修正特性

所谓比例修正特性，是指修正装置所产生的修正力矩是自转轴与垂线的偏角成比例变化

（这里所说的垂线在飞机有加速度时是指视垂线，在飞机无加速度时是指当地垂线）。比例修正特性可表示为

$$M_{kx} = -K_x\theta_\beta$$
$$M_{ky} = K_y\theta_\alpha$$

（5-2-1）

式中，K_x、K_y——纵向、横向修正力矩的比例修正系数，即自转轴单位偏角对应的修正装置产生的修正力矩。

第一式中有负号，是因为当自转轴纵向偏角 θ_β 为正（向前偏）时，修正力矩 M_{kx} 必须沿 x 轴的负向，才能使自转轴偏角减小；第二式中没有负号，是因为当自转轴横向偏角 θ_α 为正（向右偏）时，修正力矩 M_{ky} 必须沿 y 轴正向，才能使自转轴偏角减小。由此可见，式（5-2-1）中的符号是由坐标系决定的。

2. 常数修正特性

所谓常数修正特性，是指修正装置所产生修正力矩的大小不随自转轴偏角的大小而变化，保持为一个常值，但修正力矩的方向则由偏离方向决定。常数修正特性可表示为

$$M_{kx} = -M_{kx}\mathrm{sign}\theta_\beta$$
$$M_{ky} = M_{ky}\mathrm{sign}\theta_\alpha$$

（5-2-2）

式中，M_{kx}、M_{ky}——修正装置产生的纵向、横向修正力矩，其大小是一定的。sign 称为符号函数，它根据偏角的符号而改变符号，但大小不变。

3. 复合修正特性

复合修正包含比例修正和常数修正两部分，其特性曲线如图 5-2-9 所示，其中 $(-\theta_\rho,\theta_\rho)$ 表示比例修正区。

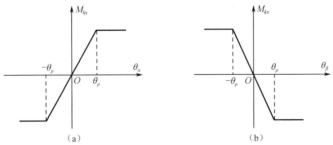

图 5-2-9　复合修正特性曲线

第三节　姿态陀螺仪的运动方程及结构图

我们知道，要准确测量飞机的俯仰角和倾斜角，关键是要建立一条稳定的人工当地垂线。姿态陀螺仪利用自转轴重现当地垂线作为测量姿态角的基准，一旦自转轴偏离当地垂线，就会造成姿态角的测量误差。因此，我们研究姿态陀螺仪就是要掌握它的运动规律，以便了解在不同干扰下姿态陀螺仪所出现的误差。本节主要介绍姿态陀螺仪的运动方程和结构图。

一、姿态陀螺仪的运动方程

我们已经建立了双自由度陀螺仪相对于惯性坐标系的运动方程，并根据工程应用实际需

要将其简化为进动方程，即

$$H\dot{\theta}_y = M_x$$
$$-H\dot{\theta}_x = M_y$$

（5-3-1）

在自转轴偏角 θ_x 和 θ_y 为小角的情况下，式（5-3-1）中的 $\dot{\theta}_x$ 和 $\dot{\theta}_y$ 表示陀螺仪绕外环轴和内环轴相对于惯性空间的转动角速度；M_x 和 M_y 则表示沿外环轴向和内环轴向作用于陀螺仪的力矩。

然而，对于姿态陀螺仪来说，我们所关心的并不是陀螺仪相对于地平线的运动情况，而是陀螺仪相对于地平坐标系的运动情况，即自转轴相对于当地垂线的运动情况。为此，必须对式（5-3-1）进行适当改造，以建立陀螺仪相对于地平坐标系的运动方程。具体步骤如下：首先，将式（5-3-1）中陀螺仪相对于惯性空间的转动角速度 $\dot{\theta}_x$ 和 $\dot{\theta}_y$，用陀螺仪相对于地平坐标系的转动角速度和地平坐标系相对于惯性坐标系的转动角速度合成的形式表示；其次，将作用于陀螺仪的力矩 M_x 和 M_y，用修正力矩 M_k 和干扰力矩 M_d 具体表达；最后，将 $\dot{\theta}_x$、$\dot{\theta}_y$ 及 M_x、M_y 的表达式代入式（5-3-1），就可得到姿态陀螺仪的运动方程。

如图 5-3-1 所示，取地平坐标系 $O\xi\eta\zeta$ 和陀螺坐标系 $Oxyz$，它们的坐标原点与陀螺仪支点重合。设陀螺仪绕外环轴正向相对于地平坐标系的转动角速度为 $\dot{\alpha}$，转角为 α；绕内环轴正向相对于地平坐标系的转动角速度为 $\dot{\beta}$，转角为 β。此外，地平坐标系因地球自转和飞机飞行而相对于惯性空间转动，其转动角速度在地平坐标系各轴上的投影分别用 ω_ξ、ω_η、ω_ζ 表示。根据坐标系之间的变换关系，可以得到陀螺仪相对于惯性坐标系的转动角速度在陀螺坐标系 x 轴和 y 轴上投影 $\dot{\theta}_x$ 和 $\dot{\theta}_y$ 的表达式。考虑到转角 α、β 均为小角，可得

$$\dot{\theta}_x = \dot{\alpha} + \omega_\eta - \omega_\xi\beta$$
$$\dot{\theta}_y = \dot{\beta} - \omega_\xi + \omega_\xi\alpha$$

（5-3-2）

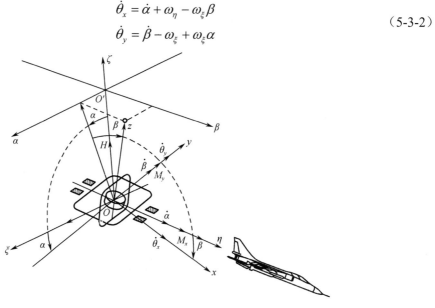

图 5-3-1 姿态陀螺仪坐标运动关系

当飞机平飞时，地平坐标系相对于惯性空间的转动角速度分量是 ω_ξ、ω_η、ω_ζ，它们具有同一数量级，而转角 α、β 都很小，因此式（5-3-2）可简化为

$$\dot{\theta}_x = \dot{\alpha} + \omega_\eta$$
$$\dot{\theta}_y = \dot{\beta} - \omega_\xi$$

（5-3-3）

在姿态陀螺仪中，沿外环轴向和内环轴向作用于陀螺仪的外力矩 M_x 和 M_y 包括修正力矩 M_k 和干扰力矩 M_d。干扰力矩主要是指陀螺仪内、外环轴的摩擦所造成的摩擦力矩 M_f 和陀螺仪质心偏离支点所造成的静不平衡力矩 M_g。用 M_{kx} 和 M_{ky} 分别表示沿外环轴向和内环轴向作用于陀螺仪的修正力矩，用 M_{dx} 和 M_{dy} 分别表示沿外环轴向和内环轴向作用于陀螺仪的干扰力矩，则有

$$
\begin{aligned}
M_x &= M_{kx} + M_{dx} \\
M_y &= M_{ky} + M_{dy}
\end{aligned}
\tag{5-3-4}
$$

将式（5-3-3）和式（5-3-4）代入式（5-3-1），即可得到姿态陀螺仪的运动方程，即

$$
\begin{aligned}
H(\dot{\beta} - \omega_\xi) &= M_{kx} + M_{dx} \\
-H(\dot{\alpha} + \omega_\eta) &= M_{ky} + M_{dy}
\end{aligned}
\tag{5-3-5}
$$

由于各类修正装置的修正特性不同，因此具有不同修正特性的姿态陀螺仪的运动方程也有所区别。

对于比例修正姿态陀螺仪来说，其修正力矩表达式为式（5-2-1）。将式（5-2-1）代入式（5-3-5），可得到比例修正姿态陀螺仪的运动方程，即

$$
\begin{aligned}
H(\dot{\beta} - \omega_\xi) &= -K_x\theta_\beta + M_{dx} \\
-H(\dot{\alpha} + \omega_\eta) &= K_y\theta_\alpha + M_{dy}
\end{aligned}
\tag{5-3-6}
$$

对于常数修正姿态陀螺仪来说，其修正力矩表达式为式（5-2-2）。将式（5-2-2）代入式（5-3-5），可得到常数修正姿态陀螺仪的运动方程，即

$$
\begin{aligned}
H(\dot{\beta} - \omega_\xi) &= -M_{kx}\mathrm{sign}\theta_\beta + M_{dx} \\
-H(\dot{\alpha} + \omega_\eta) &= M_{ky}\mathrm{sign}\theta_\alpha + M_{dy}
\end{aligned}
\tag{5-3-7}
$$

对于复合修正姿态陀螺仪来说，在比例修正范围内，其运动规律由式（5-3-6）决定；在常数修正范围内，其运动规律由式（5-3-7）决定。

二、姿态陀螺仪的结构图

在建立姿态陀螺仪的运动方程后，先根据初始条件对运动方程进行拉普拉斯变换，然后画出姿态陀螺仪的结构图。

下面分别介绍比例修正姿态陀螺仪和常数修正姿态陀螺仪的结构图。

（一）比例修正姿态陀螺仪的结构图

设比例修正姿态陀螺仪自转轴的初始转角为 $\alpha(0)=\alpha_0$、$\beta(0)=\beta_0$，对比例修正姿态陀螺仪的运动方程［式（5-3-6）］进行拉普拉斯变换，得

$$
\begin{aligned}
H[s\beta(s) - \beta_0] &= -K_x[\beta(s) - \beta'(s)] + M_{dx}(s) + H\omega_\xi(s) \\
-H[s\alpha(s) - \alpha_0] &= K_y[\alpha(s) - \alpha'(s)] + M_{dy}(s) + H\omega_\eta(s)
\end{aligned}
$$

整理后得

$$
\begin{aligned}
\beta(s) &= \frac{1}{Hs}\{-K_x[\beta(s) - \beta'(s)] + M_{dx}(s) + H\omega_\xi(s)\} + \frac{\beta_0}{s} \\
\alpha(s) &= -\frac{1}{Hs}\{K_y[\alpha(s) - \alpha'(s)] + M_{dy}(s) + H\omega_\eta(s)\} + \frac{\alpha_0}{s}
\end{aligned}
\tag{5-3-8}
$$

根据式（5-3-8）可画出比例修正姿态陀螺仪的结构图，如图 5-3-2 所示。

由图 5-3-2 可以看出，当自转轴沿纵向（或横向）偏离当地垂线而出现偏角 θ_β（或 θ_α）时，修正装置产生与偏角成正比的纵向（或横向）修正力矩作用在陀螺仪上。此外，沿该轴向作用在陀螺仪上的力矩还有干扰力矩 M_d（包括摩擦力矩 M_f 和静不平衡力矩 M_g），以及由于地平坐标系相对于惯性坐标系的牵连转动而产生的干扰力矩 $H\omega_\xi$ 或 $H\omega_\eta$。在这些力矩作用下，经陀螺仪这个慢进动积分环节后，自转轴相对于当地垂线的偏角逐渐减小。

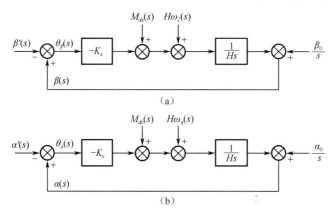

图 5-3-2 比例修正姿态陀螺仪的结构图

（二）常数修正姿态陀螺仪的结构图

在进行拉普拉斯变换时，修正力矩可以作为阶跃函数来处理。同时，考虑到自转轴的初始转角 $\alpha(0)=\alpha_0$、$\beta(0)=\beta_0$，对常数修正姿态陀螺仪的运动方程［式（5-3-7）］进行拉普拉斯变换，经整理后可得

$$\beta(s) = \frac{1}{Hs}\left[-\frac{M_{kx}\mathrm{sign}\theta_\beta}{s} + M_{dx}(s) + H\omega_\xi(s)\right] + \frac{\beta_0}{s}$$
$$\alpha(s) = -\frac{1}{Hs}\left[\frac{M_{ky}\mathrm{sign}\theta_\alpha}{s} + M_{dy}(s) + H\omega_\eta(s)\right] + \frac{\alpha_0}{s}$$
（5-3-9）

由于在所讨论的修正范围内，修正力矩不再是自转轴偏角 θ_α 和 θ_β 的函数，所以结构图应画成开环形式，如图 5-3-3 所示。

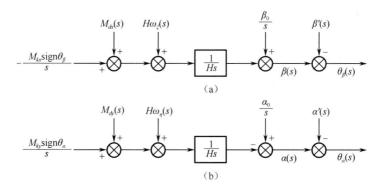

图 5-3-3 常数修正姿态陀螺仪的结构图

至于复合修正姿态陀螺仪的结构图，在比例修正范围内与比例修正姿态陀螺仪的结构图相同，在常数修正范围内则与常数修正姿态陀螺仪的结构图相同，不另作说明。

第四节　姿态陀螺仪的修正误差

一、姿态陀螺仪的修正误差组成

自转轴重现当地垂线的精度通常叫作垂直精度，它是姿态陀螺仪的一个重要性能指标。我们研究姿态陀螺仪的修正误差，实际上就是研究它的垂直精度。

前文已经指出，受地球自转和飞行速度的影响，以及干扰力矩的作用，自转轴偏离当地垂线从而影响垂直精度。那么，修正装置能否准确地修正自转轴的方向，使其重现当地垂线呢？这取决于修正装置的修正特性。

对于常数修正姿态陀螺仪来说，由于常数修正力矩设计得比较大，总是大于可能出现的最大干扰力矩，因此在理想情况下，当自转轴偏离当地垂线微小角度时，修正装置立即产生足够大的常数修正力矩，使自转轴返回到当地垂线方向。因此，可以认为常数修正姿态陀螺仪是不会出现修正误差的。

对于比例修正姿态陀螺仪，或者复合修正姿态陀螺仪工作在比例修正范围的情况，由于修正力矩的大小与自转轴偏角成正比，随着偏角减小修正力矩也减小，因此当修正力矩减小到与作用于陀螺仪的干扰力矩大小相等且方向相反时，陀螺仪就会停止进动，自转轴在该偏角处保持相对稳定，出现了修正误差。由此可见，比例修正姿态陀螺仪在受到干扰力矩作用时，自转轴不能修正到当地垂线方向，存在修正误差。因此，我们讨论姿态陀螺仪的修正误差，确切地说讨论的是比例修正姿态陀螺仪的修正误差。

本节我们讨论基座无加速度时垂直陀螺仪的修正误差。在此情况下，造成修正误差的干扰力矩主要有地平坐标系相对于惯性坐标系转动引起的干扰力矩 $H\omega_\xi(s)$ 和 $H\omega_\zeta(s)$，以及干扰力矩 $M_d(s)$。干扰力矩又包括环架轴的摩擦力矩 $M_f(s)$ 和陀螺仪质心偏离支点所造成的静不平衡力矩 $M_g(s)$ 两部分。下面分别进行讨论。

（一）摩擦误差

因环架轴摩擦而使姿态陀螺仪造成的修正误差叫作摩擦误差，也叫作停滞误差。我们知道，环架轴上装有轴承和导电装置，它们不可避免地存在摩擦。当陀螺仪绕环架轴转动时，环架轴的摩擦力矩总是力图阻止陀螺仪转动，由此可见摩擦力矩 M_f 的方向总是与陀螺仪相对于环架轴的转动角速度方向相反，而摩擦力矩的大小则可认为是常量。由于摩擦力矩的大小是常量，因此某确定方向的摩擦力矩可作为阶跃函数，其拉普拉斯变换式为

$$M_{fx}(s) = -\frac{M_{fx}\mathrm{sign}\dot{\alpha}}{s}$$
$$M_{fy}(s) = -\frac{M_{fy}\mathrm{sign}\dot{\beta}}{s}$$

（5-4-1）

在不改变地平坐标系的运动和静不平衡力矩，即 $H\omega_\xi = H\omega_\zeta =0$、$M_{gx}= M_{gy} =0$ 时，比例修正姿态陀螺仪的结构图（见图 5-3-2）可简化为图 5-4-1。

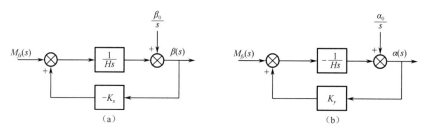

图 5-4-1　比例修正姿态陀螺仪的简化结构图

由图 5-4-1 可以列出自转轴的运动方程的拉普拉斯变换式，并将式（5-4-1）代入，即得

$$\beta(s) = \frac{T_x}{T_x s + 1}\beta_0 - \frac{1}{(T_x s + 1)s}\frac{M_{fx}\mathrm{sign}\dot{\alpha}}{K_x}$$

$$\alpha(s) = \frac{T_y}{T_y s + 1}\alpha_0 + \frac{1}{(T_y s + 1)s}\frac{M_{fy}\mathrm{sign}\dot{\beta}}{K_y}$$

（5-4-2）

式中，T_x、T_y——修正电路的时间常数，$T_x = H/K_x$，$T_y = H/K_y$。

设陀尖的初始位置在相平面第一象限，在修正力矩作用下，陀尖向左后方朝当地垂线方向修正，故绕外环轴和内环轴的转动角速度 $\dot{\alpha}$、$\dot{\beta}$ 均为负，将其代入式（5-4-2）得

$$\beta(s) = \frac{T_x}{T_x s + 1}\beta_0 + \frac{1}{(T_x s + 1)s}\frac{M_{fx}}{K_x}$$

$$\alpha(s) = \frac{T_y}{T_y s + 1}\alpha_0 - \frac{1}{(T_y s + 1)s}\frac{M_{fy}}{K_y}$$

（5-4-3）

利用终值定理求出式（5-4-3）的稳态解，就可得到摩擦误差，即

$$\beta_{sf} = \lim_{s \to 0} s\beta(s) = \lim_{s \to 0} s\left[\frac{T_x}{T_x s + 1}\beta_0 + \frac{1}{(T_x s + 1)s}\frac{M_{fx}}{K_x}\right] = \frac{M_{fx}}{K_x}$$

$$\alpha_{sf} = \lim_{s \to 0} s\alpha(s) = \lim_{s \to 0} s\left[\frac{T_y}{T_y s + 1}\alpha_0 - \frac{1}{(T_y s + 1)s}\frac{M_{fy}}{K_y}\right] = -\frac{M_{fy}}{K_y}$$

（5-4-4）

由上述分析结果可以看出，为了减小摩擦误差，一方面应尽量减小环架轴的摩擦力矩 M_{fy}、M_{fx}，这就要求提高环架轴承的精度和装配质量，同时适当减小导电装置的接触压力。另一方面应尽量增大比例修正系数 K_x 和 K_y，但因受仪表尺寸的限制，比例修正系数不可能设计得太大。在复合修正姿态陀螺仪中，采用减小比例修正范围的方法，增大比例修正特性曲线的斜率以增大比例修正系数，这是一种有效的方法。

（二）静不平衡误差

陀螺仪的装配过程虽然会经过严格的静平衡工序，但要使陀螺仪组件的质心与陀螺仪支点达到完全重合是不太可能的，这就使陀螺仪不可避免地残存静不平衡现象。此外，在陀螺仪使用过程中，当周围温度变化时，各部件的线膨胀系数不等也会使陀螺仪组件的质心发生偏移。当陀螺仪组件的质心偏离环架轴线时，会形成静不平衡力矩作用在陀螺仪上，使其产生修正误差。

设陀螺仪组件的重量为 G，它的质心处于左前方，且向前偏离内环轴线的距离为 a_x，向左偏离外环轴线的距离为 a_y，如图 5-4-2 所示，从而产生沿外环轴向和内环轴向的不平衡力矩，即

$$M_{gx} = -Ga_y$$
$$M_{gy} = Ga_x$$

$$（5\text{-}4\text{-}5）$$

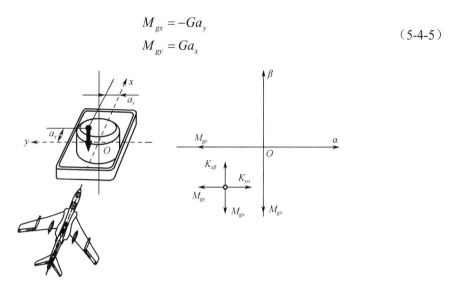

图 5-4-2　比例修正姿态陀螺仪的静不平衡误差

静不平衡误差的分析过程同摩擦误差。经分析可得，静不平衡误差为

$$\beta_{sg} = -\frac{Ga_y}{K_x}$$
$$\alpha_{sg} = -\frac{Ga_x}{K_y}$$

$$（5\text{-}4\text{-}6）$$

在上述假设条件下，自转轴将偏离当地垂线倒向左后方，即陀尖停在相平面第三象限的 $(-Ga_x/K_y, -Ga_y/K_x)$ 点处。这一结论也可通过分析陀尖在相平面上的运动得到。由于陀尖在不平衡力矩 M_{gx} 和 M_{gy} 作用下向第三象限进动，从而出现偏角 α 和 β 且其均为负值，因此产生比例修正力矩 $M_{kx}=K_x\beta$ 和 $M_{ky}=-K_y\alpha$，其值随偏角的增大而增大。当纵向修正力矩增大到等于纵向不平衡力矩且横向修正力矩增大到等于横向不平衡力矩，即 $M_{kx}=M_{gx}$ 且 $M_{ky}=M_{gy}$ 时，陀尖停止运动，其停滞角就是静不平衡误差。当陀螺仪组件的质心向其他方向偏移时，仍可用上述方法进行分析。

由上述分析结果可以看出，为了减小静不平衡误差，一方面应尽量减小静不平衡力矩。这就要求在修理过程中认真、细致地进行陀螺仪组件的静平衡，尽量减小陀螺仪组件质心的偏移量；内环轴、外环轴的轴向间隙应按工艺要求调整，不能过大；为了补偿温度变化对静平衡的影响，有些陀螺仪的内环或外环上装有带配重的双金属片，当温度变化时，双金属片带着配重向陀螺仪组件质心偏移的反方向弯曲，从而补偿因温度变化而造成的静不平衡。另一方面应尽量增大比例修正系数 K_x 和 K_y。因此，在复合修正姿态陀螺仪中，比例修正范围都选得比较小，以增大比例修正系数，减小静不平衡误差。

（三）地球自转与飞行速度误差

由地球自转引起的修正误差简称为地球自转误差，由飞行速度引起的误差简称为飞行速度误差。地球自转与飞行速度都会引起地平坐标系相对于惯性坐标系的转动，或者说当地垂线相对于惯性空间的方位变化，而自转轴却因陀螺仪的稳定性相对于惯性空间的方位稳定不变，这必然造成自转轴偏离当地垂线，使修正装置产生修正力矩，并力图使自转轴跟踪当地垂线。然而，只有当自转轴偏角增大到一定程度时，比例修正装置产生的修正力矩才能使自转轴的进动角速度增大到与当地垂线相对于惯性空间的转动角速度相等，或者说自转轴只有在保持一定偏角的情况下才能跟踪当地垂线。此偏角就是地球自转与飞行速度误差。

地球自转与飞行速度误差的分析过程同摩擦误差。经分析可得，地球自转与飞行速度误差为

$$\beta_s = -\frac{H}{K_x}\omega_e\cos\varphi\sin\Psi - \frac{Hv}{K_xR_e}$$

$$\alpha_s = -\frac{H}{K_y}\omega_e\cos\varphi\cos\Psi \tag{5-4-7}$$

式（5-4-7）中第一项是地球自转误差，即

$$\beta_{se} = -\frac{H}{K_x}\omega_e\cos\varphi\sin\Psi$$

$$\alpha_{se} = -\frac{H}{K_y}\omega_e\cos\varphi\cos\Psi \tag{5-4-8}$$

第二项是飞行速度误差，即

$$\beta_{sv} = -\frac{Hv}{K_xR_e}$$

$$\alpha_{sv} = 0 \tag{5-4-9}$$

由此可以看出，飞行速度只会引起纵向修正误差，而不会引起横向修正误差。这是因为飞行速度形成的等效角速度 v/R_e 总是沿横轴方向的，它只会引起当地垂线的纵向转动，所以只会产生纵向修正误差。

为了减小地球自转与飞行速度误差，应尽可能增大比例修正系数 K_x 和 K_y。

以上我们分别讨论了比例修正姿态陀螺仪的摩擦误差、静不平衡误差、地球自转与飞行速度误差。在实际使用条件下，这些误差是同时存在的，总的修正误差可能因各项误差符号相同而叠加，也可能因各项误差符号相异而抵消。若考虑修正误差可能出现的最大值，则可将各项误差的绝对值相加，即

$$\beta_{smax} = \left|\frac{M_{fx}}{K_x}\right| + \left|\frac{M_{gx}}{K_x}\right| + \left|\frac{H\omega_e}{K_x}\right| + \left|\frac{Hv}{K_xR_e}\right|$$

$$\alpha_{smax} = \left|\frac{M_{fy}}{K_y}\right| + \left|\frac{M_{gy}}{K_y}\right| + \left|\frac{H\omega_e}{K_y}\right| \tag{5-4-10}$$

由式（5-4-10）可以看出，为了提高比例修正（或复合修正）姿态陀螺仪的垂直精度，减小修正误差，应尽量减小摩擦力矩和静不平衡力矩，并适当地增大比例修正系数。为此，具有复合修正特性的液体开关，其比例修正范围都设计得很小。

二、姿态陀螺仪的修正速度

姿态陀螺仪在修正力矩和干扰力矩共同作用下的进动角速度简称为修正速度。修正速度的大小不但直接关系到自转轴从偏离位置返回到当地垂线所需的时间，还会对仪表的加速度误差产生影响。因此，修正速度也是姿态陀螺仪的一项重要性能指标，是维修过程中必须检

查的一项内容。

当前使用的姿态陀螺仪（或地平仪）一般采用复合修正姿态陀螺仪。由于复合修正特性的比例修正范围通常都很小（小于 1°～2°），因此自转轴修正到当地垂线的时间主要取决于常数修正区的修正速度。也就是说，常数修正区修正速度的大小可以反映复合修正姿态陀螺仪修正快慢的全貌。因此，我们讨论姿态陀螺仪的修正速度。通常把自转轴沿姿态陀螺仪纵向修正的速度称为纵向修正速度，把自转轴沿姿态陀螺仪横向修正的速度称为横向修正速度。

根据常数修正姿态陀螺仪的运动方程，可以得到纵向修正速度 $\dot{\beta}$ 和横向修正速度 $\dot{\alpha}$ 的表达式，即

$$\dot{\beta} = -\frac{M_{kx}\mathrm{sign}\theta_\beta}{H} + \omega_\xi + \frac{M_{dx}}{H}$$

$$\dot{\alpha} = -\frac{M_{ky}\mathrm{sign}\theta_\alpha}{H} - \omega_\eta - \frac{M_{dy}}{H}$$

将 ω_ξ 和 ω_η 的表达式代入后得

$$\dot{\beta} = -\frac{M_{kx}\mathrm{sign}\theta_\beta}{H} - \omega_e\cos\varphi\sin\psi - \frac{v}{R_e} + \frac{M_{dx}}{H}$$

$$\dot{\alpha} = -\frac{M_{ky}\mathrm{sign}\theta_\alpha}{H} - \omega_e\cos\varphi\cos\psi - \frac{M_{dy}}{H}$$

（5-4-11）

下面对式（5-4-11）各项的意义分别进行讨论。

$(-M_{kx}/H)\mathrm{sign}\theta_\beta$ 和 $(-M_{ky}/H)\mathrm{sign}\theta_\alpha$：常数修正力矩作用下产生的纵向和横向进动角速度，其大小保持常值，不受自转轴偏角大小的影响；其方向由自转轴偏离的方向，即 θ_β 和 θ_α 的正负决定。

$\omega_e\cos\varphi\sin\psi$ 和 $\omega_e\cos\varphi\cos\psi$：地球自转角速度沿姿态陀螺仪横向和纵向的分量，它们将对修正速度产生影响。

在校验姿态陀螺仪时，测定它的修正速度是一项必须做的工作。为了更直接地了解姿态陀螺仪本身的性能，要求消除地球自转对修正速度的影响。为此，在有关维护规程中对测定修正速度时姿态陀螺仪的放置方位作了特殊规定，即在测定纵向修正速度时，应将姿态陀螺仪纵轴线沿南北方向水平放置，这时地球自转角速度横向分量为零，消除了地球自转对纵向修正速度的影响。在测定横向修正速度时，应将姿态陀螺仪的纵轴线沿东西方向水平放置，这时地球自转角速度纵向分量为零，消除了地球自转对横向修正速度的影响。

v/R_e：飞行速度引起的沿姿态陀螺仪横向的等效转动角速度，它也将对修正速度产生影响。

在修正力矩作用下，当自转轴向当地垂线进动时，飞行速度引起当地垂线相对于惯性空间的转动，造成自转轴相对于当地垂线的修正速度发生变化。v/R_e 总是沿姿态陀螺仪横向，只能引起当地垂线的纵向转动，故它只影响纵向修正速度的大小及其对称性。例如，自转轴从倒在前方返回修正时，修正速度增大；自转轴从倒在后方返回修正时，修正速度减小。这不但影响修正速度的大小，还使纵向修正的两个方向修正速度不对称。

M_{dx}/H 和 M_{dy}/H：干扰力矩所引起的漂移速度，其也会对修正速度产生影响。当干扰力矩的方向与修正力矩的方向相同时，修正速度增大；反之，修正速度减小。

　　综上所述，常数修正姿态陀螺仪的修正速度不仅取决于修正力矩所产生的进动速度，还受地球自转、飞行速度和干扰力矩等因素的影响。其中，地球自转和飞行速度的影响是不可避免的，但其量值较小，并且在进行地面检查时可以通过改变仪表放置的方位消除其影响；干扰力矩的影响是主要的，应在维修过程中精心装配和调试，尽可能减小干扰力矩的数值，使其影响减小到最小，以保证常数修正姿态陀螺仪修正速度的大小及其对称性均符合仪表技术条件要求。

三、加速度条件下姿态陀螺仪的误差

　　飞机在空中的飞行状态是不断变化的。在飞机改变飞行状态的过程中，当飞行速度和方向发生变化时，存在不同形式的加速度，使姿态陀螺仪工作在有加速度的环境中。这时摆式元件在加速度的作用下将改变状态，输出错误的修正信号，使姿态陀螺仪出现误差。其中，因纵向加速度而造成的误差称为直线加速度误差，简称加速度误差；因横向加速度（向心加速度）而造成的误差称为盘旋误差。

　　下面分别讨论这两项误差的产生原因、误差大小，以及消除误差的方法。

（一）姿态陀螺仪的加速度误差

1. 加速度误差的产生原因

　　飞机平直飞行过程中飞行速度大小的变化，导致产生沿飞机纵轴方向的加速度，这时姿态陀螺仪的摆式元件因受纵向加速度干扰，在重力和惯性力的共同作用下偏离当地垂线，停在视垂线方向，如图 5-4-3（a）所示。

　　设飞机以加速度 a 平直飞行，视垂线偏角 β' 为

$$\beta'=\arctan(a/g) \tag{5-4-12}$$

　　这时液体开关中的液体在重力和惯性力作用下向后移动，造成液面倾斜，并迫使气泡沿飞机纵轴方向向前偏离当地垂线，停在视垂线方向，如图 5-4-3（b）所示。液体开关纵向的一对电极将输出错误的修正信号，使纵向修正电动机产生错误的纵向修正力矩，力矩方向向前。在此力矩作用下，自转轴错误地向视垂线方向修正，从而偏离当地垂线出现纵向偏角 β，仪表指示仰角，如图 5-4-3（c）所示。若飞机减速飞行，则自转轴会错误地沿纵向向后修正，仪表指示俯角，从而造成俯仰角的测量误差。这种因飞机纵向加速度影响而造成的误差称为加速度误差。

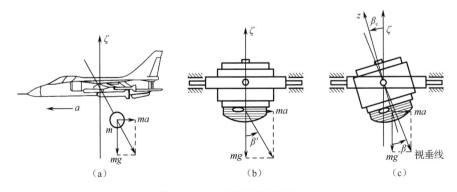

图 5-4-3　加速度误差的产生

如果飞机长时间沿直线加速飞行，那么自转轴将继续错误地向视垂线方向修正，直到与视垂线相一致。但这种情况一般不会出现，因为姿态陀螺仪的修正速度比较慢，飞机沿直线加速飞行的时间一般也不会太长，所以自转轴因错误修正而偏离当地垂线的角度也不会太大。一般情况下，自转轴因错误修正而造成的偏角 β 总是远小于视垂线偏角 β'，这正体现出姿态陀螺仪具有很强的抗干扰能力。

2. 加速度误差的计算

姿态陀螺仪的加速度误差实际上就是自转轴因纵向错误修正而偏离当地垂线的误差，故加速度误差大小与修正装置特性有关。对于复合修正姿态陀螺仪来说，由于加速飞行时自转轴相对于视垂线的角度一般都远大于比例修正范围，使修正装置总是工作在常数修正范围内，因此只需讨论常数修正特性加速度误差的计算。此外，因纵向加速度仅对纵向修正电路造成干扰，对横向修正电路没有影响，故只需对纵向修正电路进行讨论。为了简化所讨论的问题，暂不考虑地球自转、飞行速度和干扰力矩的影响，经拉普拉斯反变换得

$$\beta(t) = \frac{M_{kx}}{H} t \, \mathrm{sign}(\beta' - \beta) \qquad (5\text{-}4\text{-}13)$$

式（5-4-13）说明，当飞机加速飞行时，自转轴偏离当地垂线的角度 β 是纵向修正速 M_{kx}/H 与加速度飞行时间 t 的乘积，其方向取决于视垂线的偏离方向。当飞行速度增加时，视垂线偏角 $(\beta' - \beta) > 0$，故加速度偏角 β_a 可表达为

$$\beta_a = \frac{M_{kx}}{H} t \qquad (5\text{-}4\text{-}14)$$

[例] 设姿态陀螺仪的陀螺角动量 $H=4000\mathrm{g \cdot cm \cdot s}$，纵向常数修正力矩 $M_{kx}=3.5\mathrm{g \cdot cm}$，飞机以匀加速度 $a=3.7\mathrm{m/s}$ 飞行 1min，试计算加速度误差。

解：视垂线偏角为

$$\beta'=\arctan(3.7/9.8) \approx 20.7°$$

自转轴修正到视垂线所需的时间为

$$t'=(4000/3.5) \times \beta'=412\mathrm{s}$$

飞机实际加速飞行时间 60s 小于 t'，故加速度误差可按式（5-4-14）计算，即

$$\beta_a=(3.5/4000) \times 60=5.25 \times 10^{-2}\mathrm{rad}=3°$$

由例题可以看出，虽然加速度误差远比视垂线偏角小，但仍有 3°，而且随着加速飞行时间的增长，加速度误差还会增大，会给俯仰角测量带来较大误差，必须设法加以消除。

3. 加速度误差的消除方法

消除加速度误差的理想办法是在飞机出现加速度时自动停止纵向修正电路的工作，使自转轴不沿纵向产生错误修正。为此，可利用加速度传感器来检测飞机的纵向加速度，并输出信号切断纵向修正电路的工作。

具体来说，一般采用纵向断修开关作为加速度传感器。如图 5-4-4 所示，纵向断修开关是一种只有两个电极的液体开关，沿纵向安装在陀螺盒上，且串联在纵向修正电路中。当飞机等速平直飞行时，纵向断修开关中的液体处于水平状态，两个电极都在导电液体中，电路接通，纵向修正电路正常工作。当飞机沿直线加速飞行时，纵向断修开关中的液体在惯性力作用下发生倾斜，其倾角随加速度的增加而增大。当加速度达到一定值时，液面的倾斜使两

个电极断开，从而切断电路，使纵向修正电路停止工作，进而避免了错误修正，消除了加速度误差。

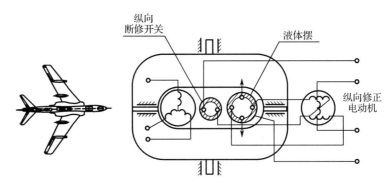

图 5-4-4　加速度误差的消除

（二）姿态陀螺仪的盘旋误差

1. 盘旋误差的产生原因

当飞机转弯或盘旋时，沿横轴方向将产生向心加速度。设飞机以速度 v 和角速度 ω_B 水平等速盘旋，则向心加速度为 $\omega_B v$。这时姿态陀螺仪中的摆式元件由于受向心加速度干扰，在惯性离心力 $m\omega_B v$ 和重力 mg 的共同作用下偏离当地垂线，停在视垂线方向，如图 5-4-5 所示。其横向偏角 α' 为

$$\alpha' = \arctan \frac{\omega_B v}{g} \qquad (5\text{-}4\text{-}15)$$

这时，液体开关中的导电液体在惯性离心力作用下被甩向盘旋方向的外侧，而气泡则移向盘旋方向的内侧停在视垂线方向，横向两个电极的输出信号使横向修正电动机产生错误的修正力矩，从而使自转轴错误地向视垂线方向修正而偏离当地垂线，造成横向偏离误差 α_B。同时，由于飞机继续盘旋会引起自转轴沿纵向偏离当地垂线，因此会造成纵向偏离误差 β_B。这种由飞机盘旋时向心加速度的影响而产生的误差就是盘旋误差。那么，当飞机盘旋时，在向心加速度作用下，自转轴在错误地沿横向修正而偏离当地垂线的同时，为什么又会沿纵向偏离当地垂线呢？这是由所谓的"盘旋视在运动"造成的。如图 5-4-6 所示，设陀尖位于相平面上 α 轴负向的 M 处，偏角为 α_M。已知相平面与地平坐标系相固连，当飞机左盘旋时，相平面将随飞机一起以角速度 ω_B 相对于地球反向转动。然而自转轴具有稳定性，相对于地球可以看作不动。因此，在飞行员看来，陀尖将以盘旋角速度 ω_B 的相反方向（顺时针方向）相对于相平面转动。这样一来就使陀尖在相平面上具有向前的纵向运动速度，其大小为角速度 ω_B 与半径 α_M 的乘积，从而使陀尖偏离 α 轴出现纵向偏角 β_N。陀尖的这种运动称为盘旋视在运动。不难看出，当自转轴向前偏离 β_N 而使陀尖位于图 5-4-6 中 N 点时，由左盘旋所造成的盘旋视在运动将使陀尖产生向右的横向运动速度 $\omega_B\beta_N$。

当飞机盘旋时，因向心加速度的影响，自转轴错误地产生横向偏离，又因盘旋视在运动的影响，自转轴产生纵向偏离，因此产生盘旋误差。

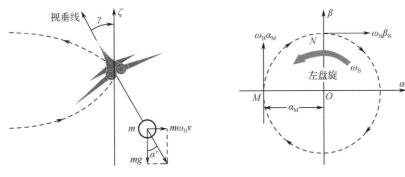

图 5-4-5　盘旋时摆沿横向偏离　　　　　图 5-4-6　盘旋视在运动

2. 盘旋误差的消除方法

针对盘旋误差，可在飞机转弯或盘旋时利用停止横向修正电路工作的方法来避免自转轴沿横向的错误修正，这样自转轴没有横向偏角，也就不存在盘旋视在运动，盘旋误差便可得到消除。

具体来说，可采用盘旋修正电门（也称为横向断电器）和角速度信号器（也称为陀螺继电器）来控制横向修正电路的工作，消除盘旋误差，如图 5-4-7 所示。

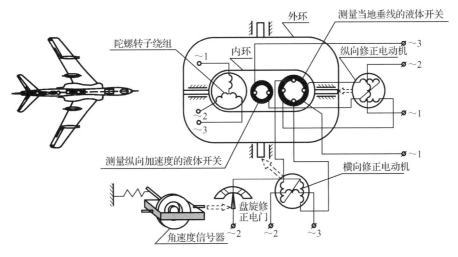

图 5-4-7　盘旋误差的消除

盘旋修正电门的导电环固定在外环轴上，当飞机因盘旋而倾斜时，导电环仍被陀螺仪稳定在原处不动。电刷固定在仪表壳体上随飞机倾斜而转动。当飞机平飞时，电刷与导电环的通电部分相连接，电路接通，横向修正电路正常工作；当飞机盘旋时，机身倾斜使盘旋修正电门的导电环与电刷产生相对转动，当转角达到一定值时，电刷滑到导电环的不通电部分，电路切断，横向修正电路停止工作。

角速度信号器的工作由单自由度陀螺仪控制。角速度信号器内继电器的常闭接点串联在横向修正电路中，因此当飞机平飞时，电路接通，横向修正电路正常工作；当飞机转弯或盘旋且盘旋角速度大于 $0.1°\sim0.3°$/s 时，角速度信号器感测此盘旋角速度而工作，继电器的常闭接点断开，切断横向修正电路，停止对陀螺仪的错误修正，从而消除了盘旋误差。

必须指出，切断横向修正电路后，陀螺仪受干扰力矩作用而产生的横向漂移也就无法得到修正，因此盘旋过程中仪表仍存在漂移误差，但较盘旋误差小得多。待飞机恢复平飞后，横向修正电路重新正常工作，漂移误差得以消除。

复习思考题

1. 什么是飞机姿态角？举例说明测量当地垂线的方法，并比较它们的优缺点。
2. 简述姿态陀螺仪的组成，说明姿态陀螺仪的安装对测量飞机姿态角有什么影响。
3. 什么是支架误差？如何消除支架误差？
4. 写出比例修正姿态陀螺仪的运动方程，并说明其物理意义。
5. 写出比例修正姿态陀螺仪的修正误差，并说明其物理意义。
6. 写出姿态陀螺仪的加速度误差的表达式，并说明其消除方法。
7. 说明姿态陀螺仪的盘旋误差的产生原因和消除方法。

第六章　航向陀螺仪

航向陀螺仪是应用双自由度陀螺仪特性做成的航向仪表，它能在飞机上建立一个相对于子午面（或子午线）稳定的基准，用来测量飞机的航向角。测量航向角的仪表又称为罗盘。

航向角简称航向，是飞行中必需的一个重要参数。准确测量和显示飞机的航向，对飞行员驾驶飞机沿正确航线飞抵预定目标或战区，顺利完成训练或作战任务，都有着十分重要的意义。因此，航向陀螺仪是飞机上重要的驾驶领航仪表之一。

本章讨论航向陀螺仪的基本理论，主要包括航向陀螺仪的基本原理和组成、航向陀螺仪的运动方程及结构图，以及航向陀螺仪的方位误差。

第一节　航向陀螺仪的基本原理和组成

一、航向的定义

飞机的航向是指飞机纵轴在水平面上的投影与子午线之间的夹角，此夹角是以子午线北端为起点沿顺时针方向计算的，用 Ψ 表示。由于飞机纵轴在水平面上的投影就是地平坐标系的 η 轴相对于子午线绕 ζ 轴顺时针转过的角度，所以地平坐标系 ζ 轴（当地垂线）是航向的定义轴。根据所取子午线不同，航向可分为真航向、磁航向、罗航向和大圆圈航向。

（一）真航向 Ψ_t

真航向是指飞机纵轴在水平面上的投影与当地子午线（也称为真子午线）的夹角，即地平坐标系的 η 轴相对于地理坐标系的 N 轴绕 ζ 轴顺时针转过的角度，用 Ψ_t 表示。真航向的 $0°$、$90°$、$180°$、$270°$ 就是地理的正北、正东、正南、正西方向，分别用 N、E、S、W 表示。

（二）磁航向 Ψ_m

磁航向是指飞机纵轴在水平面上的投影与当地磁子午线的夹角，用 Ψ_m 表示。

地球自身相当于一个大磁铁，它的两个磁极分别位于地理南极和北极附近。在地球南、北磁极间存在着磁力线，如图 6-1-1 所示。磁力线的切线方向就是地磁场强度 $\boldsymbol{T}$ 的方向。地磁场强度 $\boldsymbol{T}$ 的水平分量方向线称为磁子午线，它指向磁北，用 $\boldsymbol{H}$ 表示。地磁场强度 $\boldsymbol{T}$ 的垂直分量方向线用 $\boldsymbol{Z}$ 表示。

由于地磁极与地理极不重合，因此磁子午线方向与地理子午线方向一般也不一致，它们之间的夹角叫作磁偏角，也称为磁差，用 δ_m 表示。当磁子午线偏在地理子午线东边时，磁差为正值，用 $+\delta_m$ 表示；当磁子午线偏在地理子午线西边时，磁差为负值，用 $-\delta_m$ 表示。各地磁差的大小和方向标在航空地图上，可直接查阅。

地球磁场的存在使悬挂着的磁针在周围没有其他干扰磁场作用时能准确停在当地磁子午线上并指向磁北。磁罗盘正是利用磁针的这种定向特性来确定当地磁子午线方向，从而测量飞机磁航向的。如果经过磁差修正，那么还可得到飞机的真航向。真航向 Ψ_t、磁航向 Ψ_m

与磁差 δ_{m} 之间的关系为

$$\Psi_{\mathrm{t}}=\Psi_{\mathrm{m}}\pm\delta_{\mathrm{m}}$$

（三）罗航向 Ψ_{c}

飞机上存在着钢铁机件和电磁设备，由它们产生的磁场统称为飞机磁场。受飞机磁场的影响，磁罗盘中的磁针将偏离当地磁子午线方向。这时磁针所指的方向线称为罗子午线，罗子午线就是地磁场强度水平分量与干扰磁场所组成的合磁场的方向线。罗子午线与磁子午线之间的夹角叫作罗差，用 δ_{c} 表示。当罗子午线偏在磁子午线东边时，罗差为正值，用$+\delta_{\mathrm{c}}$表示；当罗子午线偏在磁子午线西边时，罗差为负值，用$-\delta_{\mathrm{c}}$表示。图 6-1-2 表示出了真航向 Ψ_{t}、磁航向 Ψ_{m}、罗航向 Ψ_{c}，以及磁差 δ_{m}、δ_{c} 之间的关系，可用公式表示为

$$\Psi_{\mathrm{m}}=\Psi_{\mathrm{c}}\pm\delta_{\mathrm{c}}$$

或

$$\Psi_{\mathrm{t}}=\Psi_{\mathrm{m}}\pm\delta_{\mathrm{m}}=\Psi_{\mathrm{c}}\pm\delta_{\mathrm{m}}\pm\delta_{\mathrm{c}}$$

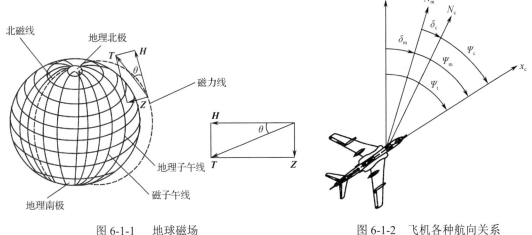

图 6-1-1　　地球磁场　　　　　　　　　图 6-1-2　　飞机各种航向关系

（四）大圆圈航向 Ψ_{o}

飞机从地球上的一个地点飞往另一个地点，通常有两种基本的飞行方式，即等角线飞行和大圆圈飞行，如图 6-1-3 所示。

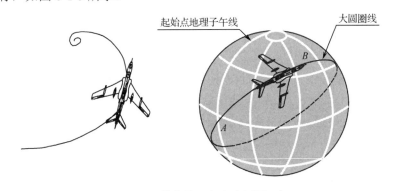

图 6-1-3　　等角线飞行和大圆圈飞行

所谓等角线飞行，是指保持真航向 Ψ_t 始终不变的飞行，其飞行轨迹是一条曲线，即等角线，而不是两地之间最短的路线。所谓大圆圈飞行，是指沿着两地之间最短的路线，即过地心与这两点所画的大圆圈线的飞行，因此其航向要不断改变。只有当飞机沿着赤道线或地理子午线飞行时，大圆圈线才与等角线重合。当沿着其他方向飞行时，大圆圈线均短于等角线，且纬度越高或飞行距离越长，两者相差越大。因此，当在高纬度地区或长距离飞行时，大圆圈飞行具有特别重要的意义。那么，以什么为基准来完成大圆圈飞行呢？为此我们引入大圆圈航向的概念。

如图 6-1-4 所示，大圆圈航向不是以飞机所在地地理子午线为基准，而是以起始点地理子午线为基准来进行计算的。大圆圈航向是以飞机纵轴所在的大圆圈平面与起始点地理子午面之间的夹角，也就是大圆圈线与起始点地理子午线在地球表面上的夹角，用 Ψ_o 表示。在北半球，大圆圈航向与真航向的关系式为

$$\Psi_o = \Psi_t - \delta$$

式中，δ——经线收敛角，也就是起始点地理子午线与飞机当时所在地地理子午线之间的夹角。

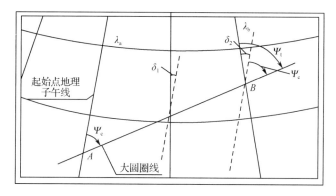

图 6-1-4　大圆圈航向与真航向关系

二、航向测量原理

由航向定义可知，要测量飞机的航向，实质上就是要在飞机上使其纵轴与当地子午线（或磁子午线）在水平面内进行比较。飞机纵轴在机体上是容易确定的，水平面的模拟问题也不难解决，比较困难的是如何在运动着的飞机上建立一条不随机体坐标系变化的、独立的当地子午线。只要这一问题得到解决，航向测量问题也就迎刃而解了。

在飞机上建立当地子午线有各种不同的方法。例如，可以通过观测天文星体来确定地理子午线，进而测量出飞机的真航向，这就是天文罗盘的基本原理。然而，由于天文罗盘结构复杂，且其工作还受气象条件的限制，因此如今飞机上已很少使用天文罗盘。此外，还可以利用磁针的定向特性和陀螺仪的稳定性在飞机上建立当地子午线来测量航向。

（一）磁罗盘测量航向的原理和特点

利用磁针指北性做成的指南针是我国古代的伟大发明之一。到了宋代，我国就已经将指南针应用到航海事业上。飞机上最早的航向仪表也是指南针，称为航空磁罗盘。磁罗盘测量航向的基本原理前文已有叙述。将磁针支承在摩擦力很小的轴尖上，磁针的 N 极会指北，　S

极会指南。利用在磁针上加配重的方法消除磁倾角的影响后，磁针就能水平地停在磁子午线上，从而实现了在飞机上建立当地子午线。通过将飞机纵轴与当地子午线进行比较，便可测出飞机的磁航向。这种磁罗盘结构简单，工作可靠，至今仍在飞机上使用，只是不将其作为主要航向仪表，而将其作为应急罗盘使用，以便在主航向仪表发生故障时，用它来判断飞机的航向。

　　然而磁罗盘存在着严重的缺点。例如，在飞机加速飞行、转弯或盘旋时，磁针容易受加速度和干扰磁场的影响，这会使磁罗盘产生很大的误差；当飞机飞过强磁区时，因地磁场被严重扭曲，磁罗盘无法正常工作。此外，当飞机在地球两极附近高纬度地区飞行时，由于地磁场强度水平分量很弱，因此磁罗盘也不能正常工作。由此可见，磁罗盘对加速度干扰和外界磁场干扰都缺乏抵抗能力。或者说，磁罗盘没有抗干扰的稳定性，所以单独使用磁罗盘不能准确测量航向，必须寻求其他方法。

（二）航向陀螺仪测量航向的原理和特点

　　我们知道，双自由度陀螺仪的自转轴相对于惯性空间具有良好的方位稳定性。如果在飞机上安装一个双自由度水平陀螺仪，使其外环轴与地面垂直，自转轴呈水平放置，那么在有加速度或外界磁场干扰时，陀螺仪绕外环轴仍能保持原来的方位稳定性，不受影响。这样就可以在有干扰情况下建立稳定的航向测量基准，从而达到准确测量飞机航向的目的。这种利用陀螺仪的方位稳定性原理做成的航向仪表叫作航向陀螺仪或陀螺方位仪。

　　然而双自由度陀螺仪的稳定性是相对于惯性空间而言的，由于地球自转、飞机飞行和摩擦干扰等因素的影响，自转轴相对于子午面和水平面都将发生偏离，而且随着工作时间的增长，这种偏离将更明显地表现出来，致使这种不加任何修正的双自由度陀螺仪无法用来测量飞机航向。

　　造成自转轴水平偏离的原因有多个。首先，地球自转使地球某地的水平面相对于惯性空间的方位不断发生变化，而自转轴相对于惯性空间的方位仍稳定不变，这就使原来位于水平面内的自转轴逐渐偏离水平面。其次，飞机飞行时相对于地球总是运动的，地球上不同地点的水平面相对于惯性空间的方位不相同，而自转轴相对于惯性空间方位却稳定不变，因此随着飞机的飞行自转轴也将逐渐偏离水平面。最后，陀螺仪外环轴向不可避免地存在摩擦干扰力矩，使陀螺仪绕内环轴发生偏移从而偏离水平面。总之，上述因素都会使自转轴绕内环轴逐渐偏离水平面，然而外环轴仍处于垂直位置，这就使陀螺仪三轴不能保持互相垂直，稳定性变差。当自转轴绕内环轴转过 90° 而与外环轴重合时，将出现环架自锁现象，此时陀螺仪也就无法正常工作了。

　　接着分析陀螺仪相对于子午面的方位偏离。与上述分析过程相似，由于地球自转和飞机飞行的影响，子午面相对于惯性空间的方位不断发生变化，而自转轴绕外环轴相对于惯性空间的方位却稳定不变，这就使陀螺仪不能长时间相对于子午面保持方位稳定。同时，内环轴向不可避免地存在摩擦、不平衡等干扰力矩，导致陀螺仪绕外环轴发生漂移，这也会使陀螺仪不能长时间地相对于子午面保持方位稳定。这些因素都使陀螺仪绕外环轴相对于子午面逐渐发生方位偏离，从而产生方位误差。陀螺仪的方位误差将直接造成航向测量误差。

　　由此可知，不加修正的双自由度陀螺仪仅在短时间内可以建立测量航向的子午面基准，随着时间增长，误差不断加大，它也就无法使用了。因此，要把双自由度陀螺仪作为航向陀螺仪使用，必须设置两种修正装置，即水平修正装置和方位修正装置。水平修正装置安装在外环轴向，用来使自转轴保持水平，从而使自转轴与外环轴保持垂直关系。方位修正装置安装在内环轴向，用来使陀螺仪绕外环轴进动，以跟踪子午面相对于惯性空间的方位变化，以便将自转轴相对于惯性空间保持稳定改变为相对于子午面保持稳定，从而提高航向陀螺仪的方位稳定精度。

增加了上述两种修正装置后，航向陀螺仪便能在较长时间内相对于子午面保持方位稳定，使测量飞机航向有了直接比较的基准。如图 6-1-5 所示，我们把航向刻度盘固定在外环轴上，把模拟飞机纵轴的航向指标固定在表壳上，这样就能在航向刻度盘上直接读出飞机航向。当飞机航向改变时，陀螺仪绕外环轴保持方位稳定，固定在外环轴上的航向刻度盘不随飞机转动，航向指标却随飞机绕外环轴转动。根据航向指标绕外环轴相对于航向刻度盘转动的角度，便可读出飞机航向。由此可见，航向陀螺仪的外环轴是航向的测量轴。如果将测量航向的同步发送器安装在外环轴向，则可输出航向的电气信号。

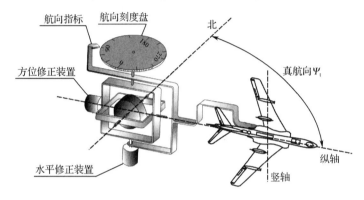

图 6-1-5　航向陀螺仪的原理

三、航向陀螺仪的基本组成

由航向陀螺仪的基本原理可知，航向陀螺仪的基本组成包括双自由度陀螺仪、水平修正装置、方位修正装置、信号传感器等，如图 6-1-6 所示。

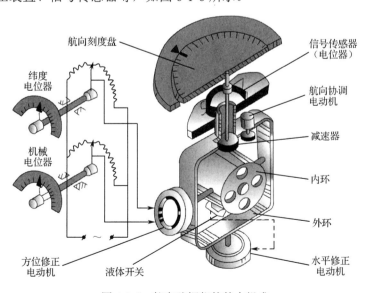

图 6-1-6　航向陀螺仪的基本组成

（一）双自由度陀螺仪

航向陀螺仪的基本部分是一个双自由度水平陀螺仪，由转子、内环和外环组成。转子通常由交流异步电动机驱动。电动机外壳就是内环，也称为陀螺盒。陀螺角动量一般为 4000g·cm·s，有的可达 24000g·cm·s。外环轴是航向的测量轴，它通过滚珠轴承支承在壳体或伺服托架上，与飞机竖轴平行。自转轴保持在水平面内，与外环轴垂直。双自由度陀螺仪绕外环轴的转动范围为 360°，绕内环轴的转角限制在 90°以内。

（二）水平修正装置

水平修正装置用来使航向陀螺仪的自转轴与外环轴保持垂直，以免降低航向陀螺仪的稳定性。它由敏感元件和执行电动机（称为水平修正电动机）组成。

下面主要介绍光电敏感元件与水平修正电动机组成的水平修正装置。

光电敏感元件用来感受自转轴与外环轴是否垂直，由小灯泡、光电池和环状光栅组成。光电池是一种光电转换元件。当光电池表面受到光照时，它的两极便形成直流电势，电势大小与光电池表面接收到的光通量成正比。环状光栅是一个铝质圆环，圆环壁上开有两条平行且错开的细长槽，作为光照的通路。小灯泡和两片反向串联的光电池固定在外环上；环状光栅固定在内环轴上，插在小灯泡和光电池之间，随自转轴绕内环轴偏转而移动。小灯泡通电后产生的光照通过环状光栅上的两条细长槽分别照射在两片光电池上，使光电池产生直流电势。当自转轴相对于外环轴的位置发生变化时，环状光栅相对于光电池的位置也发生变化，从而使光电池表面受到光照的面积及产生的直流电势都随之改变。

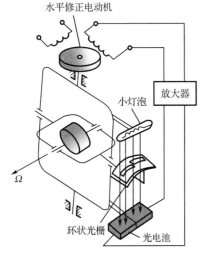

图 6-1-7　光电敏感元件与水平修正电动机组成的水平修正装置

水平修正电动机安装在外环轴向。转子固定在外环轴上，定子绕组固定在壳体上。光电池输出的信号经放大器后送至控制绕组，激磁绕组接在交流电源上，如图 6-1-7 所示。

当自转轴与外环轴垂直时，环状光栅上的两条细长槽的交接处正对光电池中间位置，使两片光电池表面受到光照的面积相等，但因反向串联互相抵消，因此光电池没有信号输出，水平修正电动机不产生修正力矩，自转轴与外环轴仍保持垂直关系。

当自转轴在外干扰作用下绕内环轴发生偏离时，固定在内环轴上的环状光栅随之转动一个角度，从而使两片光电池表面受到光照的面积不相等。于是它们所产生的直流电势也不相等，有直流信号输出，使水平修正电动机产生沿外环轴向的修正力矩，于是自转轴绕内环轴进动，直到自转轴恢复到与外环轴垂直。

这种水平修正装置可用来使自转轴与外环轴保持垂直，以保证航向陀螺仪具有良好的稳定性。这种水平修正装置的结构虽较为复杂，但它的工作不受飞行加速度的影响，同时不会增加内环轴向的摩擦或其他干扰力矩。因此，精度较高的航向陀螺仪均采用这种水平修正装置。

此外，常见的水平修正装置还有液体开关与水平修正电动机组成的水平修正装置，它的工作原理与双自由度垂直陀螺仪的修正装置的工作原理相似。它仅有一个三极式液体开关安装在陀螺盘上，其轴线与自转轴平行，用以敏感自转轴是否偏高于水平位置。水平修正电动机仍安装在外环轴向。这种水平修正装置用来使自转轴保持水平，它的工作会受飞行加速度的影响，主要用在早期生产的航向陀螺仪上。

（三）方位修正装置

方位修正装置用来使航向陀螺仪相对于子午面保持方位稳定。它通常由纬度电位器和机械电位器组成的交流电桥及方位修正电动机构成。纬度电位器给出地球自转误差的补偿信号，机械电位器给出因干扰力矩造成的常值漂移误差的补偿信号。方位修正电动机有多种形式，其中一种是将方位修正电动机作为力矩电动机安装在内环轴向，用以接收交流电桥送来的信号，产生相应的方位修正力矩作用在内环轴向，使双自由度陀螺仪绕外环轴产生进动，以便跟踪子午面相对于惯性空间的方位变化，消除航向陀螺仪的方位误差，提高方位稳定精度。

第二节 航向陀螺仪的运动方程及结构图

通过以上分析可知，要通过航向陀螺仪准确测量飞机的航向，就必须使航向陀螺仪随时跟踪当地子午线，以建立稳定的子午线基准。否则，地球自转、飞机飞行和干扰力矩的影响都会使航向舵螺仪产生误差。因此，研究航向陀螺仪的误差产生原因和消除方法，就成为我们掌握航向陀螺仪的重要内容。为此，必须先建立航向陀螺仪的运动方程，再讨论它的误差产生原因和消除方法。

一、航向陀螺仪的运动方程

我们已经建立了双自由度陀螺仪相对于惯性坐标系的运动方程，并根据工程应用实际将其简化为进动方程，即式（4-2-10），现重写于下：

$$H\dot{\theta}_y = M_x$$
$$-H\dot{\theta}_x = M_y$$

在自转轴偏角 θ_x 和 θ_y 为小角的情况下，上式中的 $\dot{\theta}_x$ 和 $\dot{\theta}_y$ 表示双自由度陀螺仪绕外环轴和内环轴相对于惯性空间的转动角速度；M_x 和 M_y 表示沿外环轴向和内环轴向作用于陀螺仪的力矩。

但对航向陀螺仪来说，我们关心的是陀螺仪相对于地理坐标系的运动。因此，要建立的是陀螺仪相对于地理坐标系的运动方程。为此，将上式进行适当变换。一方面，将上式中陀螺仪相对于惯性空间的转动角速度 $\dot{\theta}_x$ 和 $\dot{\theta}_y$ 用陀螺仪相对于地理坐标系和地理坐标系相对于惯性空间转动角速度的合成形式表示；另一方面，将作用于陀螺仪的力矩 M_x 和 M_y 用修正力矩和干扰力矩具体表达。将这些表达式代入上式，即可得到航向陀螺仪的运动方程。

如图 6-2-1 所示，取陀螺坐标系 $Oxyz$ 和地理坐标系 $ONE\zeta$，使其坐标原点均与陀螺仪支点重合。设陀螺仪绕外环轴 x_1 正向相对于地理坐标系的转动角速度为 $\dot{\alpha}$，转角为 α；绕内环轴 y 正向相对于地理坐标系转动的角速度为 $\dot{\beta}$，转角为 β。此外，地理坐标系因地球自转、飞机飞行而相对于惯性空间转动，其转动角速度在地理坐标系各轴上的投影分别 ω_E、ω_N、ω_ζ。根据坐标系之间的变换关系，可以得到航向陀螺仪相对于惯性坐标系的转动角速度在陀螺坐标系的 x 轴和 y 轴上的投影 $\dot{\theta}_x$ 和 $\dot{\theta}_y$ 的表达式。考虑到自转轴转角 α、β 均为小角，故其表达式为

$$\dot{\theta}_x = \dot{\alpha} + \omega_\zeta - \omega_N \beta$$

$$\dot{\theta}_y = \dot{\beta} + \omega_E + \omega_N \alpha$$

（6-2-1）

在航向陀螺仪中，作用在外环轴向的力矩 M_x 包括水平修正力矩 M_{kx} 和干扰力矩 M_{dx}，作用在内环轴向的力矩 M_y 包括方位修正力矩 M_{ky} 和干扰力矩 M_{dy}，即

$$M_x = M_{kx} + M_{dx}$$

$$M_y = M_{ky} + M_{dy}$$

（6-2-2）

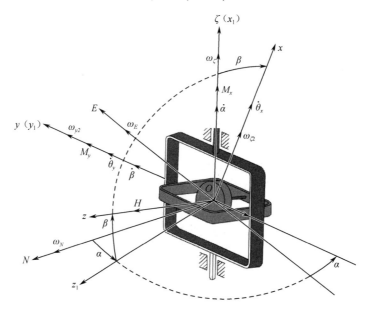

图 6-2-1　航向陀螺仪坐标运动关系

干扰力矩包括轴承摩擦力矩 M_f 和陀螺仪质心偏移造成的不平衡力矩 M_g。

将式（6-2-1）和式（6-2-2）代入式（4-2-10），便可得到航向陀螺仪的运动方程，即

$$H(\dot{\beta} + \omega_E + \omega_N \alpha) = M_{kx} + M_{dx}$$

$$-H(\dot{\alpha} + \omega_\zeta - \omega_N \beta) = M_{ky} + M_{dy}$$

（6-2-3）

在式（6-2-3）中，地理坐标系相对于惯性空间的转动角速度的投影形式已给出，即

$$\omega_E = -\frac{v\cos\Psi}{R_e}$$

$$\omega_N = \omega_e \cos\varphi + \frac{v\sin\Psi}{R_e}$$

$$\omega_\zeta = \omega_e \sin\varphi + \frac{v\sin\Psi}{R_e}\tan\varphi$$

将上式代入式（6-2-3），可得航向陀螺仪的运动方程为

$$H\left[\dot{\beta} - \frac{v\cos\Psi}{R_e} + \left(\omega_e \cos\varphi + \frac{v\sin\Psi}{R_e}\right)\alpha\right] = M_{kx} + M_{dx}$$

$$-H\left[\dot{\alpha} + \omega_e \sin\varphi + \frac{v\sin\Psi}{R_e}\tan\varphi - \left(\omega_e \cos\varphi + \frac{v\sin\Psi}{R_e}\right)\beta\right] = M_{ky} + M_{dy}$$

（6-2-4）

在航向陀螺仪的运动方程，即式（6-2-4）中，第一式表明了航向陀螺仪绕内环轴相对于水平面的运动规律，这是在水平修正力矩作用下的修正运动。水平修正力矩 M_{kx} 一般可按常数修正特性处理，其分析方法与垂直陀螺仪中所述相似，不另作讨论。第二式表明了航向陀螺仪绕外环轴相对于子午面的运动规律，或者说表明了航向陀螺仪相对于子午面的方位偏离规律，这是我们在研究航向陀螺仪时最为关心的问题。

二、航向陀螺仪的结构图

对式（6-2-4）进行拉普拉斯变换，假设所有初始条件均为零，稍作整理后可得

$$\beta(s) = \frac{1}{s}\left[\frac{v\cos\Psi}{sR_e} - \left(\omega_e\cos\varphi + \frac{v\sin\Psi}{R_e} \right)\alpha(s) + \frac{M_{kx}(s) + M_{dx}(s)}{H} \right]$$

$$\alpha(s) = \frac{1}{s}\left[-\left(\omega_e\sin\varphi + \frac{v\sin\Psi}{R_e}\tan\varphi \right)\frac{1}{s} + \left(\omega_e\cos\varphi + \frac{v\sin\Psi}{R_e} \right)\beta(s) - \frac{M_{ky}(s) + M_{dy}(s)}{H} \right]$$

$$(6\text{-}2\text{-}5)$$

根据式（6-2-5），可画出航向陀螺仪在测量真航向时的结构图，如图 6-2-2 所示。

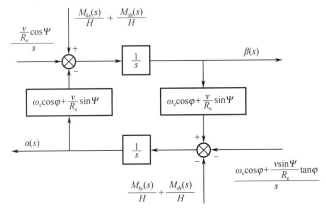

图 6-2-2　航向陀螺仪的结构图

从图（6-2-2）中可以看出，负反馈回路中的 $\omega_N = \left(\omega_e\cos\varphi + \frac{v}{R_e}\sin\Psi \right)$ 与输入回路中的 ω_E、ω_ζ 具有同一数量级，而且在利用航向陀螺仪来测量真航向时，α 和 β 都是小角。这样，反馈量 $\omega_N\alpha$ 或 $\omega_N\beta$ 与输入量 ω_E、ω_ζ 相比可以忽略。当图 6-2-2 中忽略了 ω_N 所组成的反馈回路后，航向陀螺仪的结构图就变成两个互不相关的开环回路，如图 6-2-3 所示。

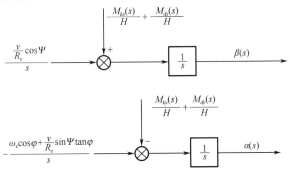

图 6-2-3　航向陀螺仪的简化结构图

简化结构图的第一个开环回路描述了航向陀螺仪绕内环轴的运动规律，由于采用了水平修正装置，因此它能根据 β 角来产生水平修正力矩 M_{kx}，使自转轴保持在水平面内，即 $\beta = 0$。

简化结构图的第二个开环回路描述了航向陀螺仪绕外环轴的运动规律，它将直接影响航向陀螺仪所测真航向的精度，是我们分析航向陀螺仪的重点。由此可以看出，要使航向陀螺仪准确指示其真航向，应保证 $\alpha = 0$，这要求方位修正装置能够根据 ω_e、v、φ、Ψ 等参数，在考虑干扰力矩影响的情况下，求出所需的方位修正力矩 M_{ky}，并将此力矩作用在内环轴向，从而使自转轴偏离子午面的角速度 $\dot{\alpha} = 0$，这样自转轴才能稳定在子午面内，仪表才能准确指示出真航向。事实上，为了进一步认识自转轴偏离子午面的规律，或者说航向舵螺仪产生方位误差的规律，以采取正确的对策，第三节将对航向陀螺仪的方位误差进行分析。

第三节　航向陀螺仪的方位误差

由于干扰力矩的存在，以及地球自转、飞机飞行等因素的影响，航向陀螺仪将绕外环轴偏离子午面产生方位误差。本节将对方位误差的产生、表现特点及消除方法进行分析。

为了分析航向陀螺仪的方位误差，必须先了解航向陀螺仪绕外环轴的运动规律。由航向陀螺仪的简化结构图的第二个开环回路可得

$$\alpha(s) = \frac{1}{s}\left[-\left(\omega_e \sin\varphi + \frac{v\sin\Psi}{R_e}\tan\varphi \right)\frac{1}{s} - \frac{M_{ky}(s)}{H} - \frac{M_{dy}(s)}{H} \right] \quad (6\text{-}3\text{-}1)$$

经拉普拉斯变换可得

$$\dot{\alpha} = -\omega_e \sin\varphi - \frac{v\sin\Psi}{R_e}\tan\varphi - \frac{M_{ky}}{H} - \frac{M_{dy}}{H} \quad (6\text{-}3\text{-}2)$$

式（6-3-2）表明了航向陀螺仪绕外环轴偏离子午面产生方位误差的角速度。为了便于看清各个因素对产生方位误差的影响，暂且不考虑方位修正力矩。这样即可得到无方位修正情况下航向陀螺仪的方位误差表达式，即

$$\dot{\alpha} = \frac{-M_{dy}}{H} - \omega_e \sin\varphi - \frac{v\sin\Psi}{R_e}\tan\varphi \quad (6\text{-}3\text{-}3)$$

式（6-3-3）中等号右边第一项是机械干扰力矩引起的陀螺漂移误差；第二项是地球自转引起的方位误差；第三项是飞机飞行速度引起的方位误差。后两项实际上是航向陀螺仪表观运动的表现。下面具体分析航向舵螺仪的方位误差。

一、机械误差

沿内环轴向作用的干扰力矩 M_{dy} 引起航向陀螺仪绕外环轴漂移，使得航向陀螺仪不能相对于子午面保持方位稳定而造成的误差称为机械误差。作用于内环轴向的干扰力矩有不平衡力矩 M_{gy}、摩擦力矩 M_{fy}，以及其他因素引起的干扰力矩。

（一）不平衡力矩造成的机械误差

航向陀螺仪的自转轴处于水平状态，因此只要内环组合件的质心沿自转轴方向偏离内环轴 y，其重力就会对内环轴形成不平衡力矩 M_{gy}。例如，内环组合件虽经过了精心的平衡设计，但仍不可避免地会残存一些偏差，若偏差是沿自转轴方向的，则会对内环轴产生不平衡

力矩。特别是当温度发生变化时，内环组合件中各零件的线膨胀系数不等，引起转子质心沿自转轴方向相对于内环轴偏移，这是造成不平衡的一个重要原因。设转子质量为 G，其质心沿自转轴方向偏离内环轴的距离为 l，由此造成的不平衡漂移为

$$\dot{\alpha}_g = \frac{M_{gy}}{H} = \frac{Gl}{H} \tag{6-3-4}$$

　　[**例**] 设航向陀螺仪的陀螺角动量 H=4000g·cm·s，转子质量 G=400g，其质心沿自转轴方向相对于内环轴的偏移量 l =5μm，试计算不平衡漂移。

　　解：不平衡漂移为

$$\dot{\alpha}_g =(400×5×10^{-4}/4000)/s=10.3°/h$$

由此可见，因转子质心偏移所造成的不平衡漂移误差是一项十分严重的误差。

　　为了减小不平衡力矩造成的机械误差，除必须对内环组合件进行精心的静平衡设计以外，有些航向陀螺仪在其陀螺盒的一端还装有带配重的双金属片。当温度变化引起转子质心偏移时，双金属片带着配重向相反方向弯曲，以补偿温度变化使转子质心偏移而造成的漂移误差。

（二）摩擦力矩造成的机械误差

　　内环轴上的滚珠轴承、输电装置等都会造成内环轴向的摩擦力矩 M_{fy}，从而引起自转轴绕外环轴产生摩擦漂移。由于摩擦力矩的方向带有很大的随机性，再考虑实际工作条件下振动的影响，会降低摩擦力矩的数值，因此可以把摩擦力矩 M_{fy} 乘上一个小于 1 的系数 f，以计算摩擦漂移，即

$$\dot{\alpha}_f = f \frac{M_{fy}}{H} \tag{6-3-5}$$

　　在一般飞行振动条件下，可选取 f=0.1～0.3。

　　[**例**] 设航向陀螺仪的角动量 H = 4000g·cm·s，内环轴向的摩擦力矩 M_{fy}=1g·cm，选取 f = 0.15，试计算摩擦漂移。

　　解：摩擦漂移为

$$\dot{\alpha}_f = 0.15×(1/4000)/s=7.8°/h$$

　　显然，摩擦漂移误差也是一项相当严重的误差。为了减小摩擦漂移误差，应尽量减小内环轴的摩擦力矩，因此通常采用高精度轴承作为内环轴承。为进一步减小内环轴承的摩擦力矩，航向陀螺仪采用旋转轴承（也称三环轴承）作为内环轴承。图 6-3-1 所示为拉线式旋转轴承，是一种典型的旋转结构。旋转轴承共有三个座圈，内座圈与内环轴紧配合；外座圈固定在外环的轴承座上；中座圈上的齿轮经拉线齿轮和拉线由轴承电动机带动。中座圈与内座圈、中座圈与外座圈之间都装有滚珠。轴承电动机是一个单相交流电动机，经减速器后带动偏心轮旋转，偏心轮上的销杆带动换向滑块做往复运动，从而使固定在滑块上的拉线带动拉线齿轮和两个轴承的中座圈轴同时做周期换向转动，但两个轴承中座圈的转动方向正好相反。

　　旋转轴承中座圈的不停旋转使静摩擦变为动摩擦，同时使个别点的摩擦变为平均转动的摩擦，因此滚珠轴承的摩擦力矩大为减小。实验证明，当中座圈转速选择在 20～150r/min 时，轴承的摩擦力矩可减小为原来的 1/20。又因为两个旋转轴承的转动方向相反，所以它们作用在航向陀螺仪上的摩擦力矩方向也相反，互相抵消。在理想情况下，如果两个旋转轴承的摩

擦力矩相等，那么作用在航向陀螺仪上的总摩擦力矩将等于零。事实上这种效果是达不到的，两个旋转轴承的摩擦力矩总会有微小的差异。即使这样，抵消后的剩余摩擦力矩也将大为减小，航向陀螺仪的摩擦漂移误差也会大为减小。此外，两个旋转轴承的转动方向是周期换向的，这就使剩余摩擦力矩和摩擦漂移的方向都随之周期换向，从而进一步减小了摩擦漂移。

由于拉线式旋转轴承的可靠性差，因此对其进行了改进，采用了另一种工作原理，如图 6-3-2 所示。

旋转轴承伺服电动机的工作是由换向电路控制的，换向电路输出的控制信号驱动伺服电动机周期性正、反向转动，通过中座圈 1、传动轴、齿轮、中座圈 2 使两个旋转轴承的中座圈做周期性的、方向相反的旋转运动，使内环轴上的摩擦力矩较一般轴承的摩擦力矩大为减小，从而使航向陀螺的航向漂移误差大为减小。

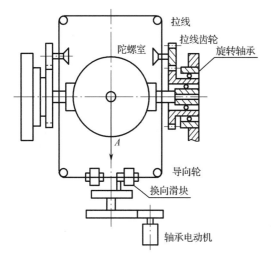 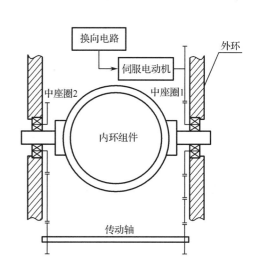

图 6-3-1　拉线式旋转轴承　　　　　　　　图 6-3-2　旋转轴承

采用旋转轴承和采用普通轴承相比，航向陀螺仪的方位稳定精度可提高一个数量级以上，其漂移率可达到 $1°\sim0.1°/h$，甚至更小。由此可见，采用旋转轴承的效果是十分明显的。

归纳以上不平衡力矩和摩擦力矩所造成的误差，航向陀螺仪的机械误差为

$$\dot{\alpha}_d = \dot{\alpha}_g + \dot{\alpha}_f = \frac{Gl}{H} + f\frac{M_{fy}}{H} \tag{6-3-6}$$

二、地球自转误差

航向陀螺仪的地球自转误差计算公式为

$$\dot{\alpha}_e = \omega_e \sin\varphi \tag{6-3-7}$$

地球自转误差是由于地球自转角速度沿当地垂线的分量所造成的误差。航向陀螺仪的稳定性使其绕外环轴相对于惯性空间保持方位稳定，而地球自转角速度沿当地垂线的分量 $\omega_e\sin\varphi$ 却引起当地子午面绕当地垂线相对于惯性空间转动，所以航向陀螺仪相对于当地子午面发生偏转，使其不能长时间地相对于当地子午面保持方位稳定，从而造成误差。由式（6-3-7）可知，地球自转角速度 ω_e 是一个常量，因此地球自转误差大小随所在地的纬度 φ 不同而变化，所以该误差又称为纬度误差。这种误差实际上是航向陀螺仪表观运动的表现。

为了提高航向陀螺仪的方位稳定精度，必须对地球自转误差采取补偿措施。补偿的原理是，在内环轴向施加一定的修正力矩，使航向陀螺仪绕外环轴进动，其进动方向应与当地子午面绕当地垂线转动的方向相同，进动角速度大小则应与子午面绕当地垂线的角速度大小相等。只有这样才能实现自转轴相对于当地子午面保持方位稳定。这种修正叫作纬度修正。

目前应用较为普遍的方位修正办法是，采用纬度修正电位器和方位修正电动机组成的方位修正装置。如图 6-3-3 所示，方位修正电动机安装在内环轴向，用来产生沿内环轴的方位修正力矩。纬度修正电位器安装在控制盒内。为了同时消除剩余机械误差，控制盒内还装有一个机械修正电位器。纬度修正电位器和机械修正电位器接成一个交流电桥，如图 6-3-4 所示。交流电桥两个电刷的输出端接方位修正电动机的控制绕组，方位修正电动机的激磁绕组直接接在交流电源上。

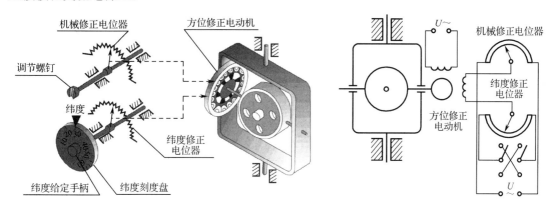

图 6-3-3　方位修正装置　　　　　　图 6-3-4　方位修正电路

当需要补偿地球自转误差时，只要将纬度给定手柄转到相应位置上，交流电桥就会失去平衡从而输出信号给方位修正电动机，使方位修正电动机产生沿内环轴向的方位修正力矩，从而使航向陀螺仪绕外环轴进动，以补偿地球自转误差。地球自转误差随纬度按正弦规律变化，这就要求方位修正力矩也应随纬度按正弦规律变化，所以纬度刻度盘是按正弦规律非均匀划分刻度值的。当需要补偿机械误差时，可以调整机械修正电位器电刷的位置，使交流电桥失去平衡从而输出信号给方位修正电动机，这样方位修正电动机便产生相应的方位修正力矩，使航向陀螺仪绕外环轴进动，以补偿剩余机械误差。但此项调整工作只有在工厂生产或修理厂维修调试过程中才能进行。

三、飞行速度误差

航向陀螺仪飞行速度误差的计算公式为

$$\dot{\alpha} = \frac{v\sin\varPsi}{R_e}\tan\varphi \tag{6-3-8}$$

飞行速度误差是由于飞行等效角速度沿当地垂线方向的分量$(v\sin\varPsi / R_e)\tan\varphi$ 而造成的。航向陀螺仪绕外环轴相对于惯性空间保持方位稳定，但在飞行过程中各地的子午面相对于惯性空间是变化的，这种变化表现为飞行速度所形成的等效角速度的垂直分量，会引起当地子午面绕当地垂线相对于惯性空间转动，所以航向陀螺仪不能长时间地相对于当地子午面保持方位稳定，从而会造成误差。这种误差实际上也是航向陀螺仪表观运动的表现。

　　飞行速度误差也是一项比较大的误差，特别是在高纬度地区飞行时，飞行速度误差将随纬度升高急剧增大。然而，在目前使用的航向陀螺仪中，并不对此项误差加以补偿。这是为什么呢？固然，影响飞行速度误差的因素比较多（有 v、Ψ、φ），给补偿工作带来一定困难。但更重要的是，在高纬度地区飞行时，飞机通常做大圆圈飞行，不存在飞行速度误差，所以也就不需要补偿了。

　　因为飞机做大圆圈飞行时，飞行员是以大圆圈航向为基准来操纵飞机的，这就要求自转轴稳定在起始点地理子午线上，或者说要求航向陀螺仪相对于大圆圈平面保持方位稳定。然而，当飞机沿大圆圈线飞行时，飞行速度 v 形成的等效角速度始终垂直于大圆圈平面，因此这个等效角速度不会引起大圆圈平面绕当地垂线相对于惯性空间转动，也就不会引起航向陀螺仪绕外环轴相对于大圆圈平面的方位偏离，所以不存在飞行速度误差，当然也不就需要补偿了。

　　综上所述，当飞机做等角线飞行，即用航向陀螺仪来指示真航向时，航向陀螺仪的方位误差包括机械误差 $\dot{\alpha}_d$、地球自转误差 $\dot{\alpha}_e$ 和飞行速度误差 $\dot{\alpha}_v$，方位误差可能出现的最大值可表示为

$$\dot{\alpha}_{max} = \left| \frac{M_{gy}}{H} \right| + \left| f\frac{M_{fy}}{H} \right| + \left| \omega_e \sin\varphi \right| + \left| \frac{v\sin\Psi}{R_e}\tan\varphi \right| \tag{6-3-9}$$

　　若飞机做大圆圈飞行，即用航向陀螺仪来指示大圆圈航向时，航向陀螺仪的方位误差只包括机械误差 $\dot{\alpha}_d$ 和地球自转误差 $\dot{\alpha}_e$，而不包括飞行误差 $\dot{\alpha}_v$。

复习思考题

　　1．试述航向的定义，并分析测量航向的方法。

　　2．试述航向陀螺仪的基本组成，并说明方位修正装置的作用。

　　3．写出航向陀螺仪的运动方程，并说明其物理意义。

　　4．写出航向陀螺仪的方位误差表达式，并说明在航向陀螺仪中是如何消除或减小方位误差的。

第七章　角速度陀螺仪

我们知道，利用双自由度陀螺仪可以测量飞机的角位置，如航向角 Ψ、俯仰角 θ、倾斜角 γ，以便向飞行员或机上设备提供角位置参数。除此之外，还需要了解飞机绕机体坐标系各轴转动的角速度，如转弯角速度、横滚角速度和俯仰角速度，这些参数一般通过单自由度陀螺仪构成的角速度陀螺仪进行测量。本章主要介绍用来测量转弯角速度的陀螺仪，分析单自由度陀螺仪的特性和运动规律。

第一节　单自由度陀螺仪的特性

单自由度陀螺仪的结构组成与双自由度陀螺仪相比少了一个外环，故相对于基座或仪表壳体而言，也就少了一个转动自由度。正因为这样，单自由度陀螺仪与双自由度陀螺仪有明显的区别。

一、单自由度陀螺仪的运动

（一）单自由度陀螺仪的进动

双自由度陀螺仪的基本特性之一是进动性，这种进动性仅与作用在陀螺仪上的外力矩有关，而与基座的转动无关（对理想陀螺仪模型而言）。因为由内、外环组成的环架装置将基座的转动与转子的运动隔离，从而使基座在绕不同方向转动时都不会直接带动转子一起转动，自转轴仍相对于惯性空间稳定在一定方位上，所以基座的运动不会直接影响到转子的进动。

然而，单自由度陀螺仪的运动情况有所不同。如图 7-1-1 所示，当基座绕自转轴 z 或内环轴 y 转动时，转子仍不会被带着转动。也就是说，对于基座绕这两个方向的转动，内环仍起到隔离运动的作用。但是，当基座绕 x_0 轴以角速度 ω_x 转动时，由于陀螺仪绕该轴没有转动自由度，所以基座转动时将通过内环轴支承带动内环连同转子一起转动。这时自转轴力图保持原来的空间方位不变，于是当基座转动时，通过内环轴支承就有推力 F_A 作用在内环轴的两端，并形成推力矩 M_A 作用在陀螺仪上，其方向沿 x_0 轴的正方向。由于绕内环轴仍存在转动自由度，所以这个推力矩就强迫陀螺仪产生绕内环轴的进动。进动角速度 $\dot{\beta}$ 沿内环轴 y 正向，使自转轴 z 趋于与 x_0 轴重合。这种运动为单自由度陀螺仪的进动。

这就是说，当基座绕陀螺仪缺少自由度的 x_0 轴转动时，会强迫陀螺仪跟随基座转动，还会强迫陀螺仪绕内环轴 y 进动，使自转轴 z 趋于与基座角速度方向 x_0 轴正向重合。我们将陀螺仪缺少自由度的 x_0 轴称为单自由度陀螺仪的输入轴，将内环轴 y 称为单自由度陀螺仪的输出轴。相应地，将绕 x_0 轴的转动角速度 ω_x 称为输入角速度，将绕内环轴 y 的转动角速度 $\dot{\beta}$ 称为输出角速度。由此可见，单自由度陀螺仪具有敏感绕其输入轴转动的特性。

（二）单自由度陀螺仪在内环轴上有外力矩时的运动

如图 7-1-2 所示，设外力矩 M_y 沿内环轴 y 的负向作用，这时陀螺仪将力图以角速度 M_y/H 绕 x_0 轴的正向进动。然而这个进动能否实现要视基座绕 x_0 轴的转动情况而定。

当基座绕 x_0 轴没有转动时，很显然由于内环轴支承的约束，这个进动是不可能实现的。但其进动趋势仍存在，并对内环轴支承施加压力，这样支承就产生约束反力 F_R 作用在内环轴上，并形成约束反力矩 M_R 作用在陀螺仪上，其方向垂直于陀螺角动量 H，沿 x_0 轴的负向。在约束反力矩作用下，陀螺仪产生绕内环轴的进动，进动角速度 $\dot{\beta}$ 沿内环轴 y 的负向。也就是说，如果基座绕 x_0 轴没有转动，那么在绕内环轴向的外力矩作用下，陀螺仪的转动方向与外力矩作用方向相同，使陀螺仪如同一般刚体一样绕内环轴转动起来。

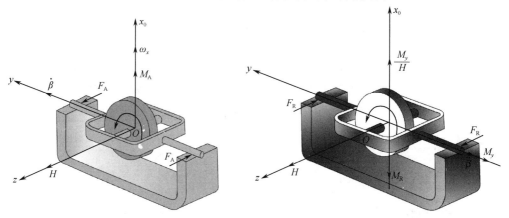

图 7-1-1　单自由度陀螺仪的进动　　　　　图 7-1-2　内环轴上有外力矩时的运动

当基座绕 x_0 轴转动，且转动角速度 ω_x 等于 M_y/H 时，内环轴上的一对支承不再对陀螺仪绕 x_0 轴的进动起约束作用，陀螺仪绕 x_0 轴的进动角速度 M_y/H 就可以实现，外力矩也就不会使陀螺仪绕内环轴转动。而且，由于陀螺进动角速度 M_y/H 恰好与基座转动角速度 ω_x 相等，内环轴支承不再对陀螺仪施加推力矩，所以基座的转动也就不会强迫陀螺仪绕内环轴转动。这时陀螺仪绕 x_0 轴处于进动状态，而绕内环轴 y 则处于相对静止状态。

二、单自由度陀螺仪的运动方程

为了分析单自由度陀螺仪的运动规律，必须先推导单自由度陀螺仪的运动方程。这里仍采用较为简便的动静法进行推导。

对单自由度陀螺仪而言，其输入是基座（表壳）相对于惯性空间的转动，而输出是陀螺仪绕内环轴相对于基座的转角。因此，我们讨论单自由度陀螺仪的运动，就是要讨论单自由度陀螺仪绕内环轴相对于基座的运动情况，即内环坐标系 $Ox_2y_2z_2$ 相对于基座坐标系 $Ox_0y_0z_0$ 的运动情况。

如图 7-1-3 所示，假设单自由度陀螺仪内环轴相对于基座转动的角加速度、角速度和转角分别为 $\ddot{\beta}$、$\dot{\beta}$、β，并将绕内环轴正向的转角定义为正。沿基座绕惯性空间的转动角速度在基座坐标系各轴上的分量为 ω_x、ω_y、ω_z，角加速度分量为 $\dot{\omega}_x$、$\dot{\omega}_y$、$\dot{\omega}_z$。根据动静法原理，使作用于单自由度陀螺仪内环轴向的外力矩和惯性力矩平衡，即可得到单自由度陀螺仪的运动方程。作用于单自由度陀螺仪内环轴向的力矩介绍如下。

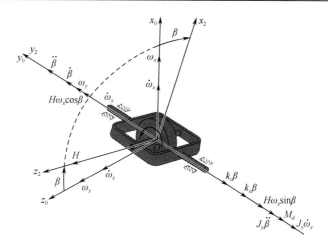

图 7-1-3 单自由度陀螺仪内环轴作用的力矩

（一）外力矩

如果单自由度陀螺仪中装有弹性元件，则当单自由度陀螺仪绕内环轴正向相对于基座转过 β 角时，便有弹性力矩 M_c 作用在单自由度陀螺仪上，方向沿内环轴负向，其大小与转角 β 成正比，表达式为

$$M_c = -k_c\beta \tag{7-1-1}$$

式中，k_c——弹性元件的弹性系数。

如果单自由度陀螺仪中装有阻尼器，则当单自由度陀螺仪绕内环轴正向相对于基座转动的角速度为 $\dot{\beta}$ 时，便有阻尼力矩 M_s 作用单自由度陀螺仪上，方向沿内环轴负向，其大小与角速度 $\dot{\beta}$ 成正比，表达式为

$$M_s = -k_s\dot{\beta} \tag{7-1-2}$$

式中，k_s——阻尼器的阻尼系数。

此外，还会有干扰力矩 M_d 作用于单自由度陀螺仪内环轴向。

（二）转动惯性力矩

设单自由度陀螺仪绕内环轴的转动惯量为 J_y，当单自由度陀螺仪绕内环轴相对于基座出现角加速度 $\ddot{\beta}$，基座绕内环轴相对于惯性空间出现角加速度 $\dot{\omega}_y$ 时，便会产生转动惯性力矩 M_s，其方向与角加速度方向相反，沿内环轴负向，表达式为

$$M_J = -J_y\ddot{\beta} - J_y\dot{\omega}_y \tag{7-1-3}$$

（三）陀螺力矩

已知陀螺角动量为 H，当基座绕 x_0 轴和 z_0 轴相对于惯性空间存在角速度 ω_x 和 ω_z 时，便会产生沿内环轴向的陀螺力矩 L，其方向按右手定则判定，其大小为陀螺角动量与牵连角速度的乘积，表达式为

$$L = H\omega_x\cos\beta - H\omega_z\sin\beta \tag{7-1-4}$$

根据转动惯性力矩、陀螺力矩和外力矩平衡，可以列出单自由度陀螺仪绕内环轴的力矩平衡方程，即

$$M_J + M_s + M_c + L + M_d = 0$$

将式（7-1-1）至式（7-1-4）代入上式，可得

$$-J_y\ddot{\beta} - J_y\dot{\omega}_y - k_s\dot{\beta} - k_c\beta + H\omega_x\cos\beta - H\omega_z\sin\beta - M_d = 0$$

这样的静力学方程，其实质仍是动力学方程。将上式移项后得

$$J_y\ddot{\beta} + k_s\dot{\beta} + k_c\beta = H(\omega_x\cos\beta - \omega_z\sin\beta) - J_y\dot{\omega}_y - M_d \qquad （7-1-5）$$

式（7-1-5）就是考虑阻尼和弹性约束的情况下单自由度陀螺仪的运动方程。假设单自由度陀螺仪绕内环轴的转角 β 为小角，则有 $\cos\beta \approx 1$ 和 $\sin\beta \approx 0$，并假设基座绕内环轴转动的角加速度 $\dot{\omega}_y$ 和干扰力矩 M_d 都为零，ω_x 用 ω 表示，可得到简化的单自由度陀螺仪运动方程，即

$$J_y\ddot{\beta} + k_s\dot{\beta} + k_c\beta = H\omega \qquad （7-1-6）$$

三、单自由度陀螺仪的结构图和传递函数

假设单自由度陀螺仪的初始角速度和初始角加速度均为零，即 $\dot{\beta}(0) = 0$，$\ddot{\beta}(0) = 0$，对式（7-1-6）进行拉普拉斯变换，可得

$$J_y s^2\beta(s) + k_s s\beta(s) + k_c\beta(s) = H\omega(s) \qquad （7-1-7）$$

根据式（7-1-7），可以画出单自由度陀螺仪以基座角速度 ω 为输入量，以绕内环轴的转角 β 为输出量的结构图，如图 7-1-4（a）所示。单自由度陀螺仪的结构图还可以根据其工作过程画成如图 7-1-4（b）所示的形式。从图 7-1-4（b）中可以看出，当基座有角速度 ω 输入时，将产生陀螺力矩 $H\omega$，使单自由度陀螺仪绕内环轴转动，并出现 β 角，这就是结构图中主回路所表示的关系，该主回路的传递函数为 $1/J_y s^2$。如果存在阻尼，那么当单自由度陀螺仪绕内环轴有角速度 $\dot{\beta}$ 时，将产生与角速度方向相反的阻尼力矩 $k_s\dot{\beta}$ 作用在单自由度陀螺仪上，这就是结构图中速度反馈回路所表示的关系，该速度反馈回路的传递函数为 $k_s s$。如果存在弹性约束，那么当单自由度陀螺仪绕内环轴出现相对转角 β 时，将产生与转角方向相反的弹性力矩 $k_c\beta$ 作用在单自由度陀螺仪上，这就是结构图中位置反馈回路所表示的关系，该位置反馈回路的传递函数为 k_c。

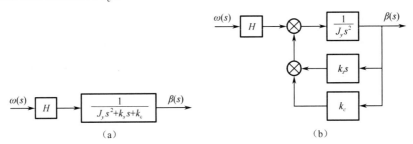

图 7-1-4　单自由度陀螺仪的结构图

根据结构图即可写出单自由度陀螺仪的传递函数。由于单自由度陀螺仪的结构形式不同，因此具有不同的传递函数。

当同时有阻尼和弹性约束时，单自由度陀螺仪的传递函数为

$$W(s) = \frac{\beta(s)}{\omega(s)} = \frac{H}{J_y s^2 + k_s s + k_c}$$

或表示为

$$W(s) = \frac{\beta(s)}{\omega(s)} = \frac{K}{\dfrac{1}{\omega_0^2}s^2 + \dfrac{2\xi}{\omega_0}s + 1} \qquad （7\text{-}1\text{-}8）$$

式中，$K = H/k_c$；

　　　ω_0——自然振荡角频率，$\omega_0 = \sqrt{k_c/J_y}$；

　　　ξ——相对阻尼比，$\xi = k_s/2\sqrt{k_c \cdot J_y}$。

　　由此可以看出，这种单自由度陀螺仪是一个二阶振荡系统。

　　当仅有阻尼时，单自由度陀螺仪的传递函数为

$$W(s) = \frac{\beta(s)}{\omega(s)} = \frac{H}{J_y s^2 + k_s s}$$

或表示为

$$W(s) = \frac{\beta(s)}{\omega(s)} = \frac{K}{s(Ts+1)} \qquad （7\text{-}1\text{-}9）$$

式中，$K = H/k_s$；

　　　T——时间常数，$T = J_y/k_s$。

第二节　单自由度陀螺仪的基本分析

　　由于单自由度陀螺仪所受约束的形式不同，因此其运动规律也不一样。本节我们只讨论同时有阻尼和弹性约束，以及仅有阻尼的单自由度陀螺仪的运动规律。

一、同时有阻尼和弹性约束的单自由度陀螺仪的运动规律

　　式（7-1-8）给出了同时有阻尼和弹性约束的单自由度陀螺仪的传递函数，其结构图如图 7-2-1 所示。

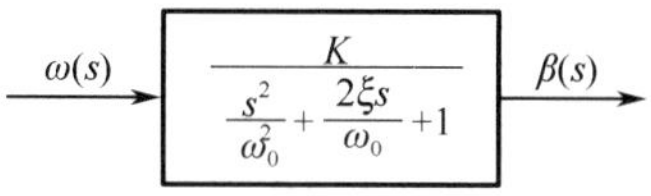

图 7-2-1　同时有阻尼和弹性约束的单自由度陀螺仪的结构图

　　对于这样一个二阶振荡系统的自控原理已有详细分析，这里只讨论相对阻尼比 $\xi < 1$ 的情况。当输入轴的角速度 ω 为阶跃值时，其输出轴的转动角为

$$\beta(s) = \frac{K}{\dfrac{1}{\omega_0^2}s^2 + \dfrac{2\xi}{\omega_0}s + 1} \cdot \frac{\omega}{s} \qquad （7\text{-}2\text{-}1）$$

　　取输出轴转角 $\beta(s)$ 的拉普拉斯反变换，可得到 $\xi < 1$ 时单自由度陀螺仪绕内环轴的运动规律，即

$$\beta = \frac{H}{k_c}\omega\left[1 - \frac{1}{\sqrt{1-\xi^2}}\,\mathrm{e}^{-\xi\omega_0 t}\sin\left(\sqrt{1-\xi^2}\,\omega_0 t + \delta\right)\right] \qquad （7\text{-}2\text{-}2）$$

式中， $\delta = \arctan(\sqrt{1-\xi^2}/\xi)$ 。

这个结果表明，在有弹性约束且为欠阻尼情况时，单自由度陀螺仪绕内环轴的运动是以转角 $H\omega/k_c$ 为稳定位置、衰减振荡的运动。

在欠阻尼情况下，单自由度陀螺仪衰减振荡的角频率等于 $\omega_0\sqrt{1-\xi^2}$ ，衰减振荡的周期为 $2\pi/\omega_0\sqrt{1-\xi^2}$ 。在无阻尼情况下，单自由度陀螺仪的自由振荡周期为 $2\pi/\omega_0$ 。显然，阻尼使单自由度陀螺仪的振荡周期增长了。

当单自由度陀螺仪振荡衰减、过渡过程结束时，达到稳态，这时它的输出角达到一个稳定值。根据式（7-2-2）可知，稳定值为

$$\beta = \frac{H}{k_c}\omega \qquad (7\text{-}2\text{-}3)$$

式（7-2-3）中陀螺角动量 H 和弹性元件的弹性系数 k_c 均为常量，故稳态时单自由度陀螺仪的输出角 β 与输入角速度 ω 成正比。比例系数 $K=H/k_c$ 称为这种单自由度陀螺仪的稳态放大系数，或称为稳态增益。

总之，对于同时有阻尼和弹性约束的单自由度陀螺仪，只要适当选择其相对阻尼比 ξ ，使之在 0.5～0.8 的范围内，单自由度陀螺仪就能很快达到稳态，并且输出转角与输入角速度成正比。如果用信号器把输出转角变换成电信号，则输出电信号与输入角速度成正比。因此，这种类型的单自由度陀螺仪叫作角速度陀螺仪，也称为速率陀螺仪。

二、仅有阻尼的单自由度陀螺仪的运动规律

式（7-1-9）给出了仅有阻尼的单自由度陀螺仪的传递函数，其结构图如图 7-2-2 所示。这是一个由积分环节和惯性环节串联组成的开环系统。当输入轴的输入角速度 ω 为阶跃常值时，其输出轴的转角为

$$\beta(s) = \frac{K}{s(Ts+1)} \cdot \frac{\omega}{s} \qquad (7\text{-}2\text{-}4)$$

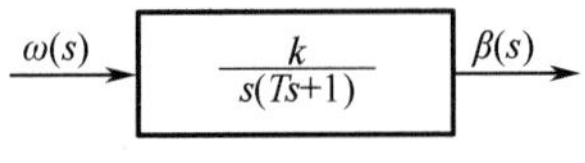

图 7-2-2　仅有阻尼的单自由度陀螺仪的结构图

对式（7-2-4）进行拉普拉斯反变换，可得到单自由度陀螺仪绕内环轴的运动规律，即

$$\beta = \frac{H}{k_s}\omega[t - T(1 - e^{-t/T})] \qquad (7\text{-}2\text{-}5)$$

式中，T——时间常数，$T=J_y/k_s$ 。

如果单自由度陀螺仪的时间常数 $T=0$ ，则由式（7-2-5）可得

$$\beta = \frac{H}{k_s}\omega t$$

考虑到陀螺角动量 H 和阻尼器的阻尼系数 k_s 均为常数，并且输入角速度 ω 与时间 t 的乘积等于输入转角，它也是输入角速度 ω 对时间的积分，故上式可写为

$$\beta = K\int_0^t \omega \, \mathrm{d}t \qquad (7\text{-}2\text{-}6)$$

　　也就是说，在稳态时单自由度陀螺仪的输出转角与输入角速度的积分成正比。比例系数 $K=H/k_c$ 称为这种单自由度陀螺仪的稳态放大系数，或称为稳态增益。

　　然而，事实上单自由度陀螺仪的时间常数 T 不可能等于零，因为单自由度陀螺仪绕内环轴的转动惯量 J_y 总是存在的，而且阻尼器的阻尼系数 k_s 也不可能达到无限大，故上述理想的积分特性是不可能实现的。但是，如果使阻尼器的阻尼系数 k_s 相当大从而使时间常数 T 足够小，如使 $T<0.004\text{s}$，则仍然可以得到较为满意的积分特性，使输出转角近似与输入角速度的积分成正比。若用信号器将输出转角变换成电信号，则输出电信号与输入角速度的积分成正比。因此，这种类型的单自由度陀螺仪叫作积分陀螺仪。

　　上面讨论的角速度陀螺仪和积分陀螺仪是两种应用较为广泛的单自由度陀螺仪。其中，角速度陀螺仪广泛应用于各种运载体的自动控制系统，作为角速度敏感元件；积分陀螺仪广泛应用于惯性导航系统和惯性制导系统，作为角位移或角速度敏感元件。此外，还有二重积分陀螺仪和速率积分陀螺仪，因应用不多，故本章不作介绍。

复习思考题

　　1．说明单自由度陀螺仪的基本特性。

　　2．用方框图表示单自由度陀螺仪的结构图。

　　3．写出单自由度陀螺仪稳态输出角的表达式。

第八章 轴角测量传输原理

第一节 同步器传输随动系统

一、组成与功用

同步器传输随动系统用来传输角位移信号，使两根在机械上没有直接联系的轴保持同步转动，它由同步器、放大器和随动电动机等组成。同步器由同步发送器（自整角机）、同步接收器（自整角机）组成，结构上都由静子和转子组成。同步器原理图如图 8-1-1 所示。

静子铁心上绕有差角互为 120° 的三相线圈，称为静子线圈，按星形连接。转子铁心上绕有一组线圈，称为转子线圈。转子线圈的两端通过导电环和电刷向外引出两根导线。同步发送器和同步接收器的转子都有一个零位，但两个零位相差 90°。一般情况下，同步发送器与同步接收器的三个静子线圈是对应连接的，如图 8-1-2 所示。同步发送器的转子线圈通以 400Hz 的交流电，产生的激磁磁通 $\Phi_{传}$ 在三个静子线圈中产生感应电势。由于同步发送器和同步接收器的三个静子线圈是连接成闭合回路的，因此在回路中形成了感应电流，电流通过同步接收器的三个静子线圈产生磁通，三个磁通形成合成磁通 $\Phi_{收}$。当同步接收器的转子线圈轴线与合成磁通 $\Phi_{收}$ 不垂直时产生感应电势，即角位移信号，该信号经放大器放大后驱动随动电动机带动同步接收器的转子线圈进行协调。

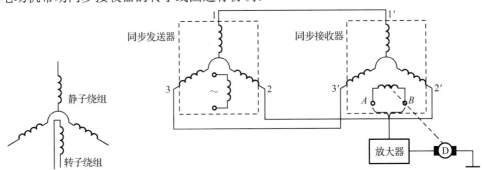

图 8-1-1 同步器原理图   图 8-1-2 同步器传输随动系统结构示意图

同步器传输随动系统的工作状态只能是两种，即协调与失调。在协调状态下，同步接收器的转子线圈不产生感应电势；在失调状态下，同步接收器的转子线圈轴线与静子合成磁通 $\Phi_{收}$ 不垂直，产生感应电势，即角位移信号，该信号经放大器放大后驱动随动电动机带动转子向感应电势减小的方向转动。当感应电势为零，即系统协调时，随动电动机停止转动。

在同步器传输随动系统工作过程中，同步接收器有不稳定协调状态和稳定协调状态两种情况。不稳定协调状态如图 8-1-3（a）所示，稳定协调状态如图 8-1-3（b）所示。不稳定协调状态是一种虚假稳定协调状态，当有小的干扰作用时，系统会自动转过 180°，达到稳定协调状态。

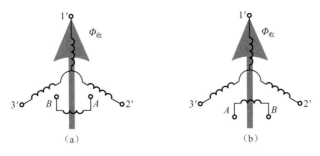

图 8-1-3　同步接收器的不稳定协调状态和稳定协调状态

二、工作原理

（一）同步发送器转子转角 α 为 0°

同步发送器转子转角是通过转子轴线与 1 相静子线圈轴线的偏角定义的，顺时针转动角度为正值。同步发送器转子转角 α 为 0°是指转子轴线与 1 相静子线圈轴线一致，如图 8-1-4所示。为便于分析，假设：①同步发送器的三相静子线圈产生的感应电势方向与转子磁通方向相反；②同步接收器三相静子线圈产生的磁通方向与通过的电流方向相同。

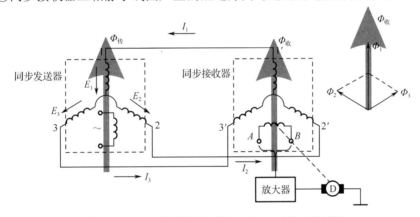

图 8-1-4　同步发送器转子转角 α 为 0°时的工作情况

当同步发送器转子转角 α 为 0°时，$\Phi_传$全部通过 1 相静子线圈，产生的感应电势 E_1 为最大值，而 $\Phi_传$部分通过 2、3 相静子线圈，且两线圈轴线与 $\Phi_传$的夹角相等，故产生的感应电势 E_2、E_3 的值是相等的。

由同步发送器结构决定，三个感应电势的值有以下关系：$E_2=E_3=E_1/2$。在回路里形成的感应电流也有相同的关系，即 $I_2=I_3=I_1/2$，产生的磁通的关系同样为 $\Phi_2=\Phi_3=\Phi_1/2$，形成的合成磁通 $\Phi_收$与同步接收器的 1′相静子线圈轴线重合，与同步发送器的转子磁通 $\Phi_传$方向一致。若此时的同步接收器转子线圈轴线与 1′相静子线圈轴线垂直，则系统是协调的，转子铁心所停的位置就是 0°位置；若此时的同步接收器转子线圈轴线与 1′相静子线圈轴线不垂直，则转子线圈产生感应电势，系统是失调的，经系统协调后转子铁心停在 0°位置。

（二）同步发送器转子转角 α 为 30°

同步发送器转子转角 α 为 30°是指转子轴线相对于 1 相静子线圈轴线顺时针转动 30°，

如图 8-1-5 所示。此时，$\Phi_传$与 2 相静子线圈的轴线垂直，不产生感应电势，$E_2 = 0$，而 $\Phi_传$ 部分通过 1、3 相静子线圈，且两线圈轴线与 $\Phi_传$ 的夹角相等，故产生的感应电势 E_1、E_3 的值是相等的。

由同步发送器结构决定，三个感应电势的值有以下关系：$E_1 = E_3$，$E_2 = 0$。在回路里形成的感应电流也有相同的关系，即 $I_2 = I_3$，$I_2 = 0$，产生的磁通的关系同样为 $\Phi_1 = \Phi_3$，$\Phi_2 = 0$，形成的合成磁通 $\Phi_收$ 相对于同步接收器的 1′相静子线圈轴线顺时针转动 30°，与同步发送器的 $\Phi_传$ 方向一致。若此时的同步接收器转子线圈轴线相对于 1′相静子线圈轴线也顺时针转动 30°，则不产生感应电势，系统是协调的，转子铁心所停的位置就是 30°位置；若此时的同步接收器转子线圈不在相对于 1′相静子线圈轴线顺时针转动 30°的位置，则转子线圈产生感应电势，系统是失调的，经系统协调后转子铁心停在顺时针转动 30°的位置。

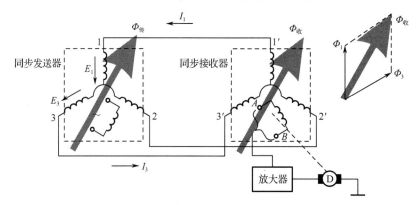

图 8-1-5   同步发送器转子转角 α 为 30°时的工作情况

三、几种特殊工作情况

（一）任意调换三相静子线圈中的两相，同步接收器的转子反向同步协调

这里的反向同步协调是指协调方向相反但协调的角度值相等。

在起始零位协调位置时，换接 2、3 相静子线圈，此时的同步接收器的合成磁通 $\Phi_收$ 与同步发送器的转子磁通 $\Phi_传$ 方向仍然一致，如图 8-1-6 所示。但当同步发送器转子轴线相对于 1 相静子线圈轴线顺时针转动 30°时，如图 8-1-7 所示，在同步发送器中没有发生什么变化，$\Phi_传$ 与 2 相静子线圈的轴线垂直，不产生感应电势，$E_2 = 0$，而 $\Phi_传$ 部分通过 1、3 相静子线圈，且两线圈轴线与 $\Phi_传$ 的夹角相等，故产生的感应电势 E_1、E_3 的值是相等的。

由同步发送器结构决定，三个感应电势的值有以下关系：$E_1 = E_3$，$E_2 = 0$。在回路里形成的感应电流也有相同的关系，即 $I_1 = I_3$，$I_2 = 0$，产生的磁通的关系同样为 $\Phi_1 = \Phi_3$，$\Phi_2 = 0$。但由于换线，形成的合成磁通 $\Phi_收$ 相对于同步接收器的 1′相静子线圈轴线逆时针转动 30°，与同步发送器的 $\Phi_传$ 方向不一致，相对转过相同的角度。若此时的同步接收器转子线圈轴线相对于 1′相静子线圈轴线也逆时针转动 30°，则不产生感应电势，系统是协调的，转子铁心所停的位置就是逆时针转动 30°的位置。若此时的同步接收器转子线圈不在相对于 1′相静子线圈轴线逆时针转动 30°的位置，则转子线圈产生感应电势，系统是失调的，经系统协调后转子铁心停在逆时针转动 30°的位置，实现了反向同步协调。

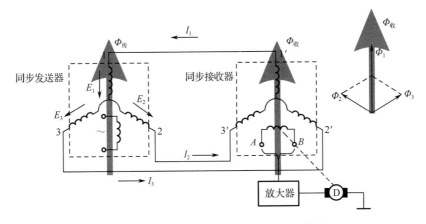

图 8-1-6　0°时换接 2、3 相静子线圈的工作情况

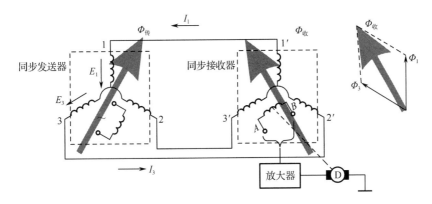

图 8-1-7　30°时换接 2、3 相静子线圈的工作情况

（二）随动系统位于 90°或 270°协调位置时调换 2、3 相静子线圈，同步接收器的转子先翻转 180°，然后反向同步协调

当同步发送器转到 90°或 270°协调位置时，如果将 2、3 相静子线圈换接，则同步接收器静子线圈的合成磁通方向将翻转 180°，即转到 270°位置，如图 8-1-8 所示。虽然合成磁通 $\Phi_{收}$ 仍与同步接收器转子垂直，没有感应电势输出，但这种协调仍是不稳定协调状态。

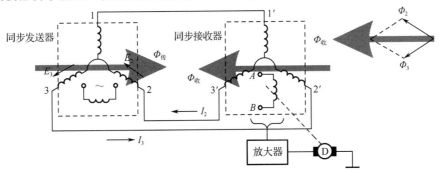

图 8-1-8　90°时换接 2、3 相静子线圈的工作情况

假设同步发送器转子受到振动影响，由 90°位置偏转到 120°位置，在同步发送器静子线圈内产生的感应电势 E_2 为最大值，$E_1 = E_3$，所以流过同步接收器静子线圈的电流产生的合成

磁通方向由原来的270°位置反转30°，转到240°位置，如图8-1-9所示。由于在90°位置时是不稳定协调状态，受到这一干扰作用，同步接收器的转子线圈将翻转180°，转到240°位置，与合成磁通垂直，达到稳定协调状态，如图8-1-10所示。此时，同步器传输随动系统进入反向同步协调状态。

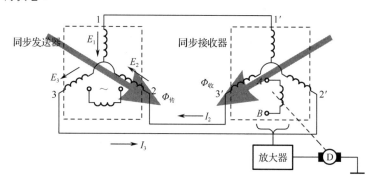

图 8-1-9　120°时换接 2、3 相静子线圈的不稳定状态

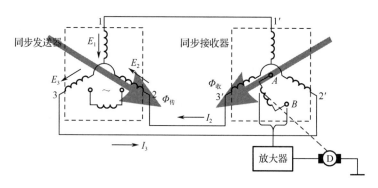

图 8-1-10　120°时换接 2、3 相静子线圈的稳定状态

（三）换接同步发送器或同步接收器转子的两根电源线，同步接收器的转子先翻转180°，然后同步协调

如果将同步发送器转子的两根电源线换接，则转子产生的激磁磁通 $\varPhi_传$ 的方向与起始零位相比改变180°，在三相静子线圈内产生的感应电势的相位也发生变化，形成的感应电流和同步接收器静子合成磁通方向也改变了180°，如图 8-1-11 所示。虽然此时在同步接收器转子线圈中不产生感应电势，但仍属于不稳定协调状态。

假设同步发送器转子轴线相对于 1 相静子线圈轴线顺时针转动30°，如图 8-1-12 所示。此时，$\varPhi_传$ 相对于 1 相静子线圈轴线顺时针转动210°，与 2 相静子线圈的轴线垂直，不产生感应电势，即 $E_2 = 0$，而 $\varPhi_传$ 部分通过1、3 相静子线圈，且两线圈轴线与 $\varPhi_传$ 的夹角相等，故产生的感应电势 E_1、E_3 的值是相等的，但极性改变。

由同步发送器结构决定，三个感应电势的值有以下关系：$E_1= E_3$，$E_2= 0$。在回路里形成的感应电流也有相同的关系，即 $I_1=I_3$，$I_2=0$，产生的磁通的关系同样为 $\varPhi_1=\varPhi_3$，$\varPhi_2=0$，形成的合成磁通 $\varPhi_收$ 相对于同步接收器的 1′相静子线圈轴线顺时针转动210°，与同步发送器的转子磁通 $\varPhi_传$ 方向一致。若此时的同步接收器转子线圈转到180°位置，再顺时针转动30°，停在210°位置，则实现同步协调，如图 8-1-13 所示。

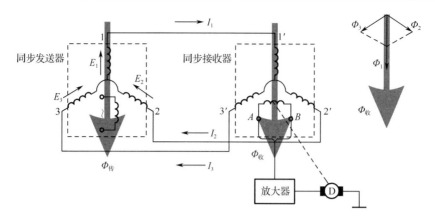

图 8-1-11　0°时换接同步发送器转子的两根电源线的工作情况

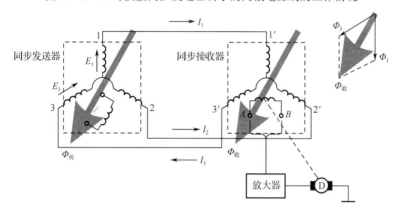

图 8-1-12　30°时换接同步发送器转子的两根电源线的不稳定状态

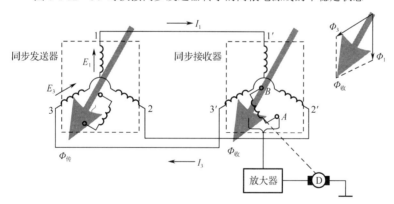

图 8-1-13　30°时换接发送器转子的两根电源线的稳定状态

第二节　旋转变压器工作原理

旋转变压器实际上是一个副绕组可以转动一定角度的变压器。它在航空仪表及自动驾驶仪表中用来将转角转换成与转角成正比的电信号，或者用来进行三角运算，所以又称为解算器。按照用途不同，旋转变压器可分为余弦旋转变压器、正弦旋转变压器、线性旋转变压器几种。下面说明它们的基本工作原理。

一、余弦旋转变压器

设旋转变压器的定子上安装着一个绕组 D_1-D_2，其匝数为 w_D；转子上也安装着一个绕组 Z_1-Z_2，其匝数为 w_{Z1}。转子绕组 Z_1-Z_2 的轴线与定子绕组 D_1-D_2 的轴线在空间相差 θ 角，如图 8-2-1 所示。

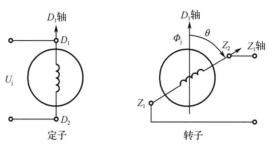

图 8-2-1　余弦旋转变压器原理图

将定子绕组 D_1-D_2 接交流电源，激磁电压为 U_j，激磁电流为 i_j，其所产生的激磁磁通为 Φ_j。激磁磁通 Φ_j 的方向和空间位置示于图 8-2-1。

激磁磁通 Φ_j 穿过转子绕组，当 $\theta = 90°$ 时，与转子绕组 Z_1-Z_2 相链的磁通 $\Phi_{Z1j} = 0$；当 $\theta = 0°$ 时，与转子绕组 Z_1-Z_2 相链的磁通 $\Phi_{Z1j} = \Phi_j$；当 $0 < \theta < 90°$ 时，与转子绕组 Z_1-Z_2 相链的磁通 Φ_{Z1j} 为

$$\Phi_{Z1j} = \Phi_j \cos\theta$$

设激磁磁通 Φ_j 随时间按余弦规律变化，即

$$\Phi_j = \Phi_m \cos\omega t$$

则与转子绕组 Z_1-Z_2 相链的磁通 Φ_{Z1j} 也随时间按余弦规律变化，即

$$\Phi_{Z1j} = \Phi_m \cos\omega t \cos\theta$$

由于 Φ_{Z1j} 随时间变化，因此在转子绕组 Z_1-Z_2 中产生感应电势；当转子绕组开路时，转子绕组 Z_1-Z_2 中只有由激磁磁通 Φ_j 产生的 Φ_{Z1j}。Φ_{Z1j} 在转子绕组 Z_1-Z_2 中产生的感应电势 e_{Z1j} 为

$$
\begin{aligned}
e_{Z1j} &= -w_{Z1} \frac{\mathrm{d}\varphi_{Z1j}}{\mathrm{d}t} \\
&= \omega w_{Z1} \Phi_m \cos\theta \sin\omega t \\
&= E_{Z1m} \sin\omega t
\end{aligned}
$$

式中，E_{Z1m} ——感应电势的幅值，其大小为

$$E_{Z1m} = \omega w_{Z1} \Phi_m \cos\theta$$

E_{Z1m} 随转子的空间位置角 θ 变化。激磁磁通 Φ_j 在转子绕组 Z_1-Z_2 中产生的感应电势的有效值为

$$E_{Z1} = \frac{1}{\sqrt{2}} \omega w_{Z1} \Phi_m \cos\theta$$

激磁磁通 Φ_j 在定子绕组 D_1-D_2 中产生的电势的有效值为

$$E_D = \frac{1}{\sqrt{2}} \omega w_D \Phi_m$$

故有

$$\frac{E_{Z1}}{E_D} = \frac{w_{Z1}}{w_D}\cos\theta = k\cos\theta$$

式中，$k = w_{Z1}/w_D$。于是有

$$E_{Z1} = kE_D\cos\theta$$

像变压器那样，忽略激磁绕组的漏阻抗压降时有 $E_D=U_j$，故有

$$E_{Z1} = kU_j\cos\theta$$

因此，转子绕组 Z_1-Z_2 中的电势 E_{Z1} 与转子绕组轴线相对于定子绕组轴线转过的空间角度 θ 的余弦成正比，相位与激磁电压 U_j 相同（或相反），这样的旋转变压器称为余弦旋转变压器。

二、正弦旋转变压器

假设旋转变压器的定子上安装着一个激磁绕组 D_1-D_2，转子上安装着两个轴线互相垂直的绕组，如图 8-2-2 所示。当空载时，Z_1-Z_2 输出的电压与转子转角 θ 的余弦成正比，称为余弦绕组；Z_3-Z_4 输出的电压与转子转角 θ 的正弦成正比，称为正弦绕组。

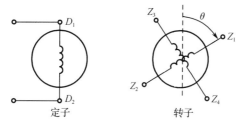

定子　　　转子

图 8-2-2　正弦旋转变压器原理图

当余弦绕组开路时，空载时正弦绕组的电势为

$$E_{Z1} = kU_j\sin\theta$$

因此，转子绕组 Z_3-Z_4 中的电势 E_{Z2} 与转子绕组轴线相对于定子绕组轴线转过的空间角度 θ 的正弦成正比，这样的旋转变压器称为正弦旋转变压器。

三、线性旋转变压器

我们知道，正余弦旋转变压器的正弦绕组的输出电压为

$$U_2 \approx k_2 U_j\sin\theta$$

当 θ 很小时，$\sin\theta \approx \theta$，故有

$$U_2 \approx k_2 U_j\theta$$

即正弦绕组输出的电压 U_2 与转子转角 θ 呈线性关系。

但是，这样的线性关系只有在 θ 很小的情况下才近似成立。为了扩大线性范围，可将正弦旋转变压器的余弦绕组与激磁绕组串联起来，如图 8-2-3 所示。这时，激磁绕组的电压 U_j 为

$$U_j = E_D + E_{Z1} = E_D + k_1 E_D\cos\theta$$

而正弦绕组的输出电压 U_2 与激磁绕组的电压 U_j 的比值为

$$\frac{U_2}{U_j} = \frac{k_2 E_D\sin\theta}{E_D + k_1 E_D\cos\theta} = \frac{k_2\sin\theta}{1 + k_1\cos\theta}$$

故有

$$U_2 = \frac{k_2 \sin\theta}{1 + k_1 \cos\theta} U_j$$

计算表明，当 $k_1 = k_2 = k_u = 0.52$ 时，在 $\theta = \pm 60°$ 的范围内，U_2 与 θ 的关系都可认为是线性的，其输出特性如图 8-2-4 所示。

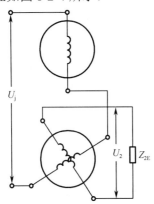

图 8-2-3　线性旋转变压器原理图

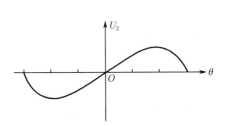

图 8-2-4　线性旋转变压器的输出特性

四、旋转变压器的应用

（一）作为测量元件

如图 8-2-5 所示，当旋转变压器成对连接时，可以像同步器那样，用来测量转子转角。这时，一个旋转变压器作为发送器，另一个旋转变压器作为接收器。

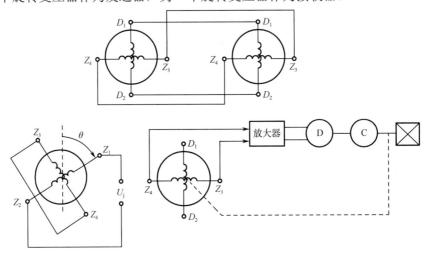

图 8-2-5　旋转变压器测量角度的原理

发送器和接收器的定子绕组对应地连接起来，发送器的一个转子绕组接激磁电源，另一个转子绕组短路。接收器的转子绕组接放大器。

设当电势和接收器处于协调位置时，转子绕组 Z_1-Z_2 的轴线与定子绕组 D_1-D_2 的轴线重合。当发送器的转子在空间转过 θ 角时，发送器转子绕组 Z_1-Z_2 的电压 U_j 产生的 Φ_j 在空间也

相对于定子绕组 D_1-D_2 的轴线转过 θ 角。这时，激磁磁通 Φ_j 在发送器定子绕组 D_1-D_2 中产生与 $\cos\theta$ 成正比的电势，发送器定子绕组 D_1-D_2 与接收器定子绕组 D_1-D_2 相连接，在发送器及接收器的定子绕组 D_1-D_2 的回路中产生与 $\cos\theta$ 成正比的电流，这个电流在接收器中产生与 $\cos\theta$ 成正比的纵轴磁势，其方向沿接收器定子绕组 D_1-D_2 的轴线。同理，发送器转子绕组 Z_3-Z_4 中产生与 $\sin\theta$ 成正比的电势，发送器及接收器的转子绕组 Z_3-Z_4 中流过与 $\sin\theta$ 成正比的电流，发送器转子绕组 Z_3-Z_4 中产生与 $\sin\theta$ 成正比的横轴磁势，方向沿接收器转子绕组 Z_3-Z_4 的轴线。发送器转子绕组 Z_3-Z_4 及接收器转子绕组 Z_3-Z_4 完全相同，接收器中的合成磁势的方向与定子绕组 D_1-D_2 的轴线在空间中相差 θ 角。接收器中的合成磁势在接收器中产生的合成磁通，在接收器转子绕组 Z_3-Z_4 中产生与 $\sin\theta$ 成正比的电势。接收器转子绕组 Z_3-Z_4 输出的电压经放大器放大后加于随动电动机 D 使其转动，经减速器 C 带动指针转动。同时，随动电动机 D 还带动接收器转子转动，当接收器转子绕组 Z_1-Z_2 的轴线相对于定子绕组 D_1-D_2 的轴线转过 θ 角时，由于接收器转子绕组 Z_3-Z_4 的轴线与接收器中的合成磁通垂直，其输出的电压为零，随动电动机 D 停止转动，其所带动的指针指示出发送器转子转角 θ。

由于旋转变压器的绕组经过了特殊的设计及制造，因此旋转变压器的精度比同位器的精度高，但其价格贵。因此，旋转变压器只用在高精度随动系统中作为测量元件。

（二）作为解算元件

利用旋转变压器可进行直角三角运算，其原理说明如下。例如，已知 U、θ，求 x、y——分解运算。

设旋转变压器定子绕组 D_1-D_2 接电压 U，当转子在空间中转过 θ 角时，其正弦绕组输出的电压就是直角三角形的对边边长 y，其余弦绕组输出的电压就是直角三角形的底边边长 x，如图 8-2-6 所示。

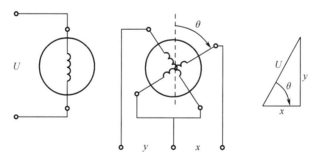

图 8-2-6　利用旋转变压器进行直角三角运算示意图

复习思考题

1．说明同步器传输随动系统的组成与功用，并简要说明其工作原理。
2．列举说明同步器传输随动系统的几种特殊工作情况。在这些特殊工作情况下，指示器的指示有什么不同之处？
3．什么是旋转变压器？其可以分为几种类型？
4．列举说明旋转变压器的应用情况。

第九章　导航系统基础知识

第一节　导航的概念

　　导航（Navigation）是引导载体到达目的地的过程。为了引导载体从一个地方（如飞机的起飞机场）航行到另一个地方（如飞机的降落机场），除要知道出发点和目的地的位置参数（经度、纬度）以外，还要知道载体在航行过程中的即时位置、航行速度、载体姿态及航行方位（航向）或飞过的距离等参数，这样才能保证载体按希望的方向、预定的航迹到达目的地。

　　纵观近一个世纪导航系统的发展史，先后出现的几十种实用导航系统，凡是有较大影响的，都是曾经或正为某种军事目的服务，并逐步推广到民用领域的。例如，DME（的美依，测距器）是第二次世界大战时由敌我识别器演变而来的；TACAN（塔康，战术空中导航系统）是 20 世纪 50 年代朝鲜战场上飞机的主要导航系统；GPS（全球定位系统）是 20 世纪 70 年代由美国陆、海、空三军联合研制的新一代空间卫星导航定位系统；INS（惯性导航系统）是第二次世界大战末期首次在法西斯德国的 V-2 火箭上使用的导航系统。

　　早期飞机的导航方法是依靠飞行前制订的飞行计划来确定飞行航线，在飞行过程中依靠磁罗盘、无线电罗盘、空速表和航空时钟等导航仪表保持既定航向、速度并大致判别飞行航迹。20 世纪 60 年代后，机载惯性导航系统和各种无线电导航系统相继问世，这些系统能连续提供飞机的即时位置信息，结合导航计算机中存储的飞行计划和各航路点的位置信息，可计算出各种用来纠正飞机航行偏差、指导飞行员正确操纵飞机的导航参数，如航迹角、偏航距、待飞距离、偏流角等。飞机导航参数之间的关系示意图如图 9-1-1 所示。

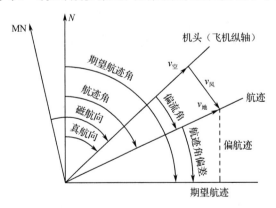

图 9-1-1　飞机导航参数之间的关系示意图

　　导航系统有两种基本工作状态：一种是提供导航信息，飞行员根据导航系统提供的导航信息引导飞机沿预定航线到达目的地，在这个过程中，导航系统并不直接参与对飞机的控制，因此导航系统在整个飞行过程中只是一个测量显示装置；另一种是提供导航信息并通过飞行控制系统自动控制飞机沿预定航线飞行,这时飞行员只进行监控,不直接参与对飞机的控制。我们把前者称为导航系统工作于指示状态,把后者称为导航系统工作于自动导航状态。

随着科学技术的发展,在20世纪80年代,对民用飞机,以经济、准时、安全为目的发展出了飞行管理系统;对军用飞机,以完成军事任务为目的发展出了飞行综合控制系统。这些系统都能在任务和地理、气象情况改变的条件下自动计算出最优的飞行路径,并将飞行控制系统和导航系统组合在一起,完成飞行任务。这些系统对导航系统的准确性、可靠性提出了更高的要求,促使导航系统向综合化、容错化方向发展。

第二节　导航系统的分类

惯性导航系统有什么优缺点?这个问题只有和其他导航系统比较才能回答。只有了解了各种导航系统的优缺点,才能在实际应用时扬其长、避其短,更好地发挥其各自的作用。下面简单介绍几种主要类型的导航系统。

一、无线电导航系统

无线电导航是利用无线电波引导载体沿规定航线、在规定时间内到达目的地的导航技术。无线电导航系统利用无线电波在均匀介质和自由空间沿直线传播及恒速两大传播特性可测得导航参数(方位、距离和速度),算出飞行方向与规定航线的偏差,由飞行员(或自动)操纵载体消除偏差以使飞机保持沿正确航线飞行。

无线电信号中包含4个电气参数:振幅、频率、时间和相位。在无线电波传播过程中,某一电气参数可能发生与某导航参数有关的变化。根据测量的电气参数不同,可将无线电导航系统分为振幅式、频率式、时间式(脉动式)和相位式4种类型。也可以根据要测定的导航参数,将无线电导航系统分为无线电导航测角(方位角或高低角)系统、无线电导航测距系统、无线电导航测距差系统和无线电导航测速系统。

无线电导航系统的主要优点是精度较高;缺点是工作时必须有地面台配合,无线电波容易受干扰,自身容易暴露,在军事应用上显示出严重不足。

二、卫星导航系统

卫星导航是借助在预定空间轨道上运行的人造卫星进行导航的一种技术。在卫星导航过程中,用户(飞机、舰船、战车等)通过测定其相对于卫星的位置可以确定自己在地球上的位置。

卫星导航系统的空间部分是导航卫星,导航卫星上装有专用无线电导航设备。由数颗导航卫星构成的导航卫星网(也称为导航星座)具有全球和近地空间的立体覆盖能力。因此,导航卫星能实现全球无线电导航。导航卫星在空间做有规律的运动,它的轨道位置每时每刻都可精确预报。用户接收导航卫星发来的无线电导航信号,通过时间测距或多普勒测速分别获得用户相对于卫星的距离或距离变化率等导航参数,并根据导航卫星发送的时间、轨道参数求出定位瞬间卫星的实时位置坐标,从而定出用户的地理坐标(二维或三维)和速度向量分量。

导航卫星按导航方法可分为多普勒测速导航卫星和时间测量导航卫星。前者供用户测量无线电导航信号的多普勒频移以求出距离变化，从而进行导航定位；后者供用户测量无线电导航信号传播时间以求出距离，从而进行导航定位。导航卫星根据用户是否需要向其发射信号可分为主动式导航卫星和波动式导航卫星。子午仪系统、GPS、伽利略导航卫星系统均属于被动式导航卫星系统。卫星导航系统日益受到人们的关注，是正在大力发展的一类导航系统。其主要优点是定位精度高。

三、惯性导航系统

惯性导航系统根据牛顿第一定律（惯性定律），利用惯性测量元件（加速度计）来测量运动载体的加速度，经过积分运算得到载体的速度和位置，从而实现对载体导航定位的目的。

加速度计的工作原理是牛顿第二定律，因此加速度计也称为牛顿表。先利用加速度计测出运动物体的加速度，再加上已知的初始位置和速度，不难推算出物体随时间变化的速度及位置。

一般来讲，加速度在空间中是一个向量，如果我们能够建立一个三维空间的正交坐标系，在每个坐标轴方向安装一个加速度计，那么沿三个正交轴方向测得载体的加速度分量，经过向量相加后就可测出载体的加速度向量。由陀螺仪的理论可知，利用陀螺仪的稳定性和进动性，可以在运动载体上建立一个不随载体一起运动的陀螺稳定平台，有了陀螺稳定平台，就可以建立一个三维空间的正交坐标系，从而为加速度计建立一个测量基准。加速度计输出沿坐标轴所测得的加速度分量，经过两次积分便可得到载体在相应方向的位移。

由于加速度计和陀螺仪所测载体的线运动和角运动都是相对于惯性空间的，同时它们都是利用惯性效应来测量载体的线运动和角运动的，故把它们称为惯性测量元件。

综上所述，我们可以简单回答什么叫作惯性导航系统。惯性导航系统是利用惯性测量元件测量航行体相对于惯性空间的线运动和角运动参数，在给定初始条件下，由计算机推算出航行体的速度、位置等导航参数，引导航行体完成预定的航行任务的一套系统。

由于惯性是所有质量体固有的基本属性，所以建立在惯性原理基础上的惯性导航系统不需要任何外来信息，也不会向外辐射任何信息，仅靠惯性导航系统本身就能在全天候条件下，在全球范围内和任何介质环境里自主、隐蔽地进行连续的三维定位和三维定向，这种同时具备自主性、隐蔽性和能获取载体完备运动信息的独特优点，是诸如无线电导航系统、卫星导航系统和天文导航系统等其他导航系统无法比拟的，尽管这些导航系统的某些导航性能可能远远优于惯性导航系统，但惯性导航系统仍然是重要载体不可缺少的核心导航系统。其主要缺点是定位误差随时间积累，长时间工作会产生很大的积累误差。

四、组合导航系统

上述各种类型的导航系统各有优缺点，为了提高导航系统的定位精度和工作可靠性，现代机载导航系统往往要将两种以上导航系统同时装机使用，构成组合导航系统，互相取长补短。常见的有 GPS/INS、DME/VOR/INS、多普勒/卫星/惯性等组合方式。

大部分组合导航系统采用以惯性导航系统为主、其他导航系统为辅的组合方式。这是因为惯性导航系统能够提供一套完整齐备的导航参数，特别是全姿态信息，这是目前其他任何导航系统所不具备的功能。同时，这些信息是在完全自主的条件下获得的，这也是无线电导航系统无法比拟的。正是这种自主性，使惯性导航系统在军用航行载体上尤为重要。

目前，从经济、可靠性等诸多方面考虑，一种合乎逻辑的可能是，战术飞机和民航飞机的导航系统将向着惯性导航系统与无线电导航系统相结合的组合方向发展，而承担战略任务的军用飞机为了隐身的需要仍将采用高精度的纯惯性导航系统。

第三节　惯性导航系统的发展

一、惯性导航系统的发展历程

惯性导航技术的历史应追溯到利用惯性原理制成仪表，利用惯性原理制成仪表并用于导航最早要算陀螺罗经了。1852 年，傅科在陀螺基础上制成供测量姿态使用的陀螺仪；1906年，安修茨博士制成陀螺方向仪；1908 年，这两种陀螺仪被结合在一起，船用罗经问世。这些成果成为惯性导航技术的先导。1923 年，德国教授舒拉发表了著名的经典论文《舒拉摆原理》，解决了在运动载体上建立垂线的问题，使加速度计的误差不致引起惯性导航系统误差的发散，为在工程上实现惯性导航系统的应用提供了理论依据。1942 年，惯性制导系统首次用于 V-2 火箭，之后许多著名的科学家在不同的理论和技术领域做了大量工作，使惯性导航技术这门学科迅速发展起来。美国麻省理工学院和北美航空公司分别于 1949 年和 1950 年研制出其第一台惯性导航平台，北美航空公司研制的 XN-T 型平台式惯性导航系统于 1954 年成功在飞机上装备。为了表彰麻省理工学院仪表实验室主任 Draper 教授对惯性导航技术做出的杰出贡献，该实验室于 1973 年改名为 Draper Lab。1958 年，美国"船鱼"号潜艇依靠惯性导航技术首次穿越北极，创下了在冰下连续航行 21 天的纪录。我国于 1956 年开始研制惯性导航系统，自 1970 年以来，我国多次在国产卫星和火箭上采用自行研制的惯性制导系统。20 世纪 90 年代以来，国内飞机上已经装备了 LTN-51/72/92 系列惯性导航系统和国产的 563A/B 惯性导航系统。

二、对惯性导航系统的评价

过去人们认为，惯性导航系统仅是装备在飞机上的一种导航设备，而今天它作为飞机上的一种中心信息源，可自主且连续地提供包括姿态角在内的全部导航参数，其实时性强，输出参数的延迟时间为全球定位系统的 1/50。惯性导航系统作为飞机上的一个速度传感器，已成为武器系统精确瞄准和投放的基准，是武器瞄准系统的心脏。

在现代战斗机中，武器系统通常有三种基本攻击方式：连续计算投放点（CCRP）、连续计算弹着点（CCIP）和连续计算弹着线（CCLL）。其中，前两种方式是实施对地攻击的，空对空攻击主要用最后一种方式，即所谓的"热线"计算。这些攻击方式的误差包括惯性导航系统误差（姿态和速度误差）、雷达误差（测距和瞄准误差）、平显误差（标线位置和延迟误差）、大气数据系统误差（风速和风向误差）、弹道的不确定性误差等。在这些误差项中，惯性导航系统误差通常占总误差的一半左右，而惯性导航系统所提供的姿态和速度信号比其他设备提供的精度要高得多，而且这些信号在飞机机动飞行时仍能保持高精度。因此，惯性导航系统与武器系统交联可充分地发挥战斗机的攻击效能及战斗机的灵活性和机动性。

另外，惯性导航系统还可以参与飞行自动控制和发动机能量斜率的控制。正因如此，有些专家提出把"惯性导航系统"改为"惯性基准系统"或"惯性系统"更为贴切。惯性导系统与飞机上其他设备的交联关系如图 9-3-1 所示。

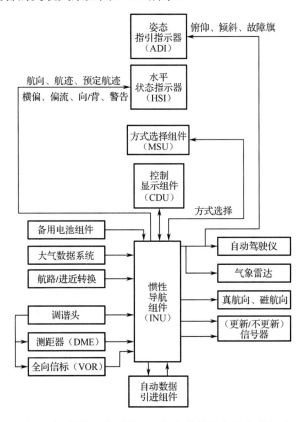

图 9-3-1　惯性导航系统与飞机上其他设备的交联关系

第四节　惯性导航系统的简化原理和组成及导航参数

一、惯性导航系统的简化原理

惯性导航是一种先进的导航方法，但实现导航定位的原理却非常简单。惯性导航系统是通过测量载体本身的加速度来完成导航定位的。假设在运动载体上装有一个三轴陀螺稳定平台，三根轴分别稳定在当地地理坐标系的三根轴上，我们取地理坐标系为东-北-天地理坐标系。在这个陀螺稳定平台上，分别装有沿东和北方向的加速度计 A_E 和 A_N，用来测量运动载体沿东和北方向的加速度，假设不考虑地球自转，简化的惯性导航系统原理图如图 9-4-1 所示。将加速度计输出的加速度信号 a_N、a_E 进行一次积分，再与初始速度 v_{N0} 和 v_{E0} 相加，就可得到载体沿北和东方向的速度分量，即

$$\begin{cases} v_N = v_{N0} + \displaystyle\int_0^t a_N \mathrm{d}t \\ v_E = v_{E0} + \displaystyle\int_0^t a_E \mathrm{d}t \end{cases}$$

将速度 v_N、v_E 再进行一次积分，就可得到运动载体的位置变化量，把它与初始位置相加就可得出运动载体现在的位置。假设地球为球体，半径为 R，载体的经度为 λ、纬度为 φ，

若运动载体起始点的经度为 λ_0、纬度为 φ_0，则有

$$\begin{cases} \varphi = \varphi_0 + \dfrac{1}{R}\displaystyle\int_0^t v_N \mathrm{d}t \\[2mm] \lambda = \lambda_0 + \dfrac{1}{R}\displaystyle\int_0^t v_E \mathrm{d}t \end{cases}$$

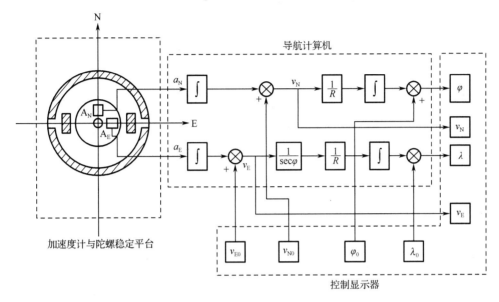

图 9-4-1 简化的惯性导航系统原理图

将计算出的速度 v_N、v_E 按 $v = \sqrt{v_N^2 + v_E^2}$ 进行合成计算，便得到载体的地速，把该值输出到控制显示器中显示，供飞行员或领航员判读，以便正确引导载体航行。

从惯性导航系统的简化原理来看，惯性导航系统应包括以下几个部件。

- 加速度计：测量载体的运动速度。
- 陀螺稳定平台：给加速度计提供测量基准，同时可以从相应轴上拾取姿态信号。此外，陀螺稳定平台的存在避免了加速度计和陀螺仪直接与飞机机体相连，可放宽这些器件动态特性的设计要求。
- 导航计算机：完成导航参数计算。要求陀螺稳定平台稳定在地理坐标系内，这样就必须给相应陀螺仪施加力矩，因此导航计算机还要给出控制陀螺稳定平台运动的指令信号。
- 控制显示器：输入初始条件参数，显示导航参数。
- 电源。

二、惯性导航系统的组成

惯性导航系统的设计理论是一样的。由于惯性器件的差异，因此惯性导航系统的外观各有特点。惯性导航系统一般包括惯性导航主机、控制显示器、状态选择器和备用电池组件。以某型惯性导航系统为例，其外形如图 9-4-2 所示。

惯性导航主机是惯性导航系统的核心部件，在平台式惯性导航系统中，惯性导航主机主要包括：一个四环三轴陀螺稳定平台，其上装有三个高精度加速度计、两个三自由度陀螺仪或三个双自由度陀螺仪；一台数字计算机；必要的接口电路板。在捷联式惯性导航系统中，

由于取消了机电式平台，其平台的功能由计算机软件实现，所以陀螺仪与加速度计直接固连在飞机机体上。

图 9-4-2 某型惯性导航系统的外形

控制显示器主要用于导航参数的显示、初始位置和航路点的输入、故障的显示等。状态选择器主要用于控制惯性导航系统的工作状态，包括准备（STBY）、对准（ALIGN）、导航（NAV）、姿态参考（ATT REF）和断开（OFF）5 种状态选择。此外还有警告灯和导航灯显示。有些产品把控制显示器和状态选择器合二为一，但功能依旧。

备用电池组件用于在飞机上主电源失效时短时间内给惯性导航系统应急供电，一般使用蓄电池。

三、导航参数

导航需要的参数有很多，如飞机的即时位置、地速、姿态角、航向角、航迹角等。在这些导航参数中，最基本的是飞机的即时位置、姿态和航向。

飞机的即时位置在用经纬度表示时，实际上表示是地理坐标系和地球坐标系之间的方位关系；飞机的姿态和航向实际上表示的是飞机机体坐标系和地理坐标系之间的方位关系。

复习思考题

1. 说明惯性导航是自主导航的理由。
2. 如何理解"惯性导航技术已经成为现代战争中的支撑技术"这句话的含义？
3. 在军用飞机上，惯性导航系统常与哪些系统交联？起何作用？
4. 无线电导航系统有何特点？
5. 如何利用卫星实现导航？
6. 画出简化的惯性导航系统原理图，并说明其组成。
7. 叙述惯性导航系统的发展历程。
8. 地理坐标系是如何定义的？
9. 查阅资料叙述导航系统的发展趋势。

第十章　惯性传感器

惯性导航系统是随着惯性测量元件的应用和发展而发展起来的一种导航系统。它的导航精度、整套系统的成本都与惯性测量元件的精度和成本直接相关。惯性测量元件包括陀螺仪和加速度计。其中，陀螺仪用来测量载体的角运动，或者在控制角运动的伺服回路中用作控制元件；加速度计用来测量载体的线运动。"惯性"具有两重含义：一是陀螺仪和加速度计的工作服从牛顿力学，基本工作原理是动量矩定理和牛顿第一定律（惯性定律）；二是陀螺仪和加速度计作为测量元件时输出量都是相对于惯性空间的测量值，如角速度输出量是相对于惯性空间的角速度，加速度输出量是绝对加速度。本章主要对惯性级陀螺仪和加速度计进行系统介绍。

第一节　陀螺仪

一、陀螺仪的分类与发展

陀螺仪是敏感壳体相对于惯性空间的角运动的装置。这一术语的英文为 gyroscope 或 gyro，它源自希腊语，意为"旋转敏感器"。100 多年前问世的陀螺仪是由高速旋转的刚体转子（具有自转动量矩）支承在框架上构成的。随着科学技术的发展，人们相继发现了数十种物理效应可以被用来敏感相对于惯性空间的角运动。之后人们把陀螺仪这一名称扩展到没有刚体转子但功能与经典陀螺仪等同的敏感器中。

目前，已经研制出许多不同原理和类型的陀螺仪。总体来看，陀螺仪可分成两大类：一类以经典力学为基础，如刚体转子陀螺仪、流体转子陀螺仪、振动陀螺仪等；另一类以近代物理学为基础，如激光陀螺仪、光纤陀螺仪、核磁共振陀螺仪、超导陀螺仪等。

刚体转子陀螺仪是把绕自转轴高速旋转的刚体转子支承起来，使自转轴获得转动自由度的陀螺仪。按自转轴相对于壳体所具有的转动自由度数目不同，刚体转子陀螺仪可分为三自由度陀螺仪和双自由度陀螺仪。按转子支承方式不同，刚体转子陀螺仪又可分为外支承式陀螺仪（如框架陀螺仪、液浮陀螺仪、气浮陀螺仪和静电陀螺仪等）和内支承式陀螺仪（如动力调谐陀螺仪）。

在刚体转子陀螺仪中，最先采用的是框架陀螺仪。直到目前，刚体转子陀螺仪在航空陀螺仪表、飞行控制系统、战术导弹制导系统以及许多其他场合中仍广泛应用。但因框架轴上的轴承存在较大的摩擦力矩，所以框架陀螺仪不可能达到很高的精度。为了提高刚体转子陀螺仪的性能，人们进行了不懈的努力，首先从支承的摩擦问题着手，不断改进轴承和支承。可以说，刚体转子陀螺仪的发展历史就是同支承的有害力矩做斗争的历史。例如，为了满足惯性导航系统和惯性制导系统对陀螺仪的精度要求，把三自由度陀螺仪或双自由度陀螺仪的框架做成薄壁密封浮子，并由浮液的浮力来支承浮子组件，这种陀螺仪称为液浮陀螺仪。对于双自由度陀螺仪，还可采用气体静压悬浮技术进行支承，这种陀螺仪称为气浮陀螺仪。

提高刚体转子陀螺仪精度的另一个技术途径是去除其框架装置，而采用各种特殊的支承办法来支承转子。例如，利用动力调谐的挠性接头来支承转子，这种陀螺仪称为动力调谐陀螺仪；利用真空腔内的静电悬浮来支承转子，这种陀螺仪称为静电陀螺仪。在这些陀螺仪中，自转轴相对于壳体均具有两个转动自由度，故均属于三自由度陀螺仪。

振动陀螺仪的主体是一个做高频振动的音叉、梁或轴对称壳，有音叉振动陀螺仪、压电振动陀螺仪和壳体谐振陀螺仪等类型，半球谐振陀螺仪是壳体谐振陀螺仪中典型的一种。

在以近代物理学为基础的陀螺仪中，最为突出的代表是激光陀螺仪，其主体是一个环形谐振腔，在谐振腔的环路中有沿正向和反向绕行的激光束。

与激光陀螺仪工作原理相似的有光纤陀螺仪，但它是用光纤线圈构成激光传播的通路的。根据陀螺仪的精度，还常把随机漂移率达到 0.01°/h，即能满足惯性导航精度要求的陀螺仪叫作惯性级陀螺仪；把低于该精度的陀螺仪分别叫作次惯性级陀螺仪和常规陀螺仪。目前能达到惯性级陀螺仪精度要求的有液浮陀螺仪、气浮陀螺仪、动力调谐陀螺仪、静电陀螺仪、半球谐振陀螺仪和激光陀螺仪等。

按基本功能不同，陀螺仪可分为角位置陀螺仪和角速度陀螺仪。前者用于敏感角位置或角位移，常称为位置陀螺仪（速率积分陀螺仪可归于此类）；后者用于敏感角速度，常称为速率陀螺仪。

总之，经过近一个世纪的发展，惯性敏感器（陀螺仪和加速度计）、惯性稳定、惯性导航、惯性制导和惯性测量已经形成一门重要的学科，称为惯性技术（Inertial Technology）。可以说，惯性技术是在经典理论基础上发展起来的、综合了当代科技最新成果（包括近代物理、自动控制、电子技术、精密工艺、精密测量、微电子和计算机等）的多学科、综合性实用尖端技术。

二、惯性级陀螺仪的特点

（一）衡量陀螺仪精度的主要技术指标

双自由度陀螺仪具有两个特性：一个是进动性；另一个是稳定性或定轴性。

在陀螺仪上施加外力矩 M，会引起动量矩 H 绕着与 M 正交的轴相对于惯性空间转动的特性，称为陀螺仪的进动性。进动角速度 ω 的方向可按动量矩 H 倒向外力矩的转动方向来确定。进动角速度 ω 的大小取决于外力矩 M 的大小和动量矩 H 的大小，其计算公式为

$$\omega = M/H$$

当陀螺仪受到干扰力矩作用时，陀螺仪具有抵抗干扰，力图保持其自转轴在惯性空间的方位稳定的特性，称为陀螺仪的稳定性或定轴性。在实际的陀螺仪中，由于结构和工艺的不尽完善，总是不可避免地存在干扰力矩。但是，在同样受干扰的情况下，陀螺仪自转轴的方位改变要比一般刚体小得多。例如，冲击干扰力矩仅使陀螺仪产生高频微幅的章动。又如，常值干扰力矩仅使陀螺仪产生匀速缓慢的漂移。在干扰力矩作用下，陀螺仪自转轴在惯性空间的方位仅有微小和缓慢的改变，这就是陀螺仪方位稳定性的表现。

利用双自由度陀螺仪的上述特性，可为被测对象提供一个方位基准。然而，干扰力矩的作用毕竟还是改变了自转轴在惯性空间的方位，其中漂移的影响又比章动的影响大得多，所以陀螺仪提供的方位基准的精度主要取决于漂移角速度的大小。对双自由度陀螺仪而言，漂

移角速度实际上为干扰力矩产生的进动角速度。漂移角速度的值通常称为漂移率。显然，陀螺仪的漂移率愈小，它所提供的方位基准的精度愈高，因此漂移率是衡量双自由度陀螺仪精度的主要指标。

漂移率 ε 与干扰力矩 M_d 成正比，与动量矩 H 成反比，其计算公式为

$$\varepsilon = M_d / H$$

漂移率的单位一般采用°/h。

应当指出，实际的漂移率中一般都包含系统性漂移率和随机漂移率两部分。系统性漂移率是指与规定的工作条件有关的漂移率分量，它由与加速度无关的漂移率和与加速度有关的漂移率组成，用单位时间内的角位移表示。随机漂移率是指在规定的工作条件下漂移率中非系统性的、随时间变化的分量，用单位时间内角位移均方根值或标准偏差来表示。由于随机漂移率在惯性导航系统中不能用简单的方法加以补偿，所以它成为衡量陀螺仪精度最重要的指标。

此外，还有表征陀螺仪漂移长期稳定性的一种随机漂移率，叫作漂移不定性或逐次漂移率。漂移不定性反映了在逐次启动中系统性漂移率的随机变化值，它将影响到惯性导航系统对陀螺仪漂移的补偿精度。

一般来说，陀螺仪的漂移率是指陀螺仪输出量相对于理想输出量的偏差的时间变化率，用单位时间内相对于惯性空间的相应输入角位移表示。因此，非刚体转子陀螺仪，如振动陀螺仪、激光陀螺仪、光纤陀螺仪和核磁共振陀螺仪等，仍然采用漂移率作为衡量其精度的主要指标。

（二）平台式惯性导航系统对陀螺仪性能的要求

在平台式惯性导航系统中，陀螺仪用来敏感平台极其微小的角偏移，作为平台稳定的敏感元件，同时通过对陀螺仪施加控制力矩，使平台跟踪所选定的导航坐标系，从而使加速度计的测量轴始终沿着导航坐标系的各轴定向。平台式惯性导航系统对陀螺仪性能的要求有以下几个方面。

1. 漂移率低

平台的方位修正回路实际上工作在开环状态下，陀螺仪漂移将通过方位稳定回路的作用使平台绕方位轴漂移；水平修正回路工作在闭环状态下，陀螺仪漂移将会使平台以某一偏角为幅值相对于水平面做舒勒周期振荡。这两种结果都会造成加速度的测量误差，从而导致平台式惯性导航系统的定位误差，而且航行时间愈长，由陀螺仪漂移所引起的定位误差在整个系统误差中所占的比例愈大。因此，实现低漂移率是平台式惯性导航系统对陀螺仪性能最基本的要求。

平台式惯性导航系统的定位精度一般为 1n mile/h，相应地要求陀螺仪随机漂移率达到 0.01°/h。这是一个典型的精度指标。一般而言，随着载体执行任务和航行时间的不同，对陀螺仪随机漂移率亦相应提出不同的要求。各种应用场合下的平台式惯性导航系统对陀螺仪随机漂移率的要求如图 10-1-1 所示。陀螺仪漂移不定性所应达到的指标要求与随机漂移率具有相同的数量级。

以美国利顿公司的 LTN-72 惯性导航系统为例，其定位精度为 1n mile/h，这样的精度对陀螺仪的精度要求是其常值漂移率不得大于 0.01°/h，这是一个起码的通用性指标。有些更高精度的惯性导航系统，如 B-52 战略轰炸机上的 SPN/GEANS（标准精密导航仪/框架式静电陀螺惯性导航系统），其定位精度为 0.04～0.08n mile/h，其陀螺仪的漂移率必须控制在 0.001°～0.0001°/h，甚至更高。

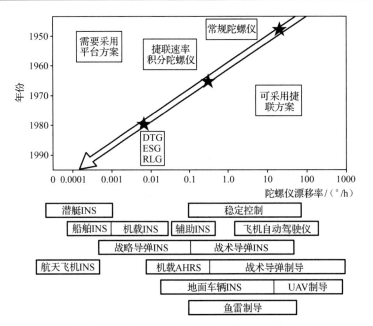

图 10-1-1 各种应用场合下的平台式惯性导航系统对陀螺仪随机漂移率的要求

常规精度的惯性导航系统，其陀螺仪的漂移率为 $16°\sim4°/h$。在采取方位修正、旋转轴承等多种措施后，也只能达到 $2°/h$ 的漂移率。由此可见，惯性导航系统对陀螺仪精度的要求是非常苛刻的。

对于要求达到 $0.01°/h$ 的漂移率的陀螺仪，下面我们分析其力学方面的一些参数。

设陀螺仪自转角动量 $H=1000\text{g·cm·s}$，希望它的漂移角速度 $\varepsilon=0.015°/h$，那么绕陀螺仪输出轴的干扰力矩应为

$$M_{干扰}=H\varepsilon\approx7.27\times10^{-5}\ (\text{g·cm})\approx0.07\ (\text{mg·cm})$$

对于常规陀螺仪来讲，要求绕环架轴的干扰力矩小于 0.35g·cm 已经很困难，而惯性导航系统陀螺仪的干扰力矩至少是 0.35g·cm 的 $1/5000$。实际上，这样小的力矩用普通计量方法是无法测量的，所以对惯性级陀螺仪的漂移定标已发展成一门独立的学科，即检测技术与数据处理。

再假设这个干扰力矩完全是由转子组件沿自转轴方向的漂移造成的静不平衡力矩所引起的，若转子组件质量 $G=140\text{g}$，则相应的位移 e 为

$$e=M_{干扰}/G\approx5\times10^{-7}\ (\text{cm})=0.005\ (\mu\text{m})$$

这个偏移量同样是无法直接计量和控制的。可以说，在单个轴承中，一个由油滴移动所造成的不平衡力矩就已经超过了 0.07mg·cm。更何况这一误差力矩还要分配到许多误差源上去，如摩擦力矩、不平衡力矩、弹性力矩等。因此，在常规陀螺仪中发现不了的问题，在研究惯性级陀螺仪时却可能成为重大问题。

2. 测量范围宽

对于速率陀螺仪，它的测量范围是指最大测量角速度 ω_{max} 与最小测量角速度 ω_{min} 的比值。该测量范围表示了速率陀螺仪能感受并正确响应输入角速度的范围。用于平台式惯性导航系统的速率陀螺仪，要求 $\omega_{max}/\omega_{min}=75/0.001$，即测量范围宽达 7.5×10^4；用于捷联式惯性导航系统的速率陀螺仪，其测量范围宽达 1.4×10^9。

不妨将上述数值与某型驾驶仪表的速率陀螺仪相比,其 $\omega_{max}/\omega_{min}= 27/0.1 = 270$,足见惯性级陀螺仪对测量范围要求之高。

3. 工作角度小

相对常规陀螺仪而言,惯性级陀螺仪的工作角度都非常小,一般为角分级、角秒级。

三、动力调谐陀螺仪

常规陀螺仪采用框架装置并由滚珠轴承来支承,不可避免地存在摩擦力矩,从而造成漂移。以此方法要达到惯性级陀螺仪的精度要求,显然是非常困难的。

20 世纪 40 年代末 50 年代初人们开始研制液浮陀螺仪,它可以使陀螺仪的环架和浮子组合件的支承卸载,并清除支承的干摩擦,使陀螺仪的精度提高了 1～2 个数量级,到 20 世纪 50 年代末 60 年代初达到了惯性级陀螺仪的精度要求。20 世纪 60 年代初到 70 年代中期可以说是液浮陀螺仪发展的全盛时期,用液浮陀螺仪制造的惯性导航系统称为第一代惯性导航系统。

液浮陀螺仪的结构比较复杂,成本比较高,而且还有浮液带来的问题。20 世纪 60 年代末开始出现了干式动力调谐挠性陀螺仪,它不需要充液,故称为干式陀螺仪。它的结构简单,成本较低,并且能保证足够的精度。因此,20 世纪 70 年代中期以后的惯性导航系统以挠性陀螺仪为主,挠性陀螺仪逐步取代了液浮陀螺仪。目前国产的 563/573 系列惯性导航系统均采用挠性陀螺仪。用挠性陀螺仪制造的惯性导航系统称为第二代惯性导航系统。

(一)挠性陀螺仪概述

挠性陀螺仪是一种内立承式三自由度自由转子陀螺仪,其支承系统在转子内部,转子在外部。磁滞马达带动驱动轴经过挠性接头使转子高速旋转。挠性接头沿转子轴线方向具有高刚度和高强度,而沿与转子轴线垂直的两个正交进动轴对转子的弹性约束力矩极低。所以高速旋转的刚体转子就成为相对于惯性空间具有高度定轴性的自由转子。如果我们用两对信号器分别测量转子绕两个正交进动轴的角位移,并用两对力矩器沿这两个进动轴向施加必要的修正力矩,就构成了用于惯性导航系统的三自由度自由转子陀螺仪。由于挠性接头是连接驱动轴和转子的支承装置,它相对于进动轴来说是很柔软的,因此通常把这类陀螺仪叫作挠性陀螺仪。

挠性陀螺仪的结构特点是,转子不是用滚珠轴承支承在万向支架上的,而是用挠性杆件支承的,这样就将一般轴承中无规律的随机干摩擦变成了有规律的、可以进行补偿的弹性力矩。采取相应的补偿措施后,就变成了自由陀螺仪。早期的挠性陀螺仪是磁力或机械补偿的细颈轴挠性陀螺仪,近期的挠性陀螺仪则是动力调谐挠性陀螺仪。

(二)动力调谐挠性陀螺仪的原理

1. 动力调谐挠性陀螺仪的原理结构

动力调谐挠性陀螺仪如图 10-1-2 所示,它的驱动轴和转子之间的挠性接头已不再是一根细颈轴,而是由两对彼此垂直的挠性轴 AA'和 BB'及一个平衡环构成的,它们位于转子平面内。内挠性轴 AA'的两个半轴同驱动轴和平衡环固连,外挠性轴 BB'的两个半轴同平衡环和转子固连,内挠性轴和外挠性轴彼此垂直且同驱动轴交于一点。内、外挠性轴沿本身轴线方向的扭转刚度很低，但它们的抗弯刚度很高。陀螺仪工作时驱动轴通过内挠性轴、平衡环和外挠性轴带动转子一起高速旋转，同时平衡环又可以绕内、外挠性轴扭转。

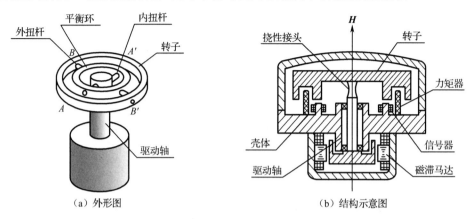

（a）外形图　　　　　　　　　　　　（b）结构示意图

图 10-1-2　动力调谐挠性陀螺仪

2. 平衡环的摆动

假设磁滞马达带动驱动轴、平衡环和转子以恒定的 $\theta=N$ 高速旋转，使转子轴线绕 X 轴偏离驱动轴线一个小角度 a，由于转子具有高动量矩 H，所以它将保持其轴线相对于惯性空间稳定。由于这种陀螺仪的结构特点，平衡环在和转子一起高速旋转的同时，还会绕内挠性轴摆动，如图 10-1-3 所示。

当 $\theta=0°$ 时，转子通过外抗性使平衡环绕内挠性轴扭转 a 角，平衡环的平面和转子平面一致，如图 10-1-3（a）所示。当 $\theta=90°$ 时，平衡环在内挠性轴的作用下恢复到垂直位置，同时绕外挠性轴扭转 a 角，如图 10-1-3（b）所示。当 $\theta=180°$ 时，平衡环绕内挠性轴扭转 a 角，其平面和转子平面一致，但这时的扭转方向和 $\theta=0°$ 时相反，如图 10-1-3（c）所示。当 $\theta=270°$ 时，平衡环绕外挠性轴扭转 a 角，扭转方向和 $\theta=90°$ 时相反，如图 10-1-3（d）所示。因此，平衡环在驱动轴旋转一周的过程中，做强迫摆动一次，平衡环的摆动频率和转子的自转频率相等。因为转子轴有偏转角时平衡环做强迫摆动，故又将平衡环叫作振动框架。

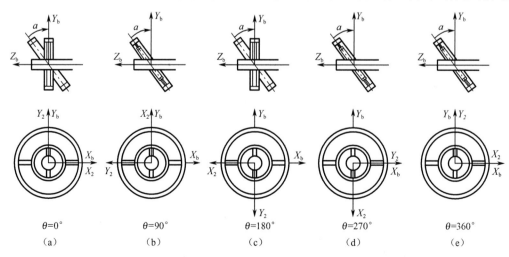

$\theta=0°$　　　　$\theta=90°$　　　　$\theta=180°$　　　　$\theta=270°$　　　　$\theta=360°$
（a）　　　　　（b）　　　　　（c）　　　　　（d）　　　　　（e）

图 10-1-3　平衡环的摆动

在平衡环摆动一周的过程中，它绕内挠性轴的扭转角 γ 按余弦规律变化，会对转子产生相应的弹性力矩，转子绕外挠性轴的扭转角 φ 按正弦规律变化，也会对转子产生相应的弹性力矩。如果不进行补偿，则会对陀螺仪产生作用，使陀螺仪进动而不能定轴。当平衡环摆动时，绕挠性轴的角度、角速度和角加速度都呈现类似正弦规律的变化，因此会产生惯性力矩和陀螺力矩，这称为平衡环的惯性效应或动力效应。因为陀螺力矩也是一种惯性力矩，所以将它们统称为惯性力矩，它也要对陀螺仪产生作用，但和弹性力矩的作用刚好相反，如果调整适当，可以补偿挠性轴所产生的弹性力矩，使转子上没有作用力矩。这种陀螺仪有偏转角而支承没有力矩作用在转子上的情况叫作动力调谐。

3. 挠性陀螺仪的电气元件

挠性陀螺仪的信号器和力矩器直接由壳体相对于转子发生关系。信号器用来精确测量转子相对于壳体两个正交进动轴的角偏移；力矩器用来沿两个正交进动轴的转子施加修正、补偿或再平衡力矩。

（1）信号器。

目前挠性陀螺仪采用的信号器大多数是差动变磁阻（变电感）角度信号器，其结构图和连接线路如图 10-1-4 所示。

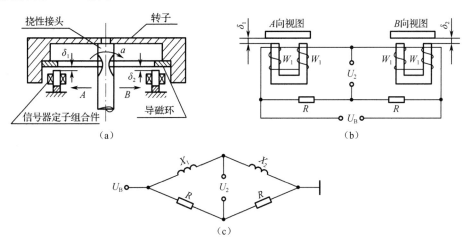

图 10-1-4　差动变磁阻角度信号器的结构图和连接线路

壳体上装有两对正交配置的信号器定子组合件，转子上有一个导磁环，它使每个定子构成闭合磁路。图 10-1-4（a）中一对信号器的 A 向和 B 向视图及连接线路如图 10-1-4（b）所示。其中的电阻 R 为电桥平衡电阻。

若转子如图 10-1-4（a）所示偏转 a 角，则气隙长度 $\delta_1 > \delta_2$，左边气磁阻大于右边气磁阻，右边定子线圈的阻抗大于左边定子线圈的阻抗，因此激磁电压 U_B 在右边定子线圈上的电压降变大，在左边定子线圈上的电压降变小，破坏了电桥的平衡，产生了输出电压 U_2。

为防止激磁磁场在转子导磁环上产生很大的涡流阻尼力矩，以及适应较高的电源频率，转子导磁环及定子铁心应采用高电阻率软磁材料，如锰锌铁氧体。定子铁心要设计得不饱和。δ_0 一般在 $0.2 \sim 0.5\text{mm}$ 的范围内，具体根据转子角限动范围来确定。电源频率一般取数千到几万赫。电桥平衡电阻要和一个定子两线圈的阻抗相等。这种信号器的非灵敏区可达 1 角秒，甚至可小于 0.1 角秒。如果陀螺仪采用温控，则其零位稳定性也比较好。

（2）力矩器。

目前挠性陀螺仪采用的力矩器大多数是永磁式力矩器，其结构图如图 10-1-5 所示。凹槽圆环形导磁回路内装有圆环形永久磁铁，它径向充磁。永久磁铁表面还附有一层软磁极掌，可使由永久磁铁产生的气隙径向辐射磁场均匀而集中。导磁回路下端磁屏蔽起磁屏蔽作用。这种力矩器的磁路部分就是高速旋转的转子轮缘，它构成了转子动量矩的主要部分。

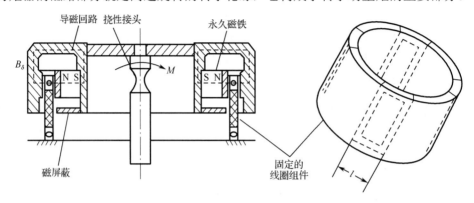

图 10-1-5　永磁式力矩器的结构图

圆环形线圈组件固定在陀螺仪壳体上，上端线圈有效边正好伸入到转子均匀辐射磁场气隙中。线圈组件有 4 个正交配置的矩形线圈，径向相对的两个线圈串联反接，这样就可分别沿两个正交进动轴对转子施加力矩。因此，由一个转子永久磁铁组件和一个线圈组件就可构成双轴力矩器。

假设一对线圈通电，置于气隙磁场中的通电线圈有效边就受到转子磁场的作用力（其方向用左手定则确定），因此转子磁场对线圈组件沿逆时针方向产生一个力矩。根据作用和反作用大小相等、方向相反的原理，固定的线圈组件也就沿垂直于图面的进动轴线按顺时针方向对转子产生一个修正力矩。假设已知工作气隙径向磁通密度为 B_δ（单位为高斯），线圈有效边弧长为 l（单位为 cm），每个线圈有 W 匝，线圈有效边到驱动轴线的平均半径为 r（单位为 cm），线圈电流为 I，则可推导出力矩器刻度系数 K_{m}（又称为力矩梯度，即单位电流所产生的力矩）为

$$K_{\mathrm{m}} = \frac{M}{I} = \frac{2}{9810} WIr \cdot B_\delta \quad (\mathrm{g \cdot cm/mA})$$

经过精心设计和调试，永磁式力矩器的线性度、对称性和刻度系数稳定性在整个额定工作范围内均可达到很精密的等级。

（3）驱动电动机。

为保证陀螺仪动量矩的恒定和调谐补偿的稳定，驱动电动机一般采用恒频电源激磁的三相或两相同步磁滞马达。为实现某个转速，往往采用频率较高（如 800～1500Hz）的电源，而驱动电动机设计成多对极（如 2～4 对）。这主要是为了缩小驱动电动机的体积和减轻其质量。激磁电源频率稳定度一般要求优于 1×10^{-4}～1×10^{-6}/℃，驱动电动机定子固定在陀螺仪壳体上，而磁滞环转子固定在驱动轴上。

驱动轴一般采用滚珠轴承来支承，因为从驱动轴到转子有挠性接头起隔离作用，驱动轴的轴向偏移和质量偏移对陀螺仪的性能并无影响。但是由轴承引起的两倍于旋转频率的驱动

轴振动，将引启动力调谐挠性陀螺仪的漂移误差。因此，对滚珠轴承及其支承系统的主要要求是，减小其两倍于旋转频率的振动和延长其工作寿命。

4. 挠性陀螺仪的特点

与双自由度和三自由度液浮陀螺仪相比，挠性陀螺仪由挠性（弹性）支承代替了液浮支承，并构成自由转子陀螺仪，这就带来了如下主要优点。

（1）高性能。一方面，它不需要液浮，排除了由液浮所带来的一系列影响性能的问题，如抽空、充液、密封不良所引起的气泡问题，重心、浮心平衡调整问题，温控不良所引起的浮心变化和浮液对流摩擦力矩问题，浮液对有关零件的腐蚀问题等。另一方面，驱动轴的滚珠轴承所引起的驱动轴的轴向偏移和质量偏移，以及不等于两倍旋转频率的振动并不影响陀螺仪的性能；在常值加速度作用下，转子和平衡环的径向不平衡的影响被旋转平均掉了；旋转部分没有任何电气绕组元件，避免了某些挥发物质的影响，进一步保证了转子的质量结构稳定性。此外，它不需要转子的导电游丝，这就排除了导电装置的干扰力矩的影响。

（2）低成本。首先，它的结构简单，零部件数量少，易于加工；其次，它不需要像装调液浮陀螺仪一样严格的超净条件，省去了同液浮有关的一系列专用设备。因此，它的成本低，维修容易，适合大批量生产。

（3）可靠性好。因为结构简单，无液浮问题，无软导线，对滚珠轴承负荷要求不高，所以它的可靠性好。

（4）工作准备时间短。因为没有浮液，不需要很长的加热时间，因此从通电到达到工作性能的时间缩短了，快的只需 2min 左右，这对缩短系统和飞机的准备时间有重要意义。

挠性陀螺仪（主要是指动力调谐挠性陀螺仪）不仅具有结构简单、成本低的优点，还具有与最好的液浮陀螺仪相匹敌的性能。

但是，挠性陀螺仪也有其本身的问题。例如，由于采用弹性支承，因此对于承受加速度和冲击负荷有一定限制；弹性支承元件的弹性系数稳定性和在高速旋转振荡条件下的疲劳寿命问题要研究解决。

对于性能要求不高的挠性陀螺仪可以不进行温控，但要获得高性能，仍需要进行温控，以保证转动部分质心的稳定，弹性系数补偿的稳定，以及信号器零位和力矩器刻度系数的稳定等。但相对于液浮陀螺仪来说，挠性陀螺仪的温控要求可以放低些。

四、激光陀螺仪

1960 年，激光在世界上首次出现。1963 年，美国、苏联等国家开始研制环形激光陀螺仪，在反射镜制作工艺及误差机理学等方面进行了长期探索后，终于在 1982 年获得成功并投入批量生产。以激光陀螺仪为主的捷联式惯性导航系统正处于积极推广应用阶段。

（一）激光陀螺仪的物理概念

激光陀螺仪是建立在相对论和量子力学基础上的，在此我们从物理概念上简单说明其基本原理，如图 10-1-6 所示，圆盘能绕其圆心转动。假设有甲、乙两人在圆盘上的 A 点，从 A 点出发沿圆周相背同速而行，绕圆盘一周回到 A 点。如果圆盘转动，转速为 ω，转动方向如图 10-1-6 所示，这样乙

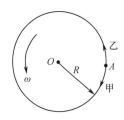

图 10-1-6　激光陀螺仪的物理概念

到达 A 点时所走过的路程比甲走过的路程长,因为圆盘的转动使 A 点离乙远了,而离甲近了,圆盘转速 ω 越快,甲、乙两人的路程差越大。

若假设圆盘的半径为 R,转速为 ω,甲、乙两人速度相等为 v,又设 $v \geqslant \omega R$,则甲、乙两人绕圆盘一周所用的时间相等,其大小为 $2\pi R/v$,并且假设圆盘的转速不变,这样甲、乙两人的路程差为

$$\Delta L = (2\pi R/v)\omega R = (2S/v)\omega$$

式中,S——圆盘面积。

(二)激光陀螺仪的组成及工作原理

激光陀螺仪的基本元件是环形激光器。最简单的情况是,环形回路的形状是三角形的,如图 10-1-7 所示,这个回路由两个全反射镜 1 和一个半透半反镜 5 组成。环形回路中装有激光管 2,激光管一般用氦氖气体作为活性物质。该活性物质由高频电源(频率为几十兆赫)或直流电源(电压为几千伏)激发,能射出波长为 0.6328μm 的光波。这样激光管两端所发生的激光就在相反方向上传播,在通过半透半反镜 5 后便由棱镜 4 使其混合,然后两束光共同进入光敏检测器 6。由光敏检测器所拾取的信号经过放大后送入示波器或频率计 7,最后由记录装置 8 记录下来。

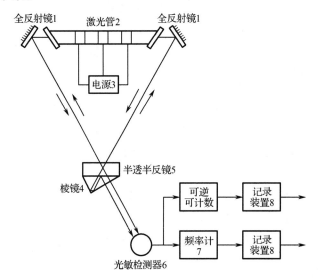

图 10-1-7　激光陀螺仪的工作原理图

传播方向不同的两束光,大部分经全反射镜反射后进入激光管,这个闭合回路就形成了一个环形激光谐振器。在环形激光谐振器中产生两束传播方向相反的单色激光。根据反馈系统的振荡条件,维持等幅振荡的必要条件是整个谐振回路的相移必须为 2π 的整数倍。同样,在环形激光谐振器中要维持稳定光子振荡,也必须使整个谐振回路的相移为 2π 的整数倍,这意味着谐振回路的周长 L 应为光波波长 λ 的整数倍,即

$$L = N\lambda,\ N\ \text{为整数}$$

当激光陀螺仪绕谐振回路的法线方向以角速度 ω 转动时,与上述基本原理相同,两束激光将有光程差,其光程差大小为 $\Delta L = (2\pi R/v)\omega R = (2S/v)\omega$,其中 S 为谐振回路所包围的面积;$v=c$ 为光速。

因此，两束激光的光程可表示为

$$L_1 = L + \Delta L, \quad L_2 = L - \Delta L$$

根据振荡条件 $L = N\lambda$（N 为整数）可知，光程不同，波长和频率也不同。由于波长 λ 与频率 f 之间的关系为

$$f = c/\lambda = Nc/L$$

所以两束激光的频率为

$$f_1 = Nc/L_1, \quad f_2 = Nc/L_2$$

其频率差为

$$\Delta f = f_2 - f_1 = Nc\left(\frac{1}{L_2} - \frac{1}{L_1}\right) = \frac{Nc(L_1 - L_2)}{L_1 L_2} = \frac{2Nc\Delta L}{L^2 - (\Delta L)^2}$$

由于 $\Delta L \ll L$，所以有

$$\Delta f \approx \frac{2Nc\Delta L}{L^2} = 2f\frac{\Delta L}{L}$$

将 $\Delta L = (2S/v)\omega$ 代入上式，得

$$\Delta f = \frac{4S}{L\lambda}\omega = k\omega$$

式中，$k = 4S/L\lambda$。

由于 k 是取决于谐振回路参数的常数，所以频率差正比于激光陀螺仪的输入角速度。用半透半反镜 5 将激光导出回路。经棱镜 4 使两束激光的传播方向重叠，互相干涉。通过光敏检测器 6 和示波器或频率计 7，最后由记录装置 8 得到与频率差成正比，也就是与输入角速度成正比的数字输出。

对于周长 $L = 1\text{m}$、波长 $\lambda = 0.632\mu\text{m}$ 的正三角形激光谐振器，比例系数 $k = 3 \times 10^5 \text{Hz}/(\text{rad/s})$。在地球自转角速度为 $15°/\text{h}$ 输入时，频率差 $\Delta f = 22\text{Hz}$。

（三）激光陀螺仪中存在的问题及解决办法

1. 存在的问题

（1）激光陀螺仪的"自锁"问题。当输入角速度较小时（对上述回路尺寸的激光陀螺仪，频率差小于 $20 \sim 100\text{Hz}$），激光陀螺仪的输出频率差 Δf 为零，与由 $\Delta f = (4S/L\lambda)\cdot\omega = k\cdot\omega$ 计算出的结果不符。

（2）由激光陀螺仪的输出难以辨别旋转方向，即不管激光陀螺仪的旋转方向如何，由 $\Delta f = (4S/L\lambda)\cdot\omega = k\cdot\omega$ 计算出的频率差符号不变。

（3）由于环境温度的变化，机械冲击和振动都会引起谐振回路周长 L 的变化，从而引起比例系数 k 的变化，造成测量误差，因此需要严格控制回路尺寸的变化。

2. 解决办法

（1）要想消除"自锁"，必须保证在零角速度输入时两束激光的频率差不为零。实现的办法是，用频率偏置的方法使工作点由坐标原点 O 移到工作点 $A(\omega_A, f_A)$，如图 10-1-8

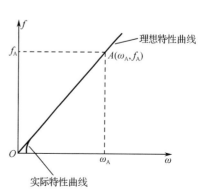

图 10-1-8　激光陀螺仪的特性曲线

所示。其中，f_A 为偏置频率，ω_A 为与偏置频率 f_A 对应的偏置输入角速度。当激光陀螺仪有输入角速度 ω 时，总的等效输入角速度为 $\omega_A+\omega$，只要 ω_A 足够大，使得 $\omega_A+\omega$ 大于"自锁"区角速度，就可以解决"自锁"问题。为了得到真正的输入角速度，应从激光陀螺仪的输出中减去偏置频率。因此，要保证测量精度，必须保证偏置频率大小不变。

现在已提出十多种产生偏置频率的办法：一是使激光陀螺仪有一个输入偏置角速度，然后从激光陀螺仪的输出中减去与偏置角速度对应的偏置频率，这样就可以得到需要的测量结果。这种办法可以同时解决区别输入方向的问题。但是这种办法对偏置角速度的值要求严格稳定，对偏置角速度的测量精度要求很高，因此用机械方法实现起来比较困难。二是使激光陀螺仪沿输入轴做角振动。这种办法不能完全消除"自锁"，但是能降低它的影响。此外还有一种比较先进的办法是应用法拉第效应，使两束激光产生所需要的频率差。

（2）为了保证激光陀螺仪谐振回路的尺寸稳定，可采用低膨胀系数的材料来制造谐振腔，如石英和微晶玻璃等。现代激光陀螺仪常采用整体结构，即在一整块胶体材料上加工出谐振腔。常见的谐振腔形状有三角形、四方形两种，但目前大部分激光陀螺仪采用三角形谐振腔。

（四）激光陀螺仪的优点

激光陀螺仪没有活动部件，因而被称为固态陀螺仪。它的结构简单、紧固、耐冲击振动、寿命长、可靠性高。它可测量的最小角速度为 0.01°/h，最大角速度为 2000°/s。其动态测量范围是常规陀螺仪难以达到的。激光陀螺仪启动时间短，采用数字输出，因而便于与计算机接口通信。

第二节　加速度计

加速度计是用来测量飞机的线加速度并输出与线加速度成比例的电信号的装置，其输出的电信号可供导航计算机和控制飞机使用。加速度计是实现惯性导航的重要元件之一。

与陀螺仪一样，随着惯性导航技术的不断发展，加速度计的种类日趋增多。按工作原理分，有线位移式加速度计、摆式加速度计、压电晶体式加速度计、摆式积分陀螺加速度计；按输出轴的支承方式分，有液浮加速度计、气浮加速度计、挠性加速度计、磁悬浮加速度计；按敏感加速度输入轴的数目分，有单轴加速度计、双轴加速度计、三轴加速度计。目前航空领域应用最广的是液浮加速度计和挠性加速度计。由于上述各种类型的加速度计的工作原理都是建立在牛顿力学基础上的，所以加速度计也属于惯性测量元件。

加速度计在惯性导航系统中用来测量载体的加速度。从整个系统的角度看，加速度计测得的加速度信号是惯性导航系统最重要的输入信号。由此可见，加速度计的测量精度对惯性导航系统的定位精度有直接影响。本节主要介绍目前惯性导航系统中应用最多的摆式加速度计和挠性加速度计，以及比力的概念。

一、加速度计的组成

一个加速度计一般包括敏感元件（重锤或摆锤）、转轴、平衡弹簧、输出或显示装置等。摆式加速度计的简化原理图如图 10-2-1 所示。质量为 m 的摆锤用臂长为 l（摆长）的金属悬挂在转轴 y 上。转轴两端用轴承支承在壳体上。平衡弹簧内端与转轴固连，外端与壳体固连。当转轴相对于壳体转动时，会产生一个扭转力矩，其大小与转轴转动的角度成正比，即 $M_s=k\alpha$（其中 α 为转轴转角，k 为弹性系数），M_s 的方向力求使转轴转角恢复为零。为了说明加速度计的基本原理，假设无加速度输入时，加速度计的 z 轴沿摆锤所受重力方向，y 轴在水平面内且沿转轴方向，x 轴垂直于 y 轴，为加速度的输入轴或测量轴，即沿待测加速度的方向。

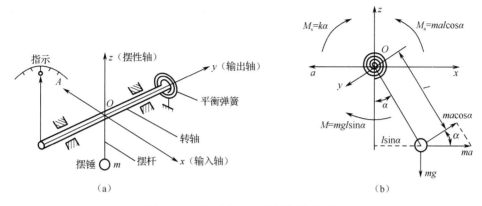

图 10-2-1 摆式加速度计的简化原理图

当飞机没有加速度时，摆锤仅受重力 mg 的作用而使摆杆沿重力方向，转轴带动指针停在零位，平衡弹簧也不产生力矩，这时加速度计处于起始基准位置。

当飞机有沿 x 轴的加速度 a 时，摆锤在惯性力的作用下绕转轴 y 产生转动力矩 M_a，M_a 使摆锤和转轴转动，转轴的转动使平衡弹簧变形产生弹性力矩，即 $M_{弹}=-k\alpha$。显然弹性力矩 $M_{弹}$ 的方向与转动力矩 M_a 的方向相反，$M_{弹}$ 试图使转轴的转角恢复为零。由于摆锤偏离垂线位置，重力 mg 对 y 轴形成与弹性力矩的方向相同的力矩 $mgl\sin\alpha$。当这几种力矩达到平衡时，转轴停止转动。对应上述运动过程的方程为

$$J\ddot{\alpha} + k\alpha = mal\cos\alpha - mgl\sin\alpha \pm M_d$$

式中，J——摆锤绕 y 轴的转动惯量；

   l——摆长；

   g——重力加速度；

   α——转轴转过的角度；

   M_d——绕输出轴的干扰力矩。

如果选择的 k 较大，当 α 角很小时，$\cos\alpha \approx 1$，$\sin\alpha \approx \alpha$，则上式可改写为

$$J\ddot{\alpha} + (k+mgl)\alpha = mal \pm M_d$$

当系统处于稳态时，$\ddot{\alpha} = \dot{\alpha} = 0$，可得

$$\alpha = \frac{ml}{k+mgl}a \pm \frac{M_d}{k+mgl}$$

由上述推导过程可见，只有满足 α 角很小和干扰力矩很小（$M_d \ll mgl$）的条件，加速度计的输出角 α 才能与输入加速度 a 呈线性关系。但是，对于这种加速度计，由于弹性元件的弹性刚度不可能做得很大，摆锤的转角 α 也就不可能很小，因此这种加速度计的线性度较差，这是它的一个主要缺点。另外，因为弹性元件的弹性刚度随温度变化，所以有较大的弹性温度误差；因为弹性元件具有迟滞现象，所以加速度计有迟滞现象。因此，这种加速度计只能用于飞机载荷因数的测量，不能用在惯性导航系统中。

二、惯性导航系统对加速度测量的要求

加速度测量的精度直接影响惯性导航系统的定位精度，因此惯性级加速度计必须满足下列要求。

（一）灵敏限小

最小加速度测量值直接影响飞行速度和飞行距离的测量精度。灵敏限以下的值不能测量，其本身就是误差，而且形成的飞行速度误差和飞行距离误差随时间而积累。用于惯性导航系统的加速度计灵敏限要求必须在 $10^{-5}g$ 以下，有的要求达到 $10^{-7}g \sim 10^{-8}g$。

（二）摩擦干扰小

根据灵敏限的要求，若为 $1 \times 10^{-5}g$，则对摆锤质量 m 与摆长 l 乘积为 $1g \cdot cm$ 的摆来说，要感受此加速度并绕输出轴转动起来，必须保证转轴的摩擦力矩小于 $0.98 \times 10^{-9}N \cdot m$。这个要求是任何精密仪表的轴承都无法达到的，何况除了静摩擦，在支承中还存在非线性、随机性的干扰力矩。因此，发展各种支承技术是研究加速度计的技术关键。

（三）量程大

通常飞机要求加速度计的测量范围为 $10^{-5}g \sim 6g$，最大可达 $12g$ 甚至 $20g$。在这么大的测量范围内要保证输出的线性特性及测量过程中的性能一致不是一件容易的事。这就要求增大弹性元件的弹性刚度，减小输出转角，因此必须用"电弹簧"代替机械弹簧，将转角控制在几角秒或几角分以内。

三、挠性加速度计

液浮加速度计的技术发展得比较成熟，测量精度也较高，但结构复杂，工艺和温控要求严格，因而成本高，工作准备时间较长。随着惯性导航技术的发展，一种结构简单的干式加速度计在 20 世纪 60 年代初问世，这就是挠性加速度计，它主要采用挠性支承，大大简化了加速度计的结构和工艺，成为当今惯性导航系统主要采用的加速度计。

（一）挠性加速度计的组成和原理

挠性加速度计也靠摆锤来敏感加速度，因此它的力学原理同摆式加速度计一样，实际上也是一种摆式力反馈（力矩平衡式）加速度计，不同的是其摆块由悬有细颈轴的挠性杆所支承。图 10-2-2 所示为电容式传感器的挠性加速度计示意图。挠性杆一般用恒弹性材料做成，甚至用整块石英玻璃把细颈轴与摆锤连在一起加工出来。由于控制细颈轴直径在零点几毫米以内，所以它还是有明显弹性的。信号器采用电容式传感器，在质量块上绕有力矩器线圈。在壳体两端固定有两个永久磁铁，它们与力矩器线圈构成动圈式力矩器。力矩器磁钢面和摆块两端面构成两个测量电容，当摆块偏转时，两边间隙发生变化，两个电容的电容量也发生变化，一个电容的电容量变大，另一个电容的电容量变小。用电桥电路可检测出它们的变化量，从而反映出所测加速度的大小。挠性加速度计的信号检测和反馈控制回路原理图如图 10-2-3 所示。

当沿输入轴有加速度作用时，惯性力作用在摆块上，该惯性力对挠性杆细颈轴形成惯性

力矩，使摆块绕细颈轴转动，摆块两端面与力矩器磁钢面构成的两个电容，其间隙一边增大，另一边减小。从而使左、右电容量发生变化，两个电容的变化量由电桥电路检测。电桥不平衡，其电压反映了摆块偏角的大小。不平衡信号经放大、解调、校正和直流功率放大后，送至力矩器线圈，产生电磁力来平衡摆力矩。回路的放大系数可以设计得很大，因而摆块偏角实际上很小。为了输出与加速度大小成比例的电信号，要在力矩器线圈电路中串入一个采样电阻，取其上电压就可以获得加速度计输出的信号。

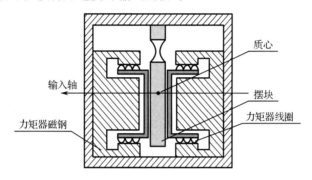

图 10-2-2　电容式传感器的挠性加速度计示意图

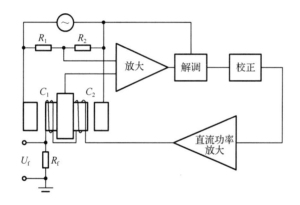

图 10-2-3　挠性加速度计的信号检测和反馈控制回路原理图

（二）挠性加速度计的特点

与摆式加速度计相比，挠性加速度计有明显的特点。

第一，无支承摩擦力矩。减小支承摩擦是提高加速度计的测量精度所要解决的关键问题之一，挠性加速度计采用挠性支承代替宝石轴承，使摩擦力矩变为与失调角成比例的弹性力矩，即将库仑摩擦变为分子的内摩擦，且挠性杆的反作用力矩表现为干扰力矩。如果选择的系统开环放大系数远远大于挠性杆的弹性系数，则输出转角很小，此弹性力矩可以忽略不计。因此，由弹性反作用力矩造成的死区很小，保证了加速度计的测量精度。

第二，浮液及温控要求较低。挠性加速度计不存在最佳工作温度与测量精度之间的关系，即使温控有些误差，也不会由温度变化导致液体密度和浮力变化，从而增加支承摩擦力矩，降低测量精度。另外，在通过改变浮液的黏度来改善系统的动态性能时，不会因密度不一致而较大地影响加速度计的测量精度。但挠性加速度计并非不需要温控装置。为了保证挠性加速度计性能的稳定性及零点的重复性，仍应设置温度补偿装置，只是较浮液摆式加速度计简单一些。

第三，结构简单，工艺性好，制造和维修成本低。又因壳内无浮子，故摆的体积小，转动惯量低，时间常数小，动态性能好。正因如此，从 20 世纪 60 年代起，挠性加速度计得到广泛应用，大有取代摆式加速度计的趋势。目前，LTN-72/92 惯性导航系统、563 系列惯性导航系统、573 系列惯性导航系统均采用挠性加速度计。

四、加速度与比力

惯性导航系统最重要的作用之一就是测量载体运动时的加速度。加速度计能不能直接测量载体相对于地球的加速度呢？对此需要介绍一个新概念——比力。

（一）比力的概念

我们先进行一个演示，将加速度计测量轴垂直放置且使其处于静止状态，弹簧悬挂的质量块受重力 mg 的作用将弹簧拉长，加速度计输出信号和 g 成比例，这时质量块向下偏离平衡位置，如图 10-2-4 所示。

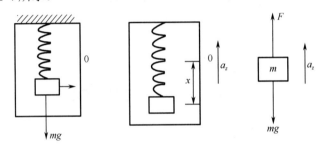

图 10-2-4　比力的概念

若加速度计沿垂直方向以加速度 a_z 向上运动，则根据牛顿第二定律可列出质量块的运动方程，即

$$F + mg = ma_z$$

式中，F ——弹簧作用于质量块的弹力；

　　　$F + mg$ ——质量块受到的合力。取坐标轴向上为正，将上式改为标量运算，可得

$$F = mg + ma$$

$$\frac{F}{m} = g + a$$

令 $f=F/m$ 为单位质量受到的弹簧力，我们将这个 f 称为比力。

F 是弹簧作用在质量块上的力，由牛顿第三定律知道，质量块作用在弹簧上的力 $F'=F$，二者方向相反。那么弹簧受到大小为 f 的比力，正是这个比力使弹簧变形产生位移 x。由此可见，加速度计直接测得的不是载体加速度 a_z，而是比力 f，故加速度计又称为比力计。

（二）怎样测加速度

若加速度计垂直自下以加速度 a_z 运动，并且设 $a_z=g$，则 $f=-a_z+g=0$，质量块停在平衡位置，加速度计没有输出信号。经过一段时间也计算不出高度，而实际高度却以 $h=a_z t^2/2$ 变化。如果将加速度计输出端加一个综合环节，预先在综合环节处加一个 $-g$，如图 10-2-5 所示，

那么问题便可以解决。

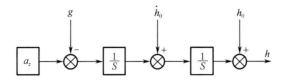

图 10-2-5　高度通道开环系统

这时 $f=0$，但进入第一个积分器的 $a_z=-g$，经过两次积分可以得到高度。加速度计不能直接测得加速度是惯性力与重力的等效性所致，二者不可分辨。因此，由加速度计测得比力后，要想得到载体的加速度必须把重力加速度消除，即消除"有害"加速度。这是在惯性导航系统中必须解决的问题。

（三）纯惯性高度不稳定

当航行体在地球表面局部地区航行时，可以把地球表面看作平面。从加速度计的输出中减去重力加速度，即可得到加速度 a_z 的信号，经过两次积分可以得到高度。这种状态下的惯性导航系统是一个简单的开环系统，其原理图如图 10-2-6 所示。

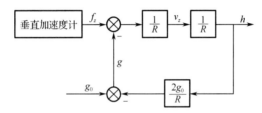

图 10-2-6　高度通道原理图

假设加速度计零点漂移为 $\Delta Z=0.5\times10^{-4}g$（惯性加速度计的误差范围），则产生的高度误差为

$$\Delta h = \Delta Z t^2/2$$

若 $t=1h$，则 $\Delta h=3.2km$；若 $t=2h$，则 $\Delta h=12.7km$。由此可见，当这种开环系统的工作时间较长时，积累性误差使垂直方向的速度与位置测量精度受到严重影响。

假如地球不转，则地球表面重力速度 g_0 为

$$g_0= kM/R^2$$

式中，M——地球的质量；

　　k——系数。

在离地球表面 h 高度处的重力加速度为

$$g = kM/(R+h)^2$$

根据以上两式得

$$g = g_0R^2/(R+h)^2$$

当 $h \ll R$ 时，按泰勒级数展开，忽略高阶无量小，可得

$$g \approx g_0\left(1 - \frac{2h}{R}\right)$$

惯性导航系统的特性方程为

$$\left(S^2 - \frac{2g_0}{R}\right) = 0$$

$$\left(S + \sqrt{\frac{2g_0}{R}}\right)\left(S - \sqrt{\frac{2g_0}{R}}\right) = 0$$

由上式可见，重力加速度修正的闭环系统特征始终有一个正根。由控制理论可知，惯性导航系统是发散的、不稳定的。

因此，不可能用纯惯性的方法获取飞机的飞行高度，这也是惯性导航系统不输出高度的原因。当飞机使用惯性导航系统时，因为飞行高度变化不太大但飞行时间长，所以高度通道必须借助大气数据系统或无线电高度表的信号进行修正，以弥补惯性导航系统的这个缺点。

复习思考题

1．陀螺仪有何特性？从理论上看，陀螺仪可划分为几类？各有何特点？

2．惯性级陀螺仪有何特点？

3．何为动力调谐？动力调谐陀螺仪与框架陀螺仪相比有何特点？

4．简述激光陀螺仪的基本工作原理，如何解决其"闭锁"问题？

5．为什么用挠性陀螺仪构成的平台惯性导航系统在断电后 5min 内不能移动或再次启动（某型惯性导航系统维护规程中要求的）？用激光陀螺仪构成的惯性导航系统是否在断电后 5min 内也不能移动或再次启动？

6．叙述加速度计的一般组成和测量原理。

7．惯性导航系统对加速度计有何要求？

8．叙述挠性加速度计的工作原理、特点。

9．解释比力的概念。

10．试从理论上分析惯性导航系统为何不输出高度。

11．在飞机上，为什么惯性导航系统要与大气数据系统交联？

第十一章 陀螺稳定平台

第一节 概述

陀螺稳定平台是惯性导航系统的重要机电部件。它是利用陀螺仪作为测量元件的自动稳定装置，这种装置早在 20 世纪 40 年代就开始被用在飞机上，如带有随动托架系统的地平仪，只不过当时的随动托架系统较为简单和粗糙。随着科学技术的发展，高精密陀螺仪和快速随动系统逐渐发展起来，使陀螺稳定平台迅速发展，并逐步得到推广应用。

陀螺稳定平台是建立在陀螺仪的基础上的。随着航空工业的发展，陀螺仪很难适应某些新的要求，具体表现在以下两方面。

第一，随着飞机应用范围的扩大和自动化程度的提高，需要使用姿态信号和航向信号的设备越来越多，如果在需要使用上述信号的地方都设置一两个陀螺仪，飞机上陀螺仪的数目就太多了。如果不增加陀螺仪的数目，而通过在一个陀螺仪环架上同时带几个信号传感器为各设备提供所需信号，则势必大大增加陀螺仪环架上的干扰力矩，严重影响陀螺仪的测量精度，甚至使它无法长时间保持正常工作状态。也就是说，在环架轴上的干扰力矩增大的情况下，是不能单纯利用陀螺仪的力学特性来进行工作的，必须设法将少量性能良好的陀螺仪按照一定的工作方式组成一个自动稳定系统，以克服上述不足。

第二，现代飞机上有不少设备，如照相机的镜头、雷达设备的天线和轰炸瞄准具的光学系统等，都需要使用陀螺仪以使其相对于某个坐标系或方位保持稳定，从而不因受飞机角运动的干扰而破坏被稳定对象的期望方位。因此，要求将上述稳定对象同飞机的角运动隔离。但大多数稳定对象都具有一定的体积和质量，不可能像刻度盘（指针）或电位器（同步器）那样直接安装在陀螺仪环架或环架轴上，单纯借助陀螺仪的力学特性来进行稳定。因为这样不仅会大大增加干扰力矩，而且会使陀螺仪绕向外环轴的实际转动惯量 J_z、J_y 大大增加，由 $\omega_n = H/\sqrt{J_z \cdot J_y}$ 可知，陀螺仪的章动频率将因此而降低，从而使得陀螺仪丧失稳定性。如果通过提高角动量 H 来解决该问题，则很可能使陀螺仪的体积和质量大大增加，这在航空上一般是允许的。

纵观以上两点，陀螺稳定平台要解决的本质问题就是保持陀螺仪本身的稳定性和抵抗干扰对稳定性的破坏。具体办法是，以陀螺仪的力学特性为基础，利用陀螺仪作为测量敏感元件，并和伺服电动机组成伺服系统，依赖伺服系统的力量实现陀螺仪的稳定。

用于惯性导航系统的陀螺稳定平台，将两个或三个加速度计稳定在一定的坐标系（如地理坐标系）内，使其不受飞机的任何干扰作用，以便敏感飞机沿地理东向、北向和地垂线三个方向的线加速度。因此，用于惯性导航系统的陀螺稳定平台的功用可以概括为两点：一是跟踪模拟某一参考坐标系，为惯性参数建立精确的坐标基准（陀螺稳定平台具有精确的跟踪性）；二是由陀螺仪、伺服电动机和环架构成的伺服系统隔离飞机激烈的角运动对这个坐标基准的影响（平台具有高度的稳定性）。这两点正是惯性导航系统对陀螺稳定平台的基本要求。

按照稳定过程中陀螺仪的作用和陀螺力矩参与工作的程度，陀螺稳定平台可以分为三种：①直接式陀螺稳定平台，它直接利用陀螺力矩来抵消干扰力矩；②动力式陀螺稳定平台，它利用陀螺力矩和外加机械力矩来抵消干扰力矩；③指示式陀螺稳定平台，它抵消干扰力矩时陀螺力矩不起作用或作用甚微，主要用外加机械力矩来抵消干扰力矩。也就是说，直接式陀螺稳定平台和动力式陀螺稳定平台，要求有明显的陀螺力矩，因此其所用陀螺仪的角动量较大；指示式陀螺稳定平台，陀螺力矩不再参与工作，因此它所用的陀螺仪的角动量也较小。

按照稳定轴的数量，陀螺稳定平台可分为单轴陀螺稳定平台、双轴陀螺稳定平台和三轴陀螺稳定平台三种。按照使用陀螺仪自由度的数目，陀螺稳定平台可分为用双自由度陀螺仪组成的陀螺稳定平台和用三自由度陀螺仪组成的陀螺稳定平台。

第二节　单轴陀螺稳定平台的基本原理

高度的稳定性和精确的跟踪性是陀螺稳定平台的特性，为了实现这两个特性，陀螺稳定平台主要由两种自动调节系统组成，即稳定系统和修正系统。稳定系统的作用是消除外界的力矩干扰或速度干扰，使平台保持稳定；修正系统的作用是使平台跟踪地平面和子午线，也就是跟踪地理坐标系。

一、稳定系统的工作原理

（一）用双自由度陀螺仪作为敏感元件的稳定系统的工作原理

1. 动力式陀螺稳定平台的稳定系统的工作原理

动力式陀螺稳定平台的稳定系统的工作原理图如图 11-2-1 所示。这种稳定系统由双自由度陀螺仪及其信号器和放大器、稳定电动机、减速器、平台等组成。它能使平台相对于 AA' 轴保持角位置稳定。AA' 轴称为平台轴或稳定轴。图 11-2-1 所示的稳定系统实际上就是一个单轴陀螺稳定器。陀螺仪装在平台上，对平台而言，它具有两个自由度。陀螺仪的信号器装在内框轴的一端。稳定电动机固定在基座上，它通过减速器可使平台绕 AA' 轴转动。

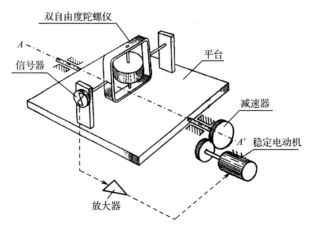

图 11-2-1　动力式陀螺稳定平台的稳定系统的工作原理图

在陀螺仪的转子具有足够大的动量矩的情况下，当干扰力矩绕稳定轴作用在平台上时，并不会引起平台绕稳定轴转动，而会引起陀螺仪绕内环轴进动。陀螺仪有了进动角速度，就会产生陀螺力矩，陀螺力矩能够抵消外部干扰力矩。这种现象一般被称为陀螺仪的动力稳定效应。当陀螺仪绕内环轴进动而出现转角时，信号器有电信号产生，经放大器放大后送给稳定电动机，稳定电动机根据信号的极性（或相位）给出一定方向的稳定力矩，经过减速器传递给平台，也能够抵消外部干扰力矩。实际工作过程如下：当干扰力矩刚刚作用到平台上时，陀螺仪绕内环轴的进动角还很小，因此稳定电动机给出的稳定力矩也很小，这时外部干扰力矩主要由陀螺仪的动力稳定力矩来抵消；随着陀螺仪绕内环轴的进动角逐渐增大，稳定电动机给出的稳定力矩也逐渐增大，干扰力矩被抵消得越来越多，陀螺仪的进动角速度逐渐减小，动力稳定力矩也逐渐减小，当陀螺仪绕内环轴的进动角增大到一定数值时，稳定电动机给出的稳定力矩可完全抵消外界干扰力矩，使陀螺仪停止进动，其动力稳定效应完全消失，这时平台抵抗的作用完全由稳定系统来承担。综上所述，当外界干扰力矩沿平台的稳定轴作用到平台上时，平台能够相对于稳定轴保持原来的角位置，即保持角位置稳定。另外可以看出，这种稳定系统的稳定作用由陀螺仪的动力稳定效应和稳定系统的稳定作用共同来完成，利用这种稳定系统做成的陀螺稳定平台被称为动力式陀螺稳定平台。

当稳定系统的稳定力矩完全克服了外界干扰力矩时，有

$$M_{稳}=K\alpha=M_{干}$$

式中，K——稳定系统的总放大系数；

α——陀螺仪绕内环轴的进动角。

由上式可得，陀螺仪绕内环轴的稳态进动角为 $\alpha = M_{干}/K$。由这个关系式可以看出，当 $M_{干}$ 一定时，α 与 K 成反比。为使 α 保持在很小的范围内（小于 5°），稳定系统应该具有足够大的总放大系数。

干扰力矩消失后，陀螺仪在稳定力矩的作用下逐渐向初始位置进动，当陀螺仪回到初始位置时，$\alpha = 0$，稳定力矩消失。

2. 系统方程及分析

动力式陀螺稳定平台的整个工作过程是一个闭环伺服系统的工作过程，平台连同被稳定对象是系统的控制对象，陀螺仪和信号器是系统的测量元件，放大器和稳定电动机分别是放大元件和执行元件。动力式陀螺稳定平台的简化原理框图如图 11-2-2 所示。

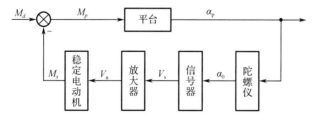

图 11-2-2　动力式陀螺稳定平台的简化原理框图

为了对系统进行稳定性分析，我们首先列出系统的平衡方程。各环节的方程如下。

（1）三自由度陀螺仪的运动方程。

由图 11-2-1 可以看到，平台上安装着双自由度陀螺仪，如果考虑到平台相对于基座运动

的自由度，也可以认为它是一个三自由度陀螺仪，如图 11-2-3 所示。根据动静法原理，在不考虑基座运动的情况下，可得到如下方程组：

$$\begin{cases} J_x\ddot{\alpha} + D_x\dot{\alpha} + H\dot{\beta}\cos\beta = M_{\mp} - M_{稳} \\ J_y\ddot{\beta} + D_y\dot{\beta} - H\dot{\alpha} = M_y \end{cases} \tag{11-2-1}$$

式中，J_x——外环（平台）及稳定对象绕外环轴（稳定轴）的转动惯量；

　　　J_y——内环绕内环轴的转动惯量；

　　　α、β——陀螺仪绕外环轴、内环轴的转角；

　　　D_x、D_y——沿外环轴、内环轴的阻尼系数；

　　　$M_{\mp}$——沿稳定轴的干扰力矩；

　　　$M_{稳}$——稳定电动机的稳定力矩；

　　　M_y——沿内环轴的干扰力矩。

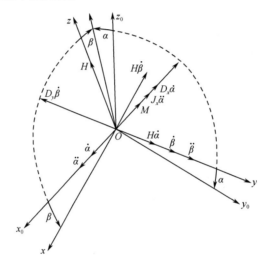

图 11-2-3　三自由度陀螺仪运动方程中的各量

（2）信号器的方程：

$$V_s = K_s\beta \tag{11-2-2}$$

式中，K_s——信号器的传递系数，不同形式的信号器，其特性是不一样的，因此 K_s 有不同的表达式。

（3）放大器的方程：

$$V_a = K_a V_s \tag{11-2-3}$$

（4）稳定电动机的方程：

$$M_{稳} = K_m V_a \tag{11-2-4}$$

式中，K_m——稳定电动机的传递系数，稳定电动机可以是带减速器的交流、直流伺服电动机，也可以是不带减速器的交流、直流力矩电动机。

根据式（11-2-2）、式（11-2-3）、式（11-2-4），可得

$$M_{稳} = K_s K_a K_m \beta = K\beta \tag{11-2-5}$$

对式（11-2-1）、式（11-2-5）进行拉普拉斯变换，并假设为零初始条件，同时在 β 较小时，$\cos\beta \approx 1$ 成立，于是得

$$\begin{cases} J_x s^2 \alpha(s) + D_x s\alpha(s) + Hs\beta(s) = M_{\mp}(s) - M_{稳}(s) \\ Js(s) + Ds(s) - Hs\alpha(s) = M_y(s) \\ M_{稳}(s) = K(s) \end{cases} \qquad (11\text{-}2\text{-}6)$$

该方程组就是单轴动力式陀螺稳定平台的稳定系统的动力学方程的拉普拉斯变换式。由该方程组可得出稳定系统结构图，如图 11-2-4 所示。

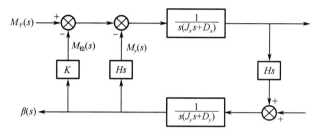

图 11-2-4　稳定系统结构图

从图 11-2-4 中可以看出，稳定力矩 $M_稳$ 和陀螺力矩 M_g 都是用来抵消干扰力矩 $M_\mp$ 的，由于它们构成的回路都具有负反馈性质，因此系统有可能是稳定的。但陀螺力矩 $M_g = H\dot\beta$，实际上它是以 $\dot\beta$ 的存在为条件的，所以它只在系统的动态过程中起抵消 $M_\mp$ 的作用，在稳态时这一作用消失，因此它是一个有时间性的、非持久作用的力矩。$M_稳$ 则不同，它仅与 β 有关，稳态时抵消 $M_\mp$ 的任务全部由它承担，它是一个持久作用的力矩。为了对它的稳定性进行分析，首先列出稳定力矩 $M_稳$ 对干扰力矩 $M_\mp$ 的开环传递函数，即

$$W(s) = \frac{KH}{s[J_x J_y s^2 + (J_x D_y + J_y D_x)s + H^2 + D_x D_y]} \qquad (11\text{-}2\text{-}7)$$

其闭环传递函数为

$$\Phi(s) = \frac{M_稳(s)}{M_\mp(s)} = \frac{KH}{s[J_x J_y s^2 + (J_x D_y + J_y D_x)s + H^2 + D_x D_y] + KH} \qquad (11\text{-}2\text{-}8)$$

由此可得，系统闭环传递函数的特征方程为

$$\begin{aligned} \Delta(s) &= J_x J_y s^3 + (J_x D_y + J_y D_x)s^2 + (H^2 + D_x D_y)s + KH \\ &= a_0 s^3 + a_1 s^2 + a_2 s + a_3 \end{aligned} \qquad (11\text{-}2\text{-}9)$$

对于三阶特征方程，利用霍尔维茨稳定性判据可得，系统稳定的充要条件是

$$a_0 > 0, \quad a_1 > 0, \quad a_2 > 0, \quad a_3 > 0$$

及

$$\Delta_2 = \begin{vmatrix} a_1 & a_3 \\ a_0 & a_2 \end{vmatrix} = a_1 a_2 - a_0 a_3 > 0$$

从式（11-2-9）的实际情况分析，系数 a_0、a_1 和 a_2 都只能是正值；至于 a_3，只要适当选择信号，保证稳定力矩的作用总是减小陀螺仪绕内环轴的转动角，就可以得到 $a_3 > 0$ 的条件。

将各系数代入 Δ_2，可得

$$K < \frac{1}{H} \cdot \frac{(J_x D_y + J_y D_x)(H^2 + D_x D_y)}{J_x J_y} \qquad (11\text{-}2\text{-}10)$$

式（11-2-10）为系统稳定的条件。由于动力式陀螺稳定平台、稳定回路和陀螺仪内环轴

上一般都不设专门的阻尼装置，因此 D_x、D_y 仅是由轴承的摩擦力矩转化而来的，D_x 与 D_y 之积小得多，常可忽略不计，于是式（11-2-10）可以简化为

$$K < H(D_x/J_x + D_y/J_y) \qquad (11\text{-}2\text{-}11)$$

从式（11-2-11）中可以看出，参数对系统稳定性的影响如下。

第一，为了限制陀螺仪绕内环轴的转角 β，希望稳定系统的总放大系数 K 具有足够大的值，从而平衡较大的干扰力矩。但与一般伺服系统一样，过大的 K 值会使系统的稳定性难以保证。如果系统没有专门增大 D_x、D_y 的环节，动力式陀螺稳定平台就只能在放大倍数很低的情况下工作。

第二，绕稳定轴的转动惯量或绕内环轴的转动惯量过大，都会破坏系统的稳定性。所以要稳定某些体积大、质量大的对象，必须正确选择各个参数，以满足系统的稳定性要求。

第三，在系统阻尼小、转动惯量大，而且要求 β 角较小的情况下，要使系统仍能稳定地工作，就应选取较大的角动量 H。因此，大角动量是动力式陀螺稳定平台的一个重要特点。

第四，通常内环轴的阻尼系数较稳定轴小，如 $D_y \approx 0$，则式（11-2-11）近似为

$$K < HD_x/J_x$$

即系统的稳定性与绕内环轴的转动惯量无关。对于绕内环轴有很高阻尼作用的双自由度积分陀螺仪，则有 $D_y \gg D_x$，此时式（11-2-11）近似为

$$K < HD_y/J_y$$

即系统的稳定性与稳定轴的转动惯量无关。由这种陀螺仪组成的陀螺稳定平台多用于惯性导航系统。

3. 平台的漂移

由于稳定系统的稳定作用，平台对沿稳定轴作用的干扰力矩有很好的抵抗能力。那么，当沿陀螺仪的内环轴有外力作用时，会发生什么现象呢？下面分两种情况加以说明。

第一，当沿稳定轴的负载力矩很大时（相当于卡死），陀螺仪绕内环轴做受迫运动，于是信号器有电信号输出，经放大后驱动稳定电动机，稳定电动机带动平台绕稳定轴以角速度 $\omega_{漂}$ 转动，$\omega_{漂}$ 称为稳定平台的漂移角速度，其大小为

$$\omega_{漂} = M_{内干}/H$$

很明显，它是由陀螺仪的漂移角速度引起的。

第二，当沿稳定轴的负载力矩不大、平台可绕稳定轴比较灵活地转动时，平台的稳定轴就相当于陀螺仪的外环轴，而沿陀螺仪内环轴的干扰力矩必然引起陀螺仪绕外环轴，即稳定轴的进动，这同样会使平台产生漂移。为了提高平台的稳定精度，必须尽量减小陀螺仪内环轴上的干扰力矩，如摩擦力矩和不平衡力矩等，以便减小平台的漂移误差。在惯性导航系统中，要求平台的漂移角速度在 $0.01°/h$ 以下。

4. 指示式陀螺稳定平台的稳定系统的工作原理

动力式陀螺稳定平台中的陀螺仪除了作为平台的敏感元件，还担负抵抗干扰力矩的作用（在开始的时候）。这种平台中的陀螺仪的动量矩是比较大的。陀螺仪的动量矩大固然可以使陀螺仪的动力稳定作用增强，但是我们必须看到另外一面：陀螺力矩是通过陀螺仪内环轴上的一对轴承传递到平台上去的，因为陀螺仪的动量矩较大，在干扰力矩刚作用到平台上时，平台抵抗干扰力矩的作用主要由陀螺仪担负，使内环轴上的一对轴承形成较大的压力。压力

大会使内环轴上的摩擦力矩增加，使平台的漂移角速度增大，从而降低平台的稳定精度。正因如此，在惯性导航系统中使用的陀螺仪，其动量矩并不大，并不靠陀螺仪去平衡干扰力矩，只把陀螺仪当作表明平台是否受到力矩干扰的敏感元件，而平衡干扰力矩主要依靠稳定系统。这种平台称为指示式陀螺稳定平台，其中由积分陀螺仪作为敏感元件的称为积分陀螺稳定平台。

指示式陀螺稳定平台的稳定原理如下。当干扰力矩沿稳定轴作用到平台上时，虽然仍会引起陀螺仪绕内环轴进动，也会形成一定的稳定力矩，但因为陀螺仪的动量矩小，不足以抵抗较大的干扰力矩，所以在开始的时候，平台将绕稳定轴转动。当陀螺仪的进动角增大到一定数值时，稳定电动机给出的稳定力矩完全平衡掉干扰力矩，平台绕稳定轴的转动才停止。

提高稳定精度，要求稳定系统的总放大系数足够大，并且有足够的快速性，以便当稳定轴出现极小的偏差角时，稳定力矩可以平衡掉干扰力矩。

（二）用三自由度陀螺仪作为敏感元件的稳定系统的工作原理

用三自由度陀螺仪作为敏感元件的稳定系统的工作原理图如图 11-2-5 所示，它实际上也是一个单轴陀螺稳定器。平台上装有一个三自由度陀螺仪，其外环轴（或内环轴）与稳定轴平行。在外环轴（或内环轴）上装有信号器。稳定电动机给出的稳定力矩经过减速器传递到平台上。由信号器、放大器、稳定电动机和平台等组成稳定系统。

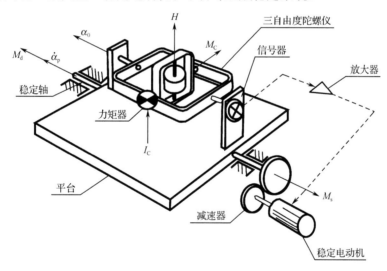

图 11-2-5　用三自由度陀螺仪作为敏感元件的稳定系统的工作原理图

这种稳定系统的工作原理如下。当干扰力矩沿稳定轴作用到平台上时，平台绕稳定轴转动，从而偏离原来的空间方位。但是，因为三自由度陀螺仪具有稳定性，其外环轴并不转动，所以装在外环轴上的信号器会有电信号输出。此电信号经过放大器放大后，被送到稳定电动机，稳定电动机根据信号的相位（或极性）和大小给出一定方向和大小的稳定力矩，该稳定力矩通过减速器传递到平台上，从而平衡掉干扰力矩。也就是说，这种平台抵抗干扰力矩的作用完全是由稳定系统实现的，所以这种平台被称为指示式陀螺稳定平台。

当稳定系统给出的稳定力矩 $M_稳$ 完全平衡掉干扰力矩 $M_干$ 时，稳定轴就不再偏转，这时下列关系式成立：

$$M_稳=K\alpha=M_干$$

式中，K——稳定系统的总放大系数；

　　　　α——平台绕稳定轴相对于陀螺仪的偏转角。

把上式加以改写可得到平台绕稳定轴的稳态误差公式：

$$\alpha=M_干/K$$

由上述关系可知，当作用到平台上的干扰力矩一定时，平台绕稳定轴相对于陀螺仪的偏转角与稳定系统的总放大系数成反比。为了使平台有足够高的稳定精度，即使 α 很小，稳定系统也应该具有足够大的总放大系数。

如果外界的干扰作用不是力矩而是角速度，那么当基座绕平台的稳定轴转动时，出于减速器摩擦力矩的原因，平台也将绕稳定轴转动。同样，因为陀螺仪具有稳定性，平台相对于陀螺仪外环轴将有相对转动，信号器也就有电信号输出。稳定系统能使平台向相反方向转动。因此，平台相对于稳定轴仍然保持原来的空间方位，即使平台向相反方向转动，平台相对于稳定轴仍然保持原来的空间方位，即仍然保持稳定。

应当指出，作用在陀螺仪内环轴上的干扰力矩会使平台形成漂移误差。当内环轴上有干扰力矩时，陀螺仪要绕外环轴进动，于是信号器有电信号输出，经过稳定系统的作用，平台要随陀螺仪外环轴的转动而向相同方向转动，从而偏离原来的空间方位，这就是平台的漂移误差。漂移角速度 $\omega_漂$ 的大小可表示为

$$\omega_漂=M_{内干}/H$$

式中，H——陀螺仪的动量矩；

　　　　$M_{内干}$——陀螺仪内环轴上的干扰力矩。

为了提高平台的稳定精度，必须尽量减小陀螺仪内环轴上的干扰力矩。

综上所述，这种平台是以三自由度陀螺仪为稳定基准，通过稳定系统实现稳定的。实质上它们是一套位置随动系统：平台的位置取决于陀螺仪外环轴的位置，陀螺仪外环轴稳定不动，平台就稳定不动；陀螺仪外环轴转动，平台就随之转动。

（三）指示式陀螺稳定平台与动力式陀螺稳定平台的比较

由以上叙述可以看出，指示式陀螺稳定平台与动力式陀螺稳定平台在结构形式上基本是相同的，都由陀螺仪、稳定回路和修正（指令）回路所组成，其工作过程也有相近之处。因此，指示式陀螺稳定平台也叫作非动力式陀螺稳定平台或动力指示式陀螺稳定平台。

但进一步考察便会发现，它们在组成和原理上仍有不同之处。首先，用于惯性导航系统的指示式陀螺稳定平台，其平台的漂移速率、平台的静态和动态误差要求小；稳定回路的通频带要足够宽。为实现这些要求，最重要的是减小陀螺仪的漂移速率。陀螺仪的漂移速率是引起平台漂移从而导致系统定位精度下降的主要因素，而减小陀螺仪的漂移速率单靠增大陀螺仪角动量的办法并非完全有效。这就是要改进陀螺仪环架支承和新型陀螺仪不断出现的主要原因。改进后的陀螺仪的共同特点是角动量小而精度高，同时尺寸和质量较小。目前的惯性导航系统广泛采用这种角动量小的陀螺仪。例如，指示式陀螺稳定平台的角动量在 $10^1\sim$ 10^2 量级，而动力式陀螺稳定平台的角动量则在 $10^3\sim10^4$ 量级。因此，动力式陀螺稳定平台和指示式陀螺稳定平台很重要的一个区别就是，前者陀螺力矩的反馈作用不可忽视，系统的稳定性要求及动、静态性能指标靠陀螺力矩和整个回路的传递函数来达到，而指示式陀螺稳

定平台，对多数由双自由度陀螺仪组成的系统而言，由于陀螺仪的角动量很小，所以陀螺力矩的反馈作用已小到微不足道的程度，这样便可忽略图 11-2-4 中"$\beta(s)Hs$"这一通道，同时考虑在惯性导航系统中，双自由度陀螺仪多采用浮子积分陀螺仪，因此它的阻尼系数 D_y 较稳定轴的阻尼系数 D_x 大得多，相比之下 D_x 也可忽略。于是图 11-2-4 可以简单化为图 11-2-6 的形式。

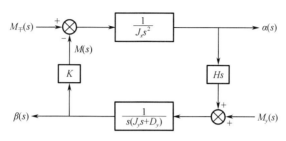

图 11-2-6　单轴指示式平台结构图

指示式陀螺稳定平台与动力式陀螺稳定平台的另一个区别是，指示式陀螺稳定平台对放大器的校正环节要求严格，必须具备复杂的校正网络才能保证系统的稳定性和动、静态性能要求；动力式陀螺稳定平台对放大器的要求相对来讲比较简单，有些只要求具有放大作用，有些甚至只要求稳定力矩足够，连放大器都可以不要。

二、修正系统的工作原理

陀螺稳定平台有两种稳定形式：对惯性空间稳定和对地球稳定。对惯性空间稳定的陀螺稳定平台将因地球自转和飞行器的运动而不断地偏离地平面和子午线，这种陀螺稳定平台用在洲际导弹和宇宙飞行中。在飞机上使用的陀螺稳定平台都是对地球稳定的，也就是陀螺稳定平台跟踪地平面和子午线。要想使陀螺稳定平台跟踪地平面和子午线，必须要有修正系统。使陀螺稳定平台跟踪地平面的修正系统称为水平修正系统，使陀螺稳定平台跟踪子午线的修正系统称为方位修正系统。

（一）水平修正系统的工作原理

1. 积分式水平修正系统的工作原理

积分式水平修正系统的工作原理图如图 11-2-7 所示，它由加速度计、积分器、除法器（$1/R_{地}$）、地球自转角速度（$\omega_{地}$）分量计算器和力矩器等组成。加速度计是修正系统的敏感元件，装在平台上，测量轴与稳定轴垂直，与飞机纵轴一致，可以测出飞机沿纵轴方向的加速度。积分器用来将加速度计输出的信号进行一次积分，输出与飞机水平速度成正比的电压。除法器用来把飞机水平速度换算成相对于地球的旋转角速度。地球自转角速度分量计算器用来计算地球自转角速度沿稳定轴方向的分量，输出与这个分量成正比的电压。飞机绕稳定轴相对于地球的角速度和地球绕稳定轴相对于惯性空间的角速度相加以后，便得到飞机绕稳定轴相对于惯性空间的角速度 ω。这个角速度就是飞机所在地平面相对于惯性空间的角速度。把这个角速度以电信号的形式加给力矩器，力矩器便产生与此角速度相对应的修正力矩。由前面有关积分陀螺仪的漂移现象可知，当陀螺仪内环轴上有力矩作用时，陀螺仪要绕内环轴转动。因此，装在内环轴上的信号器将有电信号输出，该电信号经过放大器放大后被送到稳定电动机，稳定电动机带动平台绕稳定轴也以角速度 $\omega' = \omega$ 跟随地平面转动。这样平台就能沿稳定轴方向相对于地平面保持角位置稳定。

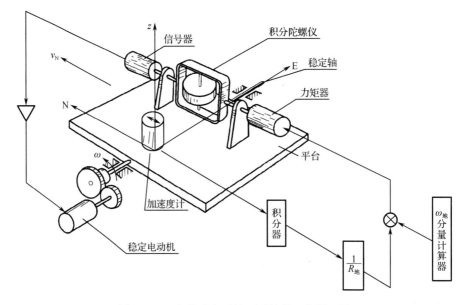

图 11-2-7　积分式水平修正系统的工作原理图

修正回路的作用就是使平台按照要求的运动规律，即指令角速度相对于惯性空间运动。

下面定量地分析这个过程，假设地球没有自转，只考虑飞机相对于地平面的水平运动。航行体以速度 v_N 向北飞行，要想使平台稳定在当地水平面内，则要求平台以 $-v_N/R$ 的角速度相对于惯性空间运动。这里特别强调，要想使平台以 $-v_N/R$ 的角速度运动，必须将这个角速度信号加在相应力矩器上。企图将 $-v_N/R$ 信号直接加在稳定轴上是不行的，因为稳定轴没有办法区分是干扰运动还是控制运动。根据前面讲的稳定回路的工作原理，如果利用一个控制信号通过稳定电动机加控制力矩在稳定轴上，那么稳定电动机会在稳定回路的作用下产生一个卸荷力矩，将原来的控制力矩抵消。总之，只有将控制信号指令加在相应力矩器上，也就是施力力矩于陀螺，才能控制平台运动。

在具体惯性导航系统设计中，这两个回路分开设计，因为修正回路是具有 84.4min 周期的很缓慢运动的控制回路，而稳定回路则是快速控制回路，它的超调衰减运动周期还不到秒级的时间。

在研究修正回路时，可以用静态传递函数 $1/(Hs)$ 表示稳定回路，而不必考虑稳定回路的过渡过程。修正回路可以简化为如图 11-2-8 所示的框图。

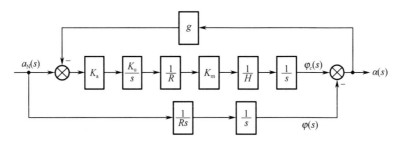

图 11-2-8　修正回路框图（一）

由图 11-2-8 可以看出，稳定回路是修正回路的一个环节，它包含在修正回路中，而修正回路只有通过稳定回路才能实现其修正目的。图 11-2-8 实质上是一个简化的单轴惯性导航系统原理图。

2. 平台相对于地面稳定的条件

（1）舒拉摆原理。

德国教授舒拉在研究消除陀螺罗盘加速度误差时发现，如果陀螺罗盘具有 84.4min 的周期，那么它将保持在重力平衡位置，而不受航行体任意运动的干扰。这个原理是在 1923 年提出的，当时受到工业、科学技术水平的限制没有实现。后来这个原理在陀螺仪与惯性导航系统中得到了广泛的重视与应用。

为了理解这个原理，下面先介绍物理摆，通过分析来理解其物理概念。

假设地球是不转动的球体，航行体沿子午面运动，并且忽略航行体离地面的高度。在航行体内悬挂一个物理摆，航行体以加速度 a 沿大圆弧航行，如图 11-2-9 所示。I-I 垂线为航行体的起始位置垂线。当航行体未运动时，物理摆停在当地垂线方向。经过一段时间后航行体到达 II-II 垂线位置。出于加速度的原因物理摆偏离 II-II 垂线 α 角。物理摆质量中心到悬挂点的距离为 l，α_a 为物理摆偏离初始位置的角度，α_b 为当地垂线变化的角度。

物理摆运动方程为

$$J\ddot{\alpha}_a = mla\cos\alpha - mlg\sin\alpha$$

式中，J——物理摆绕支点的转动惯量；

　　　m——物理摆的质量；

　　　g——重力加速度。

从图 11-2-9 中容易看出几个角度之间的关系为

$$\alpha_a = \alpha_b + \alpha$$

因此，角加速度之间的关系可表示为

$$\ddot{\alpha}_a = \ddot{\alpha}_b + \ddot{\alpha}$$

式中，

$$\ddot{\alpha}_b = \frac{a}{R}$$

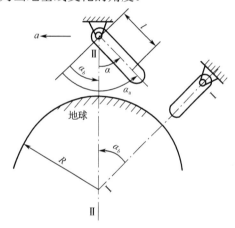

图 11-2-9　物理摆与地球之间的关系

考虑到这些关系，当 α 为小角时，运动方程可改写为

$$J(\ddot{\alpha}_b + \ddot{\alpha}) = lma - lmg\alpha$$

则

$$\ddot{\alpha} + \frac{lmg}{J}\alpha = \left(\frac{lm}{J} - \frac{1}{R}\right)a$$

如果我们使物理摆参数满足

$$\frac{lm}{J} = \frac{1}{R} \tag{11-2-12}$$

那么物理摆的运动方程变为

$$\ddot{\alpha} + \frac{lmg}{J}\alpha = 0 \tag{11-2-13}$$

由这个运动微分方程可以清楚看出,物理摆的运动将不受加速度 a 的干扰。因为 $\dfrac{lm}{J}=\dfrac{1}{R}$，所以式（11-2-13）又可以写为

$$\ddot{\alpha}+\frac{g}{R}\alpha=0 \tag{11-2-14}$$

令

$$\omega_s^2=\frac{g}{R}$$

式中，ω_s——物理角频率，其周期

$$T=\frac{2\pi}{\omega_s}=2\pi/\sqrt{\frac{g}{R}}$$

即

$$T=2\pi\sqrt{\frac{R}{g}}=84.4（\text{min}） \tag{11-2-15}$$

这个周期叫作舒拉周期，ω_s 叫作舒拉频率。

解式（11-2-14）得

$$\alpha(t)=\alpha_0\cos\omega_s t+\frac{\dot{\alpha}_0}{\omega_s}\sin\omega_s t \tag{11-2-16}$$

式中，α_0、$\dot{\alpha}_0$ 为起始条件。根据前面的假设，物理摆停留在当地垂线方向不动，相当于 $\alpha_0=0$、$\dot{\alpha}_0=0$，那么 $\alpha(t)=0$，物理摆将停在 g 的方向跟踪当地垂线。由此可知，它是一个很好的垂线仪器。

以上只从运动的角度来讨论修正回路，下面从工程的角度分析一下其实现的可能性，以使我们受到启发，从而找到实现这个原理的技术途径。式（11-2-12）叫作物理摆舒拉周期调整条件，故有

$$\frac{lma}{J}=\frac{a}{R}$$

它意味着这样的一个重要物理概念，$\dfrac{a}{R}=\ddot{\alpha}_b$ 是航行体运动引起的当地垂线改变的角加速度，而 lma/J 是物理摆在加速度 a 作用下具有的角加速度。如果使物理摆的角加速度等于当地垂线改变的角加速度，那么物理摆便跟踪当地垂线运动。这样物理摆不再偏离当地垂线，即 $\alpha(t)=0$（$\alpha_0=0$、$\dot{\alpha}_0=0$ 条件下）。再详细地追述一下作用过程细节，又会给我们有益的启示：航行体以加速度 a 沿大圆弧航行，引起当地垂线变化的角加速度为 $a/R=\ddot{\alpha}_b$，而物理摆在惯性力矩 lma 作用下，使物理摆产生角加速度 $\ddot{\alpha}_a=lma/J$，若这个力矩控制得恰到好处，即满足 $lma/J=a/R$，则问题得到解决。通过设计物理摆的参数 m、l、J，使其满足 $lm/J=1/R$ 这一条件来达到目的。

作为物理摆，实现这个调整条件的可能性是怎样的？我们知道地球半径 R 很大，因而 a/R 很小，要想让物理摆获得这么小的角加速度有两个问题：首先，要求 lma 力矩很小；其次，要求转动惯量 J 很大。我们可以设想一个质量集中在圆环上的物理摆，如图 11-2-10 所示。圆环物理摆的 J 很大，设圆环半径为 0.5m。要满足 $lm/J=1/R$ 这一条件，则要求 $l=0.04\mu m$，这是不可能办到的。但是这个例子给我们以启发，用陀螺仪能不能做出这样的摆呢？首先，

陀螺仪惯性大，它的角动量可以做得大一些；其次，陀螺仪进动轴一般可以做得很灵敏，施加很小的力矩陀螺仪便可进动，而且进动很缓慢。这样实现的舒拉摆比物理摆要好得多，后面将更详细地介绍。

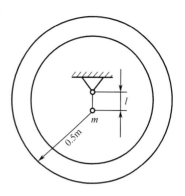

　　为了更深刻地理解舒拉摆在修正回路中的应用，可以从控制角度分析一下物理摆作用原理，之后可以根据这个思路提出在惯性导航系统中如何实现舒拉摆的问题。

　　结合如图 11-2-9 所示的物理摆运动关系可得出如图 11-2-11 所示的物理摆控制原理框图。框图居中的串联环节代表物理摆的运动。当航行体以加速度 a 运动时，物理摆的质量中心受到一个惯性力 ma。惯性力通过力臂 l 产生惯性力矩 lma，在惯性

图 11-2-10　圆环物理摆

力矩作用下物理摆产生角加速度 $\ddot{\alpha}_a$，经过一段时间物理摆运动了 α_a 角。上边的串联环节为当地垂线的运动，也可以说是物理摆的理想运动（没有误差）。下边的环节为反馈环节，当物理摆有误差角 α 时，地球重力加速度将作用在物理摆上。从物理摆控制原理框图中可以看出，若 $\alpha_a = \alpha_b$，则当地垂线偏差角 $\alpha = 0$，但必须满足 $lm/J = 1/R$ 这一条件，物理摆恰好停在重力平衡位置，而不受航行体任意运动的干扰。这样的物理摆相当于摆长等于地球半径的数学摆，它的振荡周期为 $T = 2\pi\sqrt{R/g} = 84.4$（min），即舒拉周期。

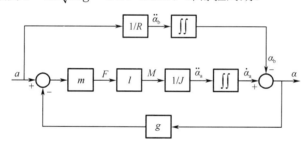

图 11-2-11　物理摆控制原理框图

（2）舒拉摆在修正回路中的应用。

　　为了更清楚地表示陀螺仪施矩和平台进动之间的关系，我们可将图 11-2-8 用图 11-2-12 的形式来表示。

　　将图 11-2-12 和物理摆控制原理框图加以比较，对理解修正回路作用原理大有好处。首先，这两个框图的目的都是跟踪当地垂线。其次，它们都是在感受加速度之后产生力矩的，只是产生力矩的方法不同而已。物理摆通过惯性力 ma 及摆长 l 产生力矩 $M=lma$，而修正回路先将加速度积分后转换成角速度，再把它以电流形式加给力矩器并产生力矩。最后，物理摆受到力矩后绕支点产生角运动去找当地垂线，而在修正回路中，陀螺仪施矩后平台绕稳定轴进动去找当地垂线。

　　修正回路经过舒拉摆调整后可以准确跟踪当地垂线，而不受航行体任意运动的干扰。从图 11-2-12 中容易看出，若要使当地垂线误差 $\dot{\alpha} = 0$，则必须使 $\dot{\alpha}_a = \dot{\alpha}_b$。若要使 $\dot{\alpha}_a = \dot{\alpha}_b$，则修正回路的参数应满足下列调整条件：

$$K_a K_u K_m / H = 1 \qquad (11\text{-}2\text{-}17)$$

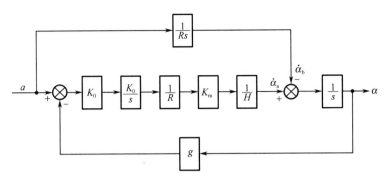

图 11-2-12　修正回路框图（二）

如果这个关系式中静态传递函数精度很高，能满足调整条件的要求，那么修正回路将具有 84.4min 的振荡周期。式（11-2-17）为舒拉摆调整条件。在满足舒拉摆调整条件的情况下，图 11-2-12 可进一步简化为图 11-2-13。

图 11-2-13 简单明了地展示出了舒拉摆原理本质。当航行体以加速度 a_N 运动时，将感测的加速度通过计算精确施矩于陀螺仪，此时平台进动，若进动的角速度 a_a 恰好等于理想情况下当地垂线改变的角速度 $a_b = a_N/Rs$ 时，平台将精确保持在水平位置。

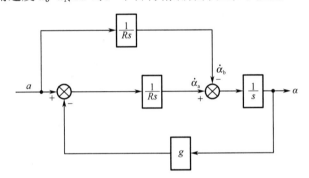

图 11-2-13　简化后的修正回路框图

根据图 11-2-13 不难得到系统特征方程，即

$$\left(s^2 + \frac{g}{R}\right)\alpha = 0 \tag{11-2-18}$$

若初始条件 $\alpha_0 = 0$，$\dot\alpha_0 = 0$，则 $\alpha(t) = 0$；若初始条件 $\alpha_0 \neq 0$，$\dot\alpha_0 \neq 0$，则得到与式（11-2-16）相同的结果，即

$$\alpha(t) = \alpha_0 \cos \omega_s t + \frac{\dot\alpha_0}{\omega_s} \sin \omega_s t$$

$$T = \frac{2\pi}{\omega_s} = 2\pi\sqrt{R/g} = 84.4 \text{（min）}$$

由此可见，修正回路完全可以实现舒拉摆原理。由于采用了高精度的惯性元件和舒拉摆的应用，平台的水平精度已提高到角秒级。这样高精度的水平基准一般普通地平仪是不可能达到的。

如果把图 11-2-6 再进行调整，则可得到理想条件下的单自由度惯性导航系统，如图 11-2-14 所示。

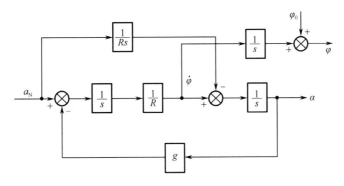

图 11-2-14　理想条件下的单自由度惯性导航系统

经过舒拉周期调整后的单轴水平平台给加速度计测量提供了精确的水平基准。加速度计测得北向加速度 a_N，经过第一次积分得到北向速度 v_N，再经 $1/R$ 转换得到纬度变化率 $\dot\varphi$，经过第二次积分得到当地的纬度 φ。如果初始速度及位置不为零，则应加入初始条件进行计算。同时把指令角速度 $-v_N/R$ 加给力矩器，使平台稳定在当地水平面内，如果没有水平误差角，则系统将产生周期为 84.4min 的振荡。

（二）方位修正系统的工作原理

陀螺稳定平台中都采用积分式方位修正系统，它比陀螺仪中的罗盘方位修正系统更精确。积分式方位修正系统的工作原理和积分式水平修正系统的工作原理类似，即先通过计算装置计算出该方位稳定轴相对于惯性空间的角速度 $\omega_\varepsilon = \omega_{地}\sin\varphi + v_E/R\cdot\tan\varphi$，然后将其以电信号形式加到力矩器，再经过方位稳定系统的作用，从而实现方位修正。

第三节　三轴陀螺稳定平台的基本原理

惯性导航系统中的实际平台都是三轴的，一般至少由三个环架和三个稳定伺服回路组成。需要注意的是，三轴陀螺稳定平台绝非三个单轴陀螺稳定平台的简单叠加，它是有其特殊性的。也就是说，它必须通过一定的关系有机地联系在一起，否则将毫无实用价值。但是我们在前面两节中所讨论的单轴陀螺稳定平台的工作原理及稳定回路，仍然是研究三轴陀螺稳定平台的基础。从本质上讲，三轴陀螺稳定平台中每个稳定轴的工作过程及其分析，与单轴陀螺稳定平台没有太大的区别。

与单轴陀螺稳定平台的讨论相似，在三轴陀螺稳定平台上，可以采用三个双自由度陀螺仪作为敏感元件，也可以采用两个三自由度陀螺仪作为敏感元件。本节主要通过研究以三自由度陀螺仪为敏感元件的三轴陀螺稳定平台，来说明三轴陀螺稳定平台的共性理论。

一、三轴陀螺稳定平台的基本组成

由三自由度陀螺仪构成的三轴陀螺稳定平台如图 11-3-1 所示。它是在由三自由度陀螺仪构成的单轴陀螺稳定平台的基础上构成的，但又有其特殊性，本节着重讨论关于三轴陀螺稳定平台的一些特殊问题。

我们知道，一个三自由度陀螺仪有两个测量轴，可为平台提供两个轴的稳定基准，而三轴陀螺稳定平台要求陀螺仪为平台提供三个轴的稳定基准，所以需要有两个三自由度陀螺仪 I、II。设两个陀螺仪的外环轴均平行于平台的方位轴安装，内环轴则平行于平台的台面。在正常工作状态下，两个陀螺仪的转子轴也平行于平台的台面，并且相互之间保持垂直的关系，即两个陀螺仪的内环轴之间保持垂直的关系。两个陀螺仪的内环轴作为平台绕两个水平轴稳定的基准，而两个陀螺仪的外环轴之一作为平台绕方位轴稳定的基准。

平台的方位稳定回路由陀螺仪 II 外环轴上的信号器 S_1、放大器 A_a 及平台方位轴上的稳定电动机 M_a 等组成。当干扰力矩作用在平台的方位轴上时，平台绕方位轴转动偏离原有的方位，而平台上的陀螺仪却具有稳定性。这样，平台相对于陀螺仪外环出现了偏转角度。陀螺仪 II 外环轴上的信号器便有信号输出，经过放大器放大后送至平台方位轴上的方位稳定电动机，方位稳定电动机输出稳定力矩作用到平台方位轴上，从而平衡作用在平台方位轴上的干扰力矩，使平台绕方位轴保持稳定。同样给陀螺仪 II 内环轴上的力矩器 T_2 输入与指令角速度大小成比例的电流，也可实现方位稳定轴的空间积分要求。

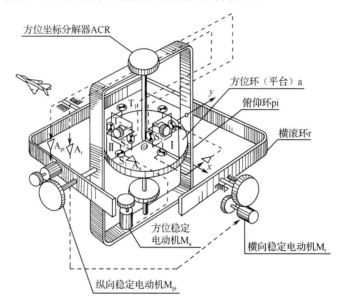

图 11-3-1　由三自由度陀螺仪构成的三轴陀螺稳定平台

平台的水平稳定回路由两个陀螺仪 I、II 内环轴上的信号器 S_2，方位轴上的坐标分解器 ACR，放大器 A_{pi}、A_r，平台俯仰轴和横滚轴上的稳定电动机 M_{pi}、M_r 组成。其中，由陀螺仪 II 内环轴作为横滚稳定回路的敏感轴，由陀螺仪 I 内环轴作为俯仰稳定回路的敏感轴。平台水平稳定回路的工作原理与上述没有本质区别，但是为了使平台的两个水平稳定回路能够正常工作，必须有方位坐标分解器。

二、方位坐标分解器

由三个单轴陀螺稳定平台直接叠加构成的三轴陀螺稳定平台，只有在各环架处于中立位置，也就是方位环、俯仰环、横滚环、飞机机体对应的坐标系 $Ox_ay_az_a$、$Ox_{pi}y_{pi}z_{pi}$、$Ox_ry_rz_r$、$Ox_by_bz_b$ 同名轴重合的时候（如 x_a 轴、x_{pi} 轴、x_r 轴、x_b 轴重合），才能正常工作在稳定和修正状态下，否则无法平衡干扰和跟踪参考坐标系。图 11-3-1 中的方位坐标分解器就是专门用来解决这一矛盾的器件。在具体讨论方位坐标分解器之前，我们先看一下由三个单轴陀螺稳定平台简单叠加为什么会出现矛盾，其本质是什么？

（一）方位坐标分解器的作用及规律

图 11-3-2（a）表示航向为零（$\Psi = 0°$），即方位环相对于俯仰环没有转角时，图 11-3-1 中的陀螺仪 II 感受沿横滚轴（纵轴）方向作用的干扰力矩，信号器 S_2 输出信号经横滚放大器 A_r 放大后传送给横向稳定电动机，产生纵向稳定力矩。陀螺仪 I 感受沿俯仰轴（横向）方向作用的干扰力矩，经信号器 S_2、放大器 A_{pi} 和纵向稳定电动机，产生横向稳定力矩。这时它们实质上构成两个单轴陀螺稳定平台，可保证 x_r 和 y_{pi} 两个轴的稳定。同样，如给两个陀螺仪的力矩器输入与指令角速度成比例的电流，平台也可保证工作在修正状态。

如果飞机航向改变 90°，即横滚环和俯仰环随平台基座绕方位轴顺转 90°，而方位环保持不动（由方位稳定回路的工作保证）。这样平台及陀螺仪的轴向相对于地球坐标系的位置不变，如图 11-3-2（b）所示，x_r 轴、y_{pi} 轴随飞机转动了 90°，而陀螺仪 I、II 的角动量方向同 $\Psi = 0°$ 时一样。在这个新的位置上，要使平台对横滚轴和俯仰轴上的干扰作用仍保持稳定，陀螺仪 II 应该与俯仰放大器 A_{pi} 和纵向稳定电动机配合工作；而陀螺仪 I 应该与横滚放大器 A_r 和横向稳定电动机配合工作。否则，就会出现不协调现象：横滚轴上的干扰力矩引起俯仰轴上的纵向稳定电动机工作；俯仰轴上的干扰力矩却引起横滚轴上的横向稳定电动机工作。这样，两个稳定轴上稳定回路的对应工作关系就被搞乱了。照此分析，即使给两个陀螺仪的力矩器加上与指令角速度大小成比例的电流，也无法实现两个稳定轴的修正状态。

为了保证在这个航向上两个稳定回路仍能协调工作，可以将陀螺仪的输出信号与放大器、稳定电动机之间的联系加以改变，如接成如图 11-3-2（c）所示的形式，则可保证工作正常。但当航向变化值不是 90° 时，如为从 0° 到 90° 之间任意一个角度，这时像图 11-3-2（c）那样直接换接两个稳定回路的做法未必能解决问题。只有使两个陀螺仪信号器的输出经过方位坐标分解器处理之后，再送至相应的放大器和稳定电动机，才比较合理。

方位坐标分解器所要实现的数学关系是正余弦变压，如图 11-3-3 所示。两个水平稳定回路中陀螺仪 I、II 信号器 S_2 的输出，不是各自直接仅控制俯仰放大器和横滚放大器的输入，而是同时对两个放大器输入端分配信号，即一个信号器要控制两个放大器的输入和两个稳定电动机的工作。只有这样三轴陀螺稳定平台才能协调工作。由于沿方位轴的信号并不受航向变化的影响，因此不必进行信号分配。

（二）方位坐标分解器规律的实现方法

方位坐标分解器也叫作坐标变换器，其最简单的形式就是一个正余弦旋转变压器，如图 11-3-4 所示，它实质上是一个正余弦自动计算器。因为它是按方位变化分配的，所以其转子 1 和 2 固定在方位轴上，且转子线圈 1、2 的轴线分别与平台的两个水平轴 x、y 平行，并接收来自两个陀螺仪信号器 S_2 的信号 $U_{S_2}^{g_1}$、$U_{S_2}^{g_2}$；定子 3 和 4 固定在俯仰环上，且定子线圈 3、4 的轴线分别与俯仰环坐标系的两个水平轴 x_{pi}、y_{pi} 平行，其定子线圈 3 的输出信号 $U_{S_2}^{\alpha_r}$ 进入横滚放大器 A_r，定子线圈 4 的输出信号 $U_{S_2}^{\alpha_{pi}}$ 进入俯仰放大器 A_{pi}。图 11-3-4 是 $\Psi = 0°$ 时的相对位置，此时方位坐标分解器的输出与输入之间的信号关系如下：

$$\begin{cases} U_{\text{S}_2}^{\alpha_\text{r}} = K_{\text{ACR}} U_{\text{S}_2}^{g_2} \\ U_{\text{S}_2}^{\alpha_{\text{pi}}} = K_{\text{ACR}} U_{\text{S}_2}^{g_1} \end{cases}$$

式中，K_{ACR}——方位坐标分解器的传递系数（旋变的变压比）。

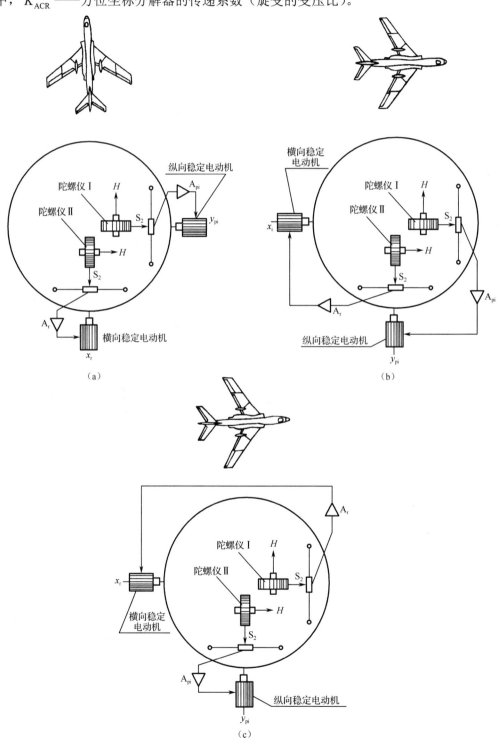

图 11-3-2　航向变化时陀螺与稳定电动机的相对位置

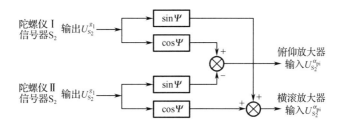

图 11-3-3　方位坐标分解器转换关系

若 $\Psi \neq 0°$，则因转子由平台稳定不动，而定子随飞机顺时针转动 Ψ，如图 11-3-5 所示。此时定子 3 和 4 可以同时感受转子 1 和 2 的信号，如考虑图 11-3-5 中定子和转子的几何位置及信号的正向，按照变压器原理，总可实现定子输出信号与转子输入信号之间的如下关系：

$$\begin{cases} K_{\mathrm{ACR}} = K_{\mathrm{ACR}}(U_{S_2}^{g_2} \cos\Psi + U_{S_2}^{g_1} \sin\Psi) \\ U_{S_2}^{\alpha_{\mathrm{pi}}} = K_{\mathrm{ACR}}(-U_{S_2}^{g_2} \sin\Psi + U_{S_2}^{g_1} \cos\Psi) \end{cases}$$

显然，这个关系式与如图 11-3-4 所示的方位坐标分解器所表示的关系是完全相同的，可见利用方位坐标分解器，能把输入电压转变成与转子、定子夹角成正余弦关系的信号。这样如图 11-3-1 所示的三轴陀螺稳定平台便可正常工作在稳定和修正状态。

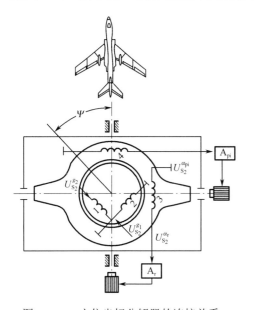

图 11-3-4　方位坐标分解器的连接关系

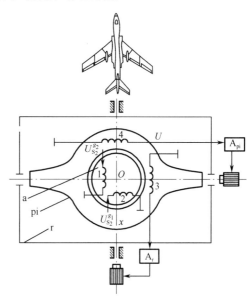

图 11-3-5　方位坐标分解器原理

三、正割分解器

图 11-3-6 给出了三轴陀螺稳定平台在俯仰环 pi 相对于横滚环 r 有俯仰角 θ 时，各环架的几何位置。由于横滚角 γ、俯仰角 θ、方位角 Ψ 的定义是，绕各自环架轴 x_{r}、y_{pi}、z_{a} 正向的转角为相对偏，所以图 11-3-6 中 $-\theta$ 表示的是横滚环相对于俯仰环的转角，即俯仰环和方位环不动，仅横滚环绕 y_{pi} 轴负向转动了 θ 角。我们以双自由度陀螺仪 GX 的输入轴作为平台横滚轴的稳定测量基准，来说明为什么需要设置正割分解器。若沿横滚轴 x_{r} 存在干扰角速度 ω_{rx}，因陀螺仪 GX 输入轴在平台水平面内，仅能敏感平行于它的输入轴方向的分量 $\omega_{\mathrm{rx}} \cos\theta$，陀螺仪

感受角速度比实际值少，所以陀螺仪 GX 信号器 S_x 的输出转角，以及输出电压都会随 θ 的增大而减小。因此，横滚稳定回路的总增益也随着 θ 的增大而减小，特别是当 $\theta=90°$ 时，横滚回路的总增益下降到零，不能保证横滚稳定回路正常工作。同样地，对由三自由度陀螺仪构成的平台，横滚环的转角 γ 在平台台面上的投影为 $\gamma\cos\theta$，信号器的输出也受到影响。为了在 θ 变化时始终保持横滚稳定回路的总增益不变，接入正割分解器 SR 以抵消 $\cos\theta$ 所起的不良作用。

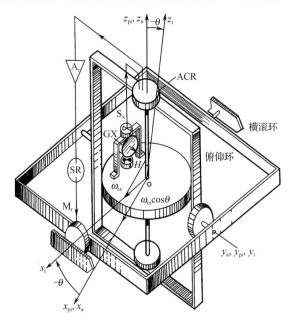

图 11-3-6　正割分解器的设置

　　保持总增益不变的根本办法是，在外横滚稳定回路中乘以 $\sec\theta$ 倍，以抵消上述 $\cos\theta$ 的影响。正割补偿电路原理图如图 11-3-7 所示。

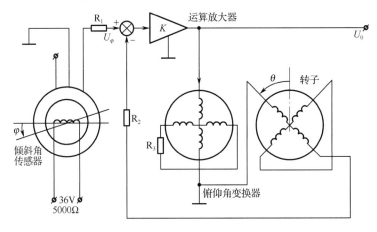

图 11-3-7　正割补偿电路原理图

　　U_φ 为内横滚环倾斜角传感器的输出电压，K 为运算放大器的放大倍数，U_0 为运算放大器的输出电压（接入外横滚伺服放大器通道）。装在俯仰轴上的俯仰角变换器，实际上是一个正余弦旋转变压器，它用来测量俯仰环架转角 θ。设定子到转子绕组的变压比为 n，这样俯仰角变换器就与运算放大器构成一个小闭环回路，以实现正割补偿的要求。正割补偿电路框图如图 11-3-8 所示。

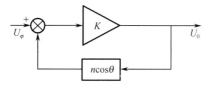

图 11-3-8　正割补偿器电路框图

由图 11-3-8 得

$$\frac{U_0}{U_\varphi} = \frac{K}{1 + Kn\cos\theta}$$

若 K 足够大，且令

$$K' = \frac{1}{n}$$

则上式变为

$$U_0 = K'U_\varphi \sec\theta$$

显然，接入这个小闭环回路后，输出与输入电压之间便成正割关系，实现了对横滚稳定伺服回路的增益补偿。

四、方位锁定回路

由三自由度陀螺仪构成的三轴陀螺稳定平台需要两个陀螺仪，它们在平台上的安装方式可采用不同方案，图 11-3-1 是两个陀螺仪自转轴都处于水平状态，外环轴都处于垂直状态时的安装方式。

这种形式的三轴陀螺稳定平台，两个陀螺仪的转子轴应当严格地保持垂直关系，并分别与平台的两个水平轴平行，这样两个陀螺仪的内环轴才能保持垂直关系，分别起到作为平台两个水平轴稳定基准的作用。我们知道，平台上的两个陀螺仪都是三自由度陀螺仪，绕外环轴相对于平台都具有转动自由度，作用在陀螺仪内环轴上的干扰力矩将引起陀螺仪绕外环轴的漂移，但这两个陀螺仪绕外环轴相对于平台是否会有相同的漂移，是否会出现大的偏角，则必须根据具体的情况进行具体的分析。实际上由于平台有了方位稳定回路，陀螺仪 II 外环轴上的信号器输出的信号经放大器放大后，送给方位轴上的方位稳定电动机。因此，当陀螺仪 II 绕外环轴漂移，改变其转子轴在空间中的方位时，可通过方位稳定回路的作用使平台跟踪陀螺仪 II 绕方位轴的漂移。因此，陀螺仪 II 转子轴相对于平台水平轴 y 的偏角总是保持在极为微小的范围内。

然而，当陀螺仪 I 绕外环轴漂移，改变其转子轴在空间中的方位时，由于平台绕方位轴的转动受陀螺仪 II 控制，并不跟随陀螺仪 I 漂移，因此陀螺仪 I 转子轴相对于平台水平轴 x 的偏角将会随时间而增大。这就说明，仅有方位稳定回路，两个陀螺仪的转子轴无法保持相互垂直的关系。

另外，当给陀螺仪 II 内环轴施加指令力矩时，陀螺仪 II 的自转轴及平台都会转动，而由于陀螺仪 I 的稳定性，其外环相对于平台会出现一个反向转动力矩，二者大小相等、方向相反。如果转动角度超过陀螺仪Ⅰ绕外环轴的最大允许角度，则陀螺仪Ⅰ还会和止挡机构发生碰撞，从而使平台无法正常工作。

为了防止陀螺仪Ⅰ的碰撞和转子轴相对于平台水平轴 x 的偏角，必须增加一套方位锁定回路。方位锁定回路由陀螺仪Ⅰ外环轴上的信号器、放大器，以及陀螺仪Ⅰ内环轴上的力矩器组成。当陀螺仪Ⅰ绕外环轴漂移，其转子轴相对于平台水平轴 x 出现偏角时，陀螺仪Ⅰ外环轴上的信号器输出的信号经过放大器放大后，送给内环轴上的力矩器。力矩器产生的控制力矩使陀螺仪Ⅰ绕外环轴进动，控制力矩的方向指向减小偏角的方向，从而消除了陀螺仪Ⅰ转子轴相对于平台水平轴 x 的偏角。也就是说，通过方位锁定回路的作用，把陀螺仪Ⅰ转子轴锁定在与陀螺仪Ⅱ转子轴垂直的位置上。

除以上各组成部分以外，三轴陀螺稳定平台的三个环架轴上还分别装有横滚角、俯仰角、方位角（航向角）旋转变压器，以便测量飞机的姿态和航向信号。

第四节　四环三轴陀螺稳定平台

一、三环三轴陀螺稳定平台的"环架锁定"

上文介绍的三轴陀螺稳定平台，因为只有三个环架，所以也被称为三环三轴陀螺稳定平台。这类平台为便于测量飞机的真实倾斜角和真实俯仰角，都使平台横滚轴与飞机纵轴平行。

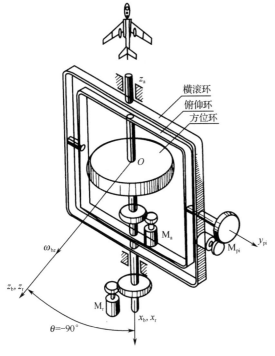

图 11-4-1　三环三轴陀螺稳定平台的"环架锁定"

但是采用这种安装形式，在飞机俯仰时，飞机将带动横滚轴和横滚环一起俯仰，使横滚轴偏离水平位置。如果飞机的俯仰角达到90°，横滚轴就与方位轴重合，同平台台面相垂直，这时平台失去了一个自由度，如图 11-4-1 所示。安装的平台稳定电动机三个轴 x_r、y_{pi}、z_a 处于同一个平面内，出现了所谓的"环架锁定"工作状态。在这种情况下，当飞机绕立轴 z_b 以角速度 ω_{bz} 转动时，也将通过环架带动平台绕 z_b 轴转动，从而破坏平台的稳定状态，同时破坏横滚稳定回路的工作。如图 11-4-1 所示，因为横向稳定电动机是受陀螺仪Ⅱ内环轴上的信号器 S_2 输出信号控制的，当出现"环架锁定"时，陀螺仪Ⅱ的内环轴与平台横滚轴 x_r 相垂直，不再敏感 x 轴的干扰角转动。因此，稳定电动机也不可能产生稳定力矩平衡这一转角的干扰力矩。这样，横滚环将按干扰力矩的大小和方向进行运动，横滚轴的稳定状态将难以实现。

事实上，在俯仰角大到一定程度时，即使还未出现"环架锁定"，平台绕横滚轴的稳定作用也已经大大降低而不能正常工作了。因此，规定三环三轴陀螺稳定平台的俯仰角应远小于 90°，如保持在 60°～45° 的工作范围内。但是，这样的规定对许多飞机，特别是要求机动飞行的军用飞机来说是难以接受的，它希望平台能在飞机倾斜角、俯仰角均为 360° 的情况下正常工作，即要求平台能够完全和飞机的角运动相隔离。或者说，不论在什么飞行状态下，平台稳定电动机所在的三个轴应是正交的，从而避免"环架锁定"带来的弊病。解决这个问题的办法是，在三个环外再加一个环，构成所谓的四环三轴陀螺稳定平台。

二、四环三轴陀螺稳定平台的构成

出现"环架锁定"是俯仰角 $\theta = 90°$ 时造成的，为什么此时俯仰环相对于横滚环会出现 90° 的运动呢？原因在于当倾斜角 $\gamma = 0°$，基座有角速度 ω_{by} 时，基座通过横滚轴的刚性几何约束，使横滚环绕 y_{pi} 轴和基座一起转动，到一定程度就使 x_b、x_r、z_a 三轴重合。由此可见 ω_{by} 是产生"环架锁定"的直接原因，若平台能隔离 ω_{by}，则可避免"环架锁定"的出现。

为了隔离 ω_{by}，可把一个完整的三环三轴陀螺稳定平台支承在一个附加环上，构成四环三轴陀螺稳定平台，如图 11-4-2 所示。此时由内向外各环的名称依次定为方位环、内横滚环、俯仰环和外横滚环，并分别用符号 a、q、pi 和 r 表示。为了测量真实的倾斜角和俯仰角，外横滚环的支承轴仍与飞机纵轴平行安装。支承在外横滚环上的三环三轴陀螺稳定平台的三个稳定电动机和台体上陀螺仪之间的信号传递关系与三轴稳定平台完全相同，只是两个水平陀螺仪输出信号控制的将是内横滚轴上的稳定电动机和俯仰轴上的稳定电动机。如果设内横滚环坐标系为 $Ox_q y_q z_q$，它相对于俯仰环的转角为 Ψ。只要在任何情况下保证 $\Psi = 0°$，即可实现三个稳定电动机所在的轴正交。因为在四环三轴陀螺稳定平台中，外横滚环的角速度 ω_r 对内三环三轴稳定平台的影响相当于一个普通三环三轴陀螺稳定平台中 ω_b 对它的影响，既然能始终保证内三轴正交，也就等于完全隔离了四环三轴稳定平台 ω_r 对内三轴陀螺稳定平台的影响，相当于隔离了 ω_b 对一个三环三轴陀螺稳定平台的影响。这样飞机的角运动就可被完全隔离。

为了实现 $\Psi = 0°$，仅加一个外横滚环是不够的，因为当飞机存在沿外横滚轴的角速度 ω_{bx} 时，由于外横滚环支承轴中的摩擦约束，飞机将带动外横滚环绕 x_b 轴和飞机一起转动，从而使俯仰轴 y_{pi} 向方位轴 z_a 靠近，当飞机绕外横滚轴转动角达到 90° 时，y_{pi} 轴与 z_a 轴重合，从而会使内三轴处于"环架锁定"状态。为了消除这个轴向的摩擦干扰，必须隔离 ω_{bx} 的耦合作用。按照前面已有的概念，只有借助稳定伺服回路产生稳定力矩，才能平衡这种干扰。因此，四环三轴稳定平台，除附加第四个环以外，还须设置外横滚伺服回路，如图 11-4-2 中由倾斜角传感器、伺服放大器和伺服电动机组成的闭合回路。

三、外横滚伺服回路

外横滚伺服回路的信号来自倾斜角传感器，它一般是无接触式的同步器或"山形"变压器，其定子和转子分别固定在俯仰环和内横滚环（轴）上，伺服电动机多用直流力矩电动机，转子和定子沿 x_r 轴同轴安装在外横滚环和基座上；伺服放大器通常包括前置放大、增益控制解调、校正及功放（包含正割补偿及脉冲调宽）等电路。

该回路隔离 ω_{bx} 的原理是，当沿 x_b 轴正向存在角速度 ω_{bx} 时，基座通过摩擦约束带动外横滚环，又通过俯仰轴带动俯仰环绕内横滚轴正向转动，从而出现了 Ψ 角（见图 11-4-2）。Ψ 角被倾斜角传感器敏感并转换成电信号，经伺服放大器放大后，送给伺服电动机，伺服电动机力矩驱动外横滚环转动以减小 Ψ 角，直到 $\Psi \approx 0°$，此时伺服电动机的输出力矩平衡了支承中的摩擦力矩，ω_{bx} 被隔离，从而内三轴重新恢复到近似垂直状态，避免了"环架锁定"的出现。显然，此时的稳定伺服回路同样具有三轴陀螺稳定平台稳定状态下抵抗干扰、稳定空间位置的作用，所以实质上它也类似于一个稳定回路，只是它的控制信号来自倾斜角传感器，而非陀螺仪信号器。

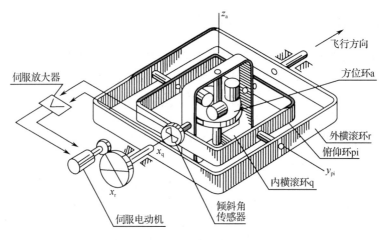

图 11-4-2　四环三轴陀螺稳定平台

复习思考题

1．陀螺稳定平台分为哪几类？各有何特点？

2．在陀螺稳定平台中，稳定回路和修正回路的作用是什么？各有何特点？

3．陀螺漂移对陀螺稳定平台性能有何影响？

4．何为舒拉摆？在物理摆中，舒拉周期调整条件指的是什么？其周期是多少？在陀螺稳定平台中，修正回路的舒拉周期调整条件是什么？

5．在飞行过程中，领航员反映惯性导航系统在一段时间内会出现误差减小的现象，试用舒拉调谐原理解释该现象。

6．说明方位坐标分解器的功用。

7．简述陀螺稳定平台第 4 个平衡环的作用。

第十二章　平台式惯性导航系统原理

前面章节介绍了纯惯性高度不稳定和陀螺稳定平台的修正回路及舒拉摆原理等，这些内容实质上也是惯性导航系统的重点内容。本章着重从理论上建立起惯性导航系统的力学方程，作为工程技术人员，只有从理论上搞清楚惯性导航系统原理，才能在工程上设计和制造出惯性导航系统。作为航空维修人员，理论问题的解决无疑有助于惯性导航系统的维护。限于实际要求，我们推导简化后的数学模型，如对于地球，我们近似认为它是球体，不推导系统误差，仅给出结论。

第一节　指北方位惯性导航系统

什么是指北方位惯性导航系统呢？它主要是对平台所处的坐标状况而言的。设用一个三轴平台模拟地理坐标系 $Ox_ty_tz_t$，x_t 轴、y_t 轴在水平面内或者说 z_t 轴与当地垂线重合；y_t 轴指向北。设计一个平台使其平面控制在当地水平面内，而它的方位控制为指向北。这就是指北方位惯性导航系统命名的原因。具体来说，其名称应该为水平指北方位惯性导航系统。由于水平是共性，所以以后不再强调，只强调方位指向，除指北方位惯性导航系统之外，还有自由方位惯性导航系统、游动方位惯性导航系统等。

建立了这样一个模拟地理坐标系的三轴平台，实质上就在飞机上建立了一个真实的地理坐标系。我们在这个平台的三个坐标轴上分别装三个加速度计（尽管其本质上为比力计，但习惯上仍称其为加速度计），一个指向东，一个指向北，还有一个指向垂直方向。当飞机以任意向量加速运动时，便可以测得东、北、垂直三个方向的加速度向量 $\boldsymbol{a}$ 的分量 a_x^t、a_y^t、a_z^t，得到这三个加速度分量后，通过力学分析便可以计算出我们所需的导航参数。

这里需要强调指出，为了将这个方案介绍清楚，需要构想一个较具体且形象的平台结构模型，并且把这个模型和坐标系联系起来。

一、指北方位惯性导航系统的组成和原理

指北方位惯性导航系统与其他平台式惯性导航系统相同，都由惯性平台、导航计算机、控制显示器等组成。大多数飞机使用的惯性导航系统都将惯性平台和导航计算机组装在一起，统称为惯性导航组件，其他组件为状态选择组件和控制显示组件（见图 12-1-1）。

惯性平台可以由三个双自由度陀螺仪组成或由两个三自由度陀螺仪组成。现以由三自由度陀螺仪组成的平台式惯性导航系统来说明。平台是四环式三轴平台，从里往外看分别是方位环、内横滚环、俯仰环、外横滚环。这种结构允许飞机在 360° 范围内做俯仰、倾斜和航向运动。每个环上都装有相应的信号传感器、稳定电动机及减速器，在方位环上有方位坐标分解器、航向同步器等。对上述 4 个环设有对应的 4 套稳定系统，以抵抗各轴上的干扰力矩及隔离飞机的角运动，使平台相对于惯性空间保持稳定。在方位环支承的平台上安装了两个三自由度陀螺仪：一个称为上陀螺仪；另一个称为下陀螺仪。两个陀螺仪均平行于平台台面，

并互相垂直。上陀螺仪外环轴与平台东向轴方向一致，并能感受平台方位角的偏移。在平台上还安装了三个加速度计，其中沿东向轴的加速度计 A_E 用于测量飞机沿东西方向的水平线加速度；沿北向轴的加速度计 A_N 用于测量飞机沿南北方向的水平线加速度；沿方位轴向的加速度计 A_z 用于测量飞机的垂直加速度。前两个加速度计用于平台的水平修正和水平导航计算。垂直加速度计只用作飞机控制系统阻尼而不用于导航计算。惯性平台主要用于建立一个理想的坐标系，为加速度计创造一个良好的工作环境及测量基准，以及隔离飞机的角运动。

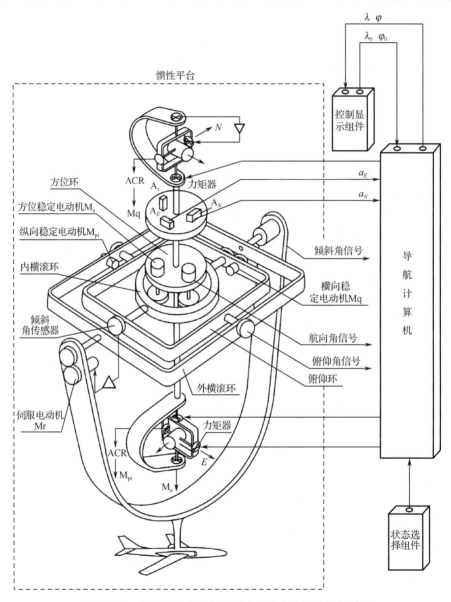

图 12-1-1　由三自由度陀螺仪组成的平台式惯性导航系统

　　导航计算机主要用于完成对陀螺仪及平台的修正计算，对导航参数及飞机的角运动参数的计算。

　　控制显示组件主要用于完成导航参数显示、初始数据输入及系统工作告警等。

二、平台指令角速度

（一）地理坐标系相对于惯性坐标系的角速度

地理坐标系用 $Ox_ty_tz_t$ 表示，$\boldsymbol{\omega}_{it}^t$ 表示地理坐标系相对于惯性坐标系的角速度在地理坐标系中的投影。

$\boldsymbol{\omega}_{it}^t$ 可表示为三个角速度分量，即

$$\boldsymbol{\omega}_{it}^t = \begin{bmatrix} \omega_{itx}^t \\ \omega_{ity}^t \\ \omega_{itz}^t \end{bmatrix}$$

角速度分量同样用小写字母表示，下标加上 x、y、z 表示在相应轴上的分量，上标指明是在哪个坐标系内的分量。例如，ω_{itx}^t 表示 $\boldsymbol{\omega}_{it}^t$ 在地理坐标系内 x_t 轴上的分量。

以上规定的角速度的表示方法原则在本教材中是普遍适用的。

当飞机在地球上某一点运动时，飞机所在位置的地理坐标系相对于惯性坐标系的转动角速度将由两个角速度合成：

$$\boldsymbol{\omega}_{it}^t = \boldsymbol{\omega}_{ie}^t + \boldsymbol{\omega}_{et}^t$$

式中，$\boldsymbol{\omega}_{ie}^t$——地球坐标系 $Ox_ey_ez_e$ 相对于惯性坐标系 $Ox_iy_iz_i$ 的角速度，其中上标 t 表示在地理坐标系内的分量，即地球自转角速度在地理坐标系内的三维向量；

$\boldsymbol{\omega}_{et}^t$——地理坐标系相对于地球坐标系在地理坐标系内的角速度。以后遇到新的类似符号不再赘述。

$$\boldsymbol{\omega}_{it}^t = \begin{bmatrix} \omega_{itx}^t \\ \omega_{ity}^t \\ \omega_{itz}^t \end{bmatrix} = \begin{bmatrix} 0 \\ \omega_{ie}\cos\varphi \\ \omega_{ie}\sin\varphi \end{bmatrix}$$

飞机相对于地理坐标系运动而引起的地理坐标系的角速度分量为（见图12-1-2）：

$$\boldsymbol{\omega}_{et}^t = \begin{bmatrix} \omega_{etx}^t \\ \omega_{ety}^t \\ \omega_{etz}^t \end{bmatrix} = \begin{bmatrix} \dfrac{-V_{ety}^t}{R} \\ \dfrac{V_{etx}^t}{R} \\ \dfrac{V_{etx}^t}{R}\tan\varphi \end{bmatrix}$$

显然有

$$\dot{\varphi} = \frac{V_{ety}^t}{R}, \quad \dot{\lambda} = \frac{V_{etx}^t}{R\cos\varphi}$$

地理坐标系相对于惯性坐标系的角速度表达式为

$$\boldsymbol{\omega}_{it}^t = \begin{bmatrix} -\dfrac{V_{ety}^t}{R} \\ \omega_{ie}\cos\varphi + \dfrac{V_{etx}^t}{R} \\ \omega_{ie}\sin\varphi + \dfrac{V_{etx}^t}{R}\tan\varphi \end{bmatrix}$$

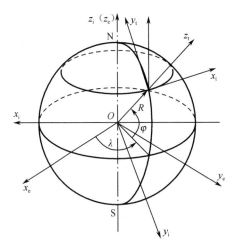

图 12-1-2 地理坐标系的角速度分量

（二）指北方位平台指令角速度

指北方位惯性导航系统要求平台保持在当地地理坐标系内，也就是要求平台坐标系 $Ox_p y_p z_p$ 和地理标系 $Ox_t y_t z_t$ 重合。如果平台理想地精确，不考虑误差，那么有

$$\boldsymbol{\omega}_{ip}^{p} = \boldsymbol{\omega}_{it}^{t}$$

$$\boldsymbol{\omega}_{ip}^{p} = \begin{bmatrix} \omega_{ipx}^{p} \\ \omega_{ipy}^{p} \\ \omega_{ipz}^{p} \end{bmatrix} = \begin{bmatrix} -\dfrac{V_{ety}^{t}}{R} \\ \omega_{ie}\cos\varphi + \dfrac{V_{etx}^{t}}{R} \\ \omega_{ie}\sin\varphi + \dfrac{V_{etx}^{t}}{R}\tan\varphi \end{bmatrix} \qquad (12\text{-}1\text{-}1)$$

将这些角速度分量作为控制指令信号分别加到相应的力矩器，平台便自动地跟踪地理坐标系。这样我们便在飞机上建立起一个物理平台，它的方位环控制在当地垂线方向，而且这个平台就像罗盘一样指向北。我们可以在平台上安装三个加速度计，分别为东向加速度计、北向加速度计、垂直方向加速度计。

三、平台支点的绝对加速度及比力方程

假设飞机在地球表面附近做任意运动，平台支点和飞机质心重合。飞机姿态角速度被平台隔离，求平台支点的绝对加速度时可把支点当作质点来处理。

我们知道，飞机相对于地球运动，而地球相对于地心惯性坐标系以角速度 $\boldsymbol{\omega}_{ie}$ 旋转，用 $\boldsymbol{R}$ 表示平台支点在地心惯性坐标系中的位置向量。根据相对变化率与绝对变化率的关系，位置向量的微分方程可表示为

$$\left.\dfrac{d\boldsymbol{R}}{dt}\right|_{i} = \left.\dfrac{d\boldsymbol{R}}{dt}\right|_{e} + \boldsymbol{\omega}_{ie} \times \boldsymbol{R} \qquad (12\text{-}1\text{-}2)$$

式中，

$$\left.\dfrac{d\boldsymbol{R}}{dt}\right|_{e} = \boldsymbol{V}_{ep}$$

为平台支点相对于地球的速度，也就是飞机的地速。由此，式（12-1-2）可改写为

$$\left.\frac{\mathrm{d}\boldsymbol{R}}{\mathrm{d}t}\right|_{\mathrm{i}} = \boldsymbol{V}_{\mathrm{ep}} + \boldsymbol{\omega}_{\mathrm{ie}} \times \boldsymbol{R} \tag{12-1-3}$$

将式（12-1-3）等号两边相对于惯性坐标系取导数，得

$$\left.\frac{\mathrm{d}^2\boldsymbol{R}}{\mathrm{d}t^2}\right|_{\mathrm{i}} = \left.\frac{\mathrm{d}\boldsymbol{V}_{\mathrm{ep}}}{\mathrm{d}t}\right|_{\mathrm{i}} + \left.\frac{\mathrm{d}}{\mathrm{d}t}\right|_{\mathrm{i}}(\boldsymbol{\omega}_{\mathrm{ie}} \times \boldsymbol{R}) \tag{12-1-4}$$

因为 $\boldsymbol{\omega}_{\mathrm{ie}}$ 为常值，所以有

$$\left.\frac{\mathrm{d}\boldsymbol{\omega}_{\mathrm{ie}}}{\mathrm{d}t}\right|_{\mathrm{i}} = 0$$

因此，式（12-1-4）可改写为

$$\left.\frac{\mathrm{d}^2\boldsymbol{R}}{\mathrm{d}t^2}\right|_{\mathrm{i}} = \left.\frac{\mathrm{d}\boldsymbol{V}_{\mathrm{ep}}}{\mathrm{d}t}\right|_{\mathrm{i}} + \boldsymbol{\omega}_{\mathrm{ie}} \times \left.\frac{\mathrm{d}\boldsymbol{R}}{\mathrm{d}t}\right|_{\mathrm{i}} \tag{12-1-5}$$

将式（12-1-3）代入式（12-1-5），得

$$\begin{aligned}\left.\frac{\mathrm{d}^2\boldsymbol{R}}{\mathrm{d}t^2}\right|_{\mathrm{i}} &= \left.\frac{\mathrm{d}\boldsymbol{V}_{\mathrm{ep}}}{\mathrm{d}t}\right|_{\mathrm{i}} + \boldsymbol{\omega}_{\mathrm{ie}} \times (\boldsymbol{V}_{\mathrm{ep}} + \boldsymbol{\omega}_{\mathrm{ie}} \times \boldsymbol{R}) \\ &= \left.\frac{\mathrm{d}\boldsymbol{V}_{\mathrm{ep}}}{\mathrm{d}t}\right|_{\mathrm{i}} + \boldsymbol{\omega}_{\mathrm{ie}} \times \boldsymbol{V}_{\mathrm{ep}} + \boldsymbol{\omega}_{\mathrm{ie}} \times (\boldsymbol{\omega}_{\mathrm{ie}} \times \boldsymbol{R})\end{aligned} \tag{12-1-6}$$

用指北方位平台模拟地理坐标系，上面正交安装的加速度计测量沿地理坐标系三个轴分量。惯性导航系统的解算在地理坐标系内进行，因此我们应将 $\left.\dfrac{\mathrm{d}\boldsymbol{V}_{\mathrm{ep}}}{\mathrm{d}t}\right|_{\mathrm{i}}$ 转换到地理坐标系内。

地理坐标系相对于惯性坐标系的角速度为

$$\boldsymbol{\omega}_{\mathrm{it}} = \boldsymbol{\omega}_{\mathrm{ie}} + \boldsymbol{\omega}_{\mathrm{et}}$$

利用相对变化率与绝对变化率的关系，可将 $\boldsymbol{V}_{\mathrm{ep}}$ 表示为

$$\left.\frac{\mathrm{d}\boldsymbol{V}_{\mathrm{ep}}}{\mathrm{d}t}\right|_{\mathrm{i}} = \left.\frac{\mathrm{d}\boldsymbol{V}_{\mathrm{ep}}}{\mathrm{d}t}\right|_{\mathrm{t}} + (\boldsymbol{\omega}_{\mathrm{ie}} + \boldsymbol{\omega}_{\mathrm{et}}) \times \boldsymbol{V}_{\mathrm{ep}} \tag{12-1-7}$$

将式（12-1-7）代入式（12-1-6），并整理得

$$\left.\frac{\mathrm{d}^2\boldsymbol{R}}{\mathrm{d}t^2}\right|_{\mathrm{i}} = \left.\frac{\mathrm{d}\boldsymbol{V}_{\mathrm{ep}}}{\mathrm{d}t}\right|_{\mathrm{t}} + (2\boldsymbol{\omega}_{\mathrm{ie}} + \boldsymbol{\omega}_{\mathrm{et}}) \times \boldsymbol{V}_{\mathrm{ep}} + \boldsymbol{\omega}_{\mathrm{ie}} \times (\boldsymbol{\omega}_{\mathrm{ie}} \times \boldsymbol{R}) \tag{12-1-8}$$

现在我们来考虑加速度计的测量原理。在第十章中，针对垂直通道的简单情况讨论过加速度计的测量问题，这里要讨论飞机相对于惯性空间有任意加速度 $\left.\dfrac{\mathrm{d}^2\boldsymbol{R}}{\mathrm{d}t^2}\right|_{\mathrm{i}}$ 时的情况，根据牛顿第二定律，有

$$\boldsymbol{F} = m\left.\frac{\mathrm{d}^2\boldsymbol{R}}{\mathrm{d}t^2}\right|_{\mathrm{i}}$$

加速度计敏感质量为 m 的质量块上所作用的合力 $\boldsymbol{F}$，包括弹簧作用在质量块上力 $\boldsymbol{F}'$ 及地球的引力 $m\boldsymbol{g}_m$，它们之间的关系式为

$$\boldsymbol{F} = \boldsymbol{F}' + m\boldsymbol{g}_m \tag{12-1-9}$$

所以

$$F' + m\boldsymbol{g}_m = m\frac{\mathrm{d}^2\boldsymbol{R}}{\mathrm{d}t^2}\bigg|_i \tag{12-1-10}$$

$$\frac{\mathrm{d}^2\boldsymbol{R}}{\mathrm{d}t^2}\bigg|_i = \frac{F'}{m} + \boldsymbol{g}_m$$

设 $\dfrac{F'}{m} = f$ 为比力，加速度计测量的信号由弹簧变形位移量来量度，即

$$\frac{\mathrm{d}^2\boldsymbol{R}}{\mathrm{d}t^2}\bigg|_i = \boldsymbol{f} + \boldsymbol{g}_m \tag{12-1-11}$$

我们将 $\dfrac{\mathrm{d}^2\boldsymbol{R}}{\mathrm{d}t^2}\bigg|_i$ 叫作绝对加速度，而 $\boldsymbol{g}_m$ 为引力加速度，f 可以叫作非引力加速度。总的绝对加速度等于引力加速度与非引力加速度的向量和。由于 f 可以被加速度计测得，$\boldsymbol{g}_m$ 是已知量，因此可用 $\boldsymbol{f} + \boldsymbol{g}_m$ 替换式（12-1-8）中的 $\dfrac{\mathrm{d}^2\boldsymbol{R}}{\mathrm{d}t^2}\bigg|_i$，即

$$\boldsymbol{f} + \boldsymbol{g}_m = \frac{\mathrm{d}\boldsymbol{V}_{ep}}{\mathrm{d}t}\bigg|_t + (2\boldsymbol{\omega}_{ie} + \boldsymbol{\omega}_{et}) \times \boldsymbol{V}_{ep} + \boldsymbol{\omega}_{ie} \times (\boldsymbol{\omega}_{ie} \times \boldsymbol{R}) \tag{12-1-12}$$

因为飞机相对于地球坐标系的速度 $\dfrac{\mathrm{d}\boldsymbol{V}_{ep}}{\mathrm{d}t}\bigg|_t = \boldsymbol{V}_{ep}$ 的积分是我们所希望求得的，故将式（12-1-12）整理为

$$\boldsymbol{V}_{ep} = \boldsymbol{f} - (2\boldsymbol{\omega}_{ie} + \boldsymbol{\omega}_{ep}) \times \boldsymbol{V}_{ep} + \boldsymbol{g}_m - \boldsymbol{\omega}_{ie} \times (\boldsymbol{\omega}_{ie} \times \boldsymbol{R}) \tag{12-1-13}$$

令

$$\boldsymbol{g} = \boldsymbol{g}_m - \boldsymbol{\omega}_{ie} \times (\boldsymbol{\omega}_{ie} \times \boldsymbol{R}) \tag{12-1-14}$$

即重力加速度，则将式（12-1-14）代入式（12-1-13），得

$$\boldsymbol{V}_{ep} = \boldsymbol{f} - (2\boldsymbol{\omega}_{ie} + \boldsymbol{\omega}_{ep}) \times \boldsymbol{V}_{ep} + \boldsymbol{g} \tag{12-1-15}$$

式（12-1-5）是惯性导航系统的基本方程，它不仅适用指北方位惯性导航系统，还适用于其他平台式惯性导航系统，对捷联式惯性导航系统来说也是必不可少的基本方程。不同的惯性导航系统方案只是采取不同的分解形式而已。

指北方位平台控制在地理坐标系内，将式（12-1-15）分解到平台坐标系中的标量形式为

$$\begin{bmatrix} \dot{V}_x^p \\ \dot{V}_y^p \\ \dot{V}_z^p \end{bmatrix} = \begin{bmatrix} f_x^p \\ f_y^p \\ f_z^p \end{bmatrix} + \begin{bmatrix} 0 & -(2\omega_{iex}^p + \omega_{epx}^p) & (2\omega_{iey}^p + \omega_{epy}^p) \\ (2\omega_{iex}^p + \omega_{epx}^p) & 0 & -(2\omega_{iex}^p + \omega_{epx}^p) \\ -(2\omega_{iey}^p + \omega_{epy}^p) & (2\omega_{iex}^p + \omega_{epx}^p) & 0 \end{bmatrix} \begin{bmatrix} V_x^p \\ V_y^p \\ V_z^p \end{bmatrix} - \begin{bmatrix} 0 \\ 0 \\ g \end{bmatrix} \tag{12-1-16}$$

式中，g 向下为正。

因为平台坐标系和地理坐标系重合，所以只要将式（12-1-16）中各分量的角标"p"改为"t"即可，即

$$\begin{bmatrix} \dot{V}_x^t \\ \dot{V}_y^t \\ \dot{V}_z^t \end{bmatrix} = \begin{bmatrix} f_x^t \\ f_y^t \\ f_z^t \end{bmatrix} - \begin{bmatrix} 0 & -(2\omega_{iex}^t + \omega_{etx}^t) & (2\omega_{iey}^t + \omega_{ety}^t) \\ (2\omega_{iex}^t + \omega_{etx}^t) & 0 & -(2\omega_{iex}^t + \omega_{etx}^t) \\ -(2\omega_{iey}^t + \omega_{ety}^t) & (2\omega_{iex}^t + \omega_{etx}^t) & 0 \end{bmatrix} \begin{bmatrix} V_x^t \\ V_y^t \\ V_z^t \end{bmatrix} - \begin{bmatrix} 0 \\ 0 \\ g \end{bmatrix} \tag{12-1-17}$$

地理坐标系是比较容易理解的坐标系，矩阵中各元素的物理概念比较清楚。

地球自转角速度的各分量为

$$\begin{cases} \omega_{iex}^t = 0 \\ \omega_{iey}^t = \omega_{ie}\cos\varphi \\ \omega_{iez}^t = \omega_{ie}\sin\varphi \end{cases} \tag{12-1-18}$$

由飞机相对于地球运动引起的角速度 $\boldsymbol{\omega}_{et}$ 的各分量为

$$\begin{cases} \omega_{etx}^t = -\dfrac{V_y^t}{R} \\[2mm] \omega_{ety}^t = \dfrac{V_y^t}{R} \\[2mm] \omega_{etz}^t = \dfrac{V_x^t}{R}\tan\varphi \end{cases} \tag{12-1-19}$$

为了便于理解，把式（12-1-18）和式（12-1-19）代入式（12-1-17），得

$$\begin{cases} \dot{V}_x^t = f_x^t + \left(2\omega_{ie}\sin\varphi + \dfrac{V_x^t}{R}\tan\varphi\right)V_y^t - \left(2\omega_{ie}\cos\varphi + \dfrac{V_x^t}{R}\right)V_x^t \\[3mm] \dot{V}_y^t = f_y^t - \left(2\omega_{ie}\sin\varphi + \dfrac{V_x^t}{R}\tan\varphi\right)V_x^t - \dfrac{V_y^t}{R}V_x^t \\[3mm] \dot{V}_z^t = f_x^t + \left(2\omega_{ie}\cos\varphi + \dfrac{V_x^t}{R}\right)V_x^t + \dfrac{V_y^t}{R}V_y^t - g \end{cases} \tag{12-1-20}$$

由于飞机或舰船垂直方向的速度比较小，所以一般只能用水平安装的东向加速度计及北向加速度计的比例信号，这足以满足导航功能的要求。虽然也在平台上安装垂直加速度计，但它一般只提供加速度信号，不再将其积分为垂直速度，因此上述方程可简化为

$$\begin{cases} \dot{V}_x^t = f_x^t + 2\omega_{ie}\sin\varphi V_y^t + \dfrac{V_x^t V_y^t}{R}\tan\varphi \\[3mm] \dot{V}_y^t = f_y^t - 2\omega_{ie}\sin\varphi V_x^t - \dfrac{(V_x^t)^2}{R}\tan\varphi \end{cases} \tag{12-1-21}$$

式中，$2\omega_{ie}\sin\varphi V_y^t$、$2\omega_{ie}\sin\varphi V_x^t$——哥氏加速度；

$\dfrac{V_x^t V_y^t}{R}\tan\varphi$、$\dfrac{(V_x^t)^2}{R}\tan\varphi$——向心加速度。

我们感兴趣的是如何得到 $\dot{V}_x^t$ 及 $\dot{V}_y^t$ 信号，有了它们，积分一次便可以得到飞机相对于地球的速度 V_x^t 及 V_y^t。若要得到 V_x^t，则从加速度计测得的比力 f_x^t 中消去哥氏加速度及向心加速度即可，如图 12-1-3 所示。

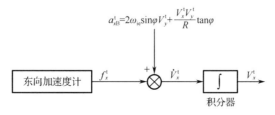

图 12-1-3　V_x^t 信号的获取

我们用 a_{xB}^t 表示科式加速度及向心加速度，称为有害加速度，因为它会对导航参数的计算造成误差，所以希望有 $\dot{V}_x^t$，不希望有 a_{xB}^t。

四、指北方位惯性导航系统方案

经过上述分析，推导出系统两个基本力学方程：

$$\begin{cases} \omega_{itx}^t = \dfrac{-V_y^t}{R} \\[2mm] \omega_{ity}^t = \omega_{ie}\cos\varphi + \dfrac{V_x^t}{R} \\[2mm] \omega_{itz}^t = \omega_{ie}\sin\varphi + \dfrac{V_x^t}{R}\tan\varphi \end{cases} \tag{12-1-22}$$

称为指北方位平台控制指令速率方程。

$$\begin{cases} \dot{V}_x^t = f_x^t + 2\omega_{ie}\sin\varphi V_y^t + \dfrac{V_x^t V_y^t}{R}\tan\varphi \\[2mm] \dot{V}_y^t = f_y^t - 2\omega_{ie}\sin\varphi V_x^t - \dfrac{(V_y^t)^2}{R}\tan\varphi \end{cases} \tag{12-1-23}$$

称为指北方位惯性导航系统速度标量方程。

另外还有两个求主要导航参数的方程：

$$\begin{cases} V_x^t = \int_0^t V_x^t dt + V_{x0}^t \\[2mm] V_y^t = \int_0^t V_y^t dt + V_{y0}^t \end{cases} \tag{12-1-24}$$

飞机所在的地理纬度、经度 φ、λ 可由以下方程求出。因为

$$\begin{cases} \dot{\varphi} = \dfrac{V_y^t}{R} \\[2mm] \dot{\lambda} = \dfrac{V_x^t}{R\cos\varphi} = \dfrac{V_x^t}{R}\sec\varphi \end{cases}$$

所以 φ 和 λ 为

$$\begin{cases} \varphi = \int_0^t \dfrac{V_y^t}{R_-}dt + \varphi_0 \\[2mm] \lambda = \int_0^t \dfrac{V_x^t}{R_-}\sec\varphi dt + \lambda_0 \end{cases} \tag{12-1-25}$$

由式（12-1-22）、式（12-1-23）、式（12-1-24）、式（12-1-25）可构成一个完整的指北方位惯性导航系统方案。从图 12-1-4 中可以清楚地看出导航计算机在惯性导航系统中的重要性，只要给导航计算机提供飞机起飞时的初始速度 V_{x0}^t、V_{y0}^t 和位置 φ_0、λ_0，以及由加速度计测得的比力 f_x^t、f_y^t 等主要信号，便可以根据 4 个主要力学方程推算出加给陀螺仪的指令控制信号及导航参数。不要忘记，我们假设了平台初始时就处于当地地理坐标系内的理想状态。真实的惯性导航系统，一开始平台就处于水平指北位置是不可能的，只有经过平台的初始对准操作才能达到水平指北位置，这将在后面专门章节讲述。导航计算机将还要承担对准的力

学方程的运算。导航计算机内除要编排上述原理框图中的力学方程之外，还要占用更多的存储量编排初始对准程序。这样才能构成一个完整的指北方位惯性导航系统方案。

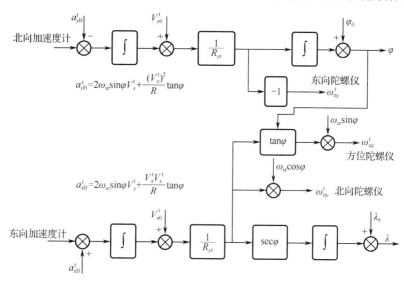

图 12-1-4 指北方位惯性导航系统原理框图

五、指北方位惯性导航系统方案简略分析

指北方位惯性导航系统方案的优缺点现在不好回答。只有在掌握几种方案之后，经过分析、对比才能看出其优缺点，这里只能简要地谈一谈这种方案的特点。指北方位平台像一个综合姿态传感器，飞机的俯仰、倾斜、偏航信号直接从环架上拾取，相当于一个地平方向仪，是一个高精度的全姿态传感器。由于平台控制在当地地理坐标系内，三个正交加速度计分别测出东、北、垂直方向的比力分量信号。利用这些信号推导导航参数的力学方程比较简单，可以说它是力学方程中最简单的一种，对导航计算机的要求自然低一些，这在导航计算机性能比较低的时候是难得的优点。但是，指北方位惯性导航系统最大的缺点是，其工作受到工作地区的限制。当在高纬度地区工作时，由于飞机运动可能引起方位迅速变化，因此必须给方位陀螺仪施加很大的力矩，平台跟踪率很大，这样不论对力矩器设计还是对平台稳定回路设计都带来相当大的困难。从导航计算机运算角度来看，当飞机飞越极区（$\varphi = \pm 90°$）时，计算 $\tan\varphi$ 会使导航计算机"溢出"。另外，在极区失去依靠陀螺罗经找方位的效应，利用罗经效应进行方位对准就不能进行。因此，指北方位惯性导航系统方案不能用于全球导航，一般限制在纬度小于 $80°$ 的区域内工作。要想克服这一主要缺点，可以采用其他方案。

通过以上对惯性导航系统力学方程的推导分析可以看出，"惯性导航系统理论简单，工程实现复杂"这句话是不全面的，更何况指北方位惯性导航系统方案与其他方案相比是最直观、最简单的一类方案。实际系统多数采用游动方位惯性导航系统方案，如 LTN51/72/92 惯性导航系统、563A/B 惯性导航系统。游动方位惯性导航系统方案涉及的数学运算量更大，需要进行矩阵变换，但基本思路与指北方位惯性导航系统方案是一样的，本书不再对其进行讨论。

第二节　惯性导航系统的初始对准

一、概述

惯性导航系统的初始对准是指系统在未正式进入导航工作状态之前，使实际平台坐标系与理想平台坐标系重合，从而为导航计算提供必需的初始条件的过程。这一工作过程进行得好坏，将对惯性导航系统进入正常的导航工作状态后的性能产生直接影响。因此，初始对准的精度与时间是初始对准的两个重要技术指标。

（一）初始对准的任务及要求

由惯性导航系统原理可知，航行体的速度和位置是由测得的加速度积分得来的。要进行积分必须知道初始条件，如初始速度和位置。平台是测量加速度的基准，因此要求开始测量加速度时平台处于预定的坐标系内，否则将产生由平台误差引起的加速度测量误差。如何在惯性导航系统开始工作时将平台调整到预定的坐标系内是一个十分重要的问题。

综上所述，在惯性导航系统进入正常的导航工作状态之前，应首先解决积分运算的初始条件及平台初始调整问题。将初始速度和位置引入惯性导航系统是容易实现的。在静基座情况下，初始条件是初始速度为零，初始位置是当地的经纬度；在动基座情况下，初始条件一般由外界提供的速度和位置信息来确定。给定系统的初始速度和位置的操作过程很简单，只要将这些初始值通过控制器送入计算机即可。平台的初始调整是比较复杂的操作过程，涉及整个惯性导航系统的操作过程。如何将平台在系统开始工作时调整到要求的坐标系内是初始对准的主要任务。初始对准就是要将实际平台坐标系对准在理想平台坐标系的状态下。我们知道，陀螺角动量相对于惯性空间有定轴性。当系统启动后，如果不加施矩控制指令速率信号，平台便稳定在惯性空间，一般来说，它既不在水平面内，又没有确定的方位。即便是相对于惯性空间而言，每次启动后平台相对于惯性空间所处的位置也是随机的。我们容易想象，平台启动后的初始实际平台坐标系和理想平台坐标系之间的偏差角一般来说是很大的，不进行平台对准，整个惯性导航系统是无法工作的。要想使整个惯性导航系统顺利地进入导航工作状态，从一开始就要调整平台，使它对准在所要求的理想平台坐标系内，如指北方位平台应对准在地理坐标系内。

从外场地勤人员对惯性导航系统的使用和维护方面来看，惯性导航系统的初始对准是需要地勤人员来完成的，空中导航则由领航员或飞行员完成。因此，初始对准的简单理论必须掌握。

（二）初始对准的方法及分类

惯性导航系统的初始对准一般包括水平对准和方位对准。

水平对准一般以重力向量为基准。若水平加速度计的敏感轴不在当地水平面内，它就敏感重力分量。根据其输出计算敏感轴的水平偏角，从而进行水平对准。

方位对准用于确定平台坐标系的方位指向，常用的方位对准方法有罗经对准、传递对准、存储航向对准和空中对准。

通常把利用惯性导航系统本身的敏感元件，如陀螺与加速度计测得的信号，结合系统作用原理进行的对准称为自主式对准。将外部参考坐标系引入平台，使平台对准外部提供的基准方向，此种方法称为非自主式对准。

传递对准是指将主惯性导航系统的方位信息传递给待对准的惯性平台，实现其方位对准。在静止基座上，多采用同步器传输的方法来进行对准，这种方法称为框架匹配法；在运动基座上，可通过比较主、辅惯性导航系统的加速度计的输出来确定方位偏角，这种方法称为速度匹配法，机载或舰载战术导弹、舰载飞机惯性导航系统多采用此方法进行动基座对准。

完成正常的罗经对准后或在导航结束时，将飞机航向角存储到导航计算机中，并关闭系统，不再移动飞机。当再次启动系统时，根据存储的航向信息直接进行方位对准。要求快速起飞的飞机常采用这种对准方法，但这种对准方法精度较差。

当要求飞机快速起飞、惯性导航系统尚未完成对准就要求转入导航工作状态，或持续工作时间较长、需要减小平台误差角时，可以利用其他导航设备提供的速度或位置信息，与惯性导航系统的相应信息进行比较，在飞行过程中继续进行平台对准。这种对准方法的精度基本上取决于参考信息的精度。采用卡尔曼滤波理论的组合导航系统，如惯性导航系统有此功能。

在具体实施初始对准时，先进行水平对准，后进行方位对准。由于实际结构及要求的不同，对准的方案有很多。但是对于机载平台式惯性导航系统，系统通电启动后，在陀螺仪修正回路未正常工作之前，利用平台各环架同步器信号使平台快速扭转到与飞机坐标轴重合，这个阶段为同步器锁定阶段，此外还有粗对准和精对准等不同的连续工作阶段。对不同的力学编排方案，粗对准和精对准会有所不同。

二、指北方位惯性导航系统的初始对准原理

由于指北方位惯性导航系统的导航坐标系是地理坐标系，所以初始对准的目的是控制平台旋转，使稳定轴（由平台上的陀螺和加速度计的敏感轴确定）与地理坐标系的东、北、垂直方向重合。

指北方位惯性导航系统的初始对准包括水平对准和方位对准两个过程。系统首先完成水平对准，在此过程中仅系统的水平通道参与工作。水平对准结束后方位通道也参与工作，进行方位对准。

设对准地的纬度为 φ（准确已知），忽略速度误差间的交叉耦合，则静基座条件下的系统误差方程为

$$\delta \dot{V}_E = -\phi_y g + \nabla_E \tag{12-2-1a}$$

$$\delta \dot{V}_N = -\phi_x g + \nabla_N \tag{12-2-1b}$$

$$\dot{\phi}_x = -\frac{\delta V_N}{R} + \phi_y \omega_{ie} \sin\varphi - \phi_z \omega_{ie} \cos\varphi + \varepsilon_E \tag{12-2-1c}$$

$$\dot{\phi}_y = \frac{\delta V_E}{R} - \phi_x \omega_{ie} \sin\varphi + \varepsilon_N \tag{12-2-1d}$$

$$\dot{\phi}_z = \frac{\delta V_E}{R} \tan\varphi + \phi_x \omega_{ie} \cos\varphi + \varepsilon_U \tag{12-2-1e}$$

（一）水平对准

快速扶正后，用水平加速度计的输出控制横向稳定电动机和纵向稳定电动机，驱动平台

使水平加速度计的输出减小，这一过程为水平粗对准过程，此时平台已接近水平。

设平台的水平轴与东向和北向间的夹角为 K，如图 12-2-1 所示。此时 x 陀螺仪和 y 陀螺仪都能感测到地球自转角速度的北向分量。设 x 陀螺仪和 y 陀螺仪的输出分别为 ω_{xO} 和 ω_{yO}，则

$$\omega_{xO} \approx \omega_{\mathrm{ie}} \cos\varphi \sin K$$

$$\omega_{yO} \approx \omega_{\mathrm{ie}} \cos\varphi \cos K$$

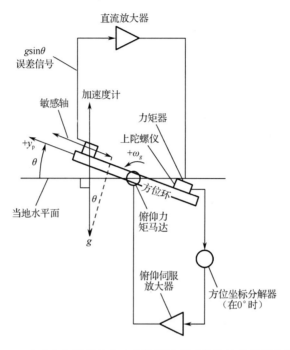

图 12-2-1　由北向加速度计和东向陀螺仪组成的快速模拟调水平回路

利用 x 陀螺仪的输出直接对方位陀螺仪施矩，驱动平台绕方位轴旋转，当旋转角位移达到 $-K$ 时（见表 12-2-1），平台的方位失准角 ϕ_z 是小角，这一过程为方位粗对准过程，如图 12-2-2 所示。

表 12-2-1　方位失准角 K 的真值确定

ω_{xO}	ω_{yO}	
	+	−
+	$K=K_{主}$	$180°+K_{主}$
−	$360°+K_{主}$	$180°+K_{主}$

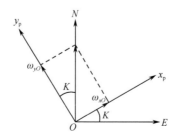

图 12-2-2　平台的方位粗对准

平台经水平粗对准和方位粗对准后,水平失准角和方位失准角都可视为小角,ϕ_x 和 ϕ_y 之间的交叉耦合可忽略,此时水平通道的误差方程可简化为

$$\delta\dot{V}_E = -\phi_y g + V_E \tag{12-2-2a}$$

$$\dot{\phi}_y = \frac{\delta V_E}{R} + \varepsilon_N \tag{12-2-2b}$$

$$\delta\dot{V}_N = \phi_x g + V_N \tag{12-2-2c}$$

$$\dot{\phi}_x = -\frac{\delta V_N}{R} - \phi_z \omega_{ie}\cos\varphi + \varepsilon_E \tag{12-2-2d}$$

按式(12-2-1)和式(12-2-2)可画出东向通道和北向通道误差框图,如图 12-2-3 和图 12-2-4 所示。

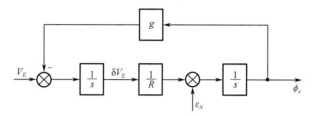

图 12-2-3 东向通道误差框图

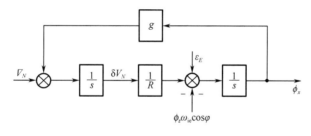

图 12-2-4 北向通道误差框图

由图 12-2-3 和图 12-2-4 可看出,东向通道和北向通道实质上是舒拉回路,ϕ_x 和 ϕ_y 做无阻尼振荡,且振荡周期为 84.4min。为了引进阻尼,提高快速性和精度,分别引入虚线、点画线和双点画线内反馈,如图 12-2-5 和图 12-2-6 所示。

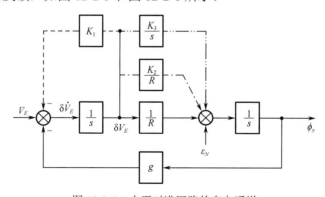

图 12-2-5 水平对准回路的东向通道

现以北向通道为例,分析水平对准回路的特性。

（1）根据图 12-2-6 可知，当仅引入虚线所示 K_1 内反馈环节时有

$$\frac{\phi_x(s)}{\nabla_N(s)} = \frac{\dfrac{1}{s+K_1} \cdot \dfrac{1}{R} \cdot (-1) \cdot \dfrac{1}{s}}{1 - \dfrac{1}{s+K_1} \cdot \dfrac{1}{R} \cdot (-1) \cdot \dfrac{1}{s}g} = -\frac{\dfrac{1}{R}}{s^2 + K_1 s + \omega_s^2}$$

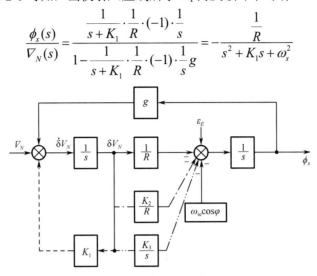

图 12-2-6　指北系统水平对准回路的北向通道

北向通道的特征多项式为

$$\Delta_1(s) = s^2 + K_1 s + \omega_s^2$$

阻尼比 $\xi = \dfrac{K_1}{2\omega_s}$，自振频率为 $\omega_n = \omega_s$。

由此可见，系统虽然引入了阻尼比 ξ，ϕ_x 能收敛，但收敛速度非常慢，84.4min 才完成一个周期的衰减，该回路称为二阶慢型水平对准回路。

（2）引入 K_1 后，再接入点画线所示 $\dfrac{K_2}{R}$ 顺馈环节，此时有

$$\frac{\phi_x(s)}{\nabla_N(s)} = \frac{\dfrac{1}{s+K_1} \cdot \dfrac{1+K_2}{R} \cdot (-1) \cdot \dfrac{1}{s}}{1 - \dfrac{1}{s+K_1} \cdot \dfrac{1+K_2}{R} \cdot (-1) \cdot \dfrac{1}{s}g} = -\frac{\dfrac{1+K_2}{R}}{s^2 + K_1 s + (1+K_2)\omega_s^2}$$

系统的特征多项式为

$$\Delta_2(s) = s^2 + K_1 s + (1+K_2)\omega_s^2$$

阻尼比 $\xi = \dfrac{K_1}{2\sqrt{1+K_2}\,\omega_s}$，自振频率 $\omega_n = \sqrt{1+K_2}\,\omega_s$，适当选择 K_2 可加快收敛，该回路称为二阶快型水平对准回路。

下面分析对准精度。假设 ∇_N、ε_E 和 ϕ_z 均可看作常值，则根据图 12-2-6 有

$$\phi_x(s) = \frac{\left(\dfrac{\varepsilon_E}{s} - \dfrac{\phi_z \omega_{ie} \cos\varphi}{s}\right)\dfrac{1}{s} + \dfrac{\nabla_N}{s} \cdot \dfrac{1}{s+K_1} \cdot \dfrac{1+K_2}{R} \cdot (-1) \cdot \dfrac{1}{s}}{1 - \dfrac{1}{s+K_1} \cdot \dfrac{1+K_2}{R} \cdot (-1) \cdot \dfrac{1}{s}g}$$

$$= \frac{(s+K_1)\left(\dfrac{\varepsilon_E}{s} - \dfrac{\phi_z \omega_{ie} \cos\varphi}{s}\right) - \dfrac{\nabla_N}{s} \cdot (1+K_2)\omega_s^2 \cdot \dfrac{1}{g}}{s^2 + K_1 s + (1+K_2)\omega_s^2}$$

对准的稳态误差为

$$\phi_{xss} = \lim_{s \to 0} s\phi_x(s) = \frac{K_1}{(1+K_2)\omega_s^2}(\varepsilon_E - \phi_z\omega_{ie}\cos\varphi) - \frac{\nabla_N}{g}$$

（3）为了消除 ε_E 和 ϕ_z 对 ϕ_x 的影响，在引入 K_1 和 $\dfrac{K_2}{R}$ 后再引入 $\dfrac{K_3}{s}$ 顺馈环节，如图 12-2-6 中双点画线所示，此时有

$$\phi_x(s) = \frac{\left(\dfrac{\varepsilon_E}{s} - \dfrac{\phi_z\omega_{ie}\cos\varphi}{s}\right)\dfrac{1}{s} + \dfrac{\nabla_N}{s} \cdot \dfrac{1}{s+K_1} \cdot \left(\dfrac{1+K_2}{R} + \dfrac{K_3}{s}\right) \cdot (-1) \cdot \dfrac{1}{s}}{1 - \dfrac{1}{s+K_1} \cdot \left(\dfrac{1+K_2}{R} + \dfrac{K_3}{s}\right) \cdot (-1) \cdot \dfrac{1}{s}g}$$

$$= \frac{(s+K_1)(\varepsilon_E - \phi_z\omega_{ie}\cos\varphi) - \nabla_N \cdot \left(\dfrac{1+K_2}{R} + \dfrac{K_3}{s}\right)}{s^3 + K_1 s^2 + (1+K_2)\omega_s^2 s + gK_3}$$

系统的特征多项式为

$$\Delta_3(s) = s^3 + K_1 s^2 + (1+K_2)\omega_s^2 s + gK_3 \tag{12-2-3}$$

该回路称为三阶水平对准回路，ϕ_x 达到的稳态值，即对准精度为

$$\phi_{xss} = \lim_{s \to 0} s\phi_x(s) = -\frac{\nabla_N}{g} \tag{12-2-4}$$

由式（12-2-4）可知，三阶水平对准回路的对准精度不受 K_1、K_2、K_3 的影响，所以可根据对准的收敛速度来选取这些参数。

设根据快速性要求，对准回路的衰减系数为 σ，阻尼自振频率为 ω_d，则三阶系统的特征根应为

$$s_1 = -\sigma, \quad s_2 = -\sigma + j\omega_d, \quad s_3 = -\sigma - j\omega_d$$

因此，特征多项式为

$$\begin{aligned}
\Delta_3(s) &= (s+\sigma)(s+\sigma-j\omega_d)(s+\sigma+j\omega_d) \\
&= s^3 + 3\sigma s^2 + (3\sigma^2+\omega_d^2)s + \sigma^3 + \sigma\omega_d^2
\end{aligned} \tag{12-2-5}$$

比较式（12-2-3）和式（12-2-5）的系数，得

$$K_1 = 3\sigma$$

$$(K_2+1)\omega_s^2 = 3\sigma^2 + \omega_d^2$$

$$gK_3 = \sigma^3 + \sigma\omega_d^2$$

即

$$K_1 = 3\sigma$$

$$K_2 = \frac{3\sigma^2 + \omega_d^2}{\omega_s^2} - 1$$

$$K_3 = \frac{\sigma^3 + \sigma\omega_d^2}{g}$$

若已知系统要求的阻尼比为 ξ，衰减系数为 σ，则有

$$K_1 = 3\sigma$$

$$K_2 = \frac{\sigma^2}{\omega_s^2}\left(2 + \frac{1}{\xi^2}\right) - 1$$

$$K_3 = \frac{\sigma^2}{g\xi^2}$$

东向通道的分析方法与上述分析方法类似，读者可自行分析。当采用三阶水平对准回路时，ϕ_y 达到的稳态值为

$$\phi_{yss} = \frac{V_E}{g} \tag{12-2-6}$$

式（12-2-4）和式（12-2-6）给出了惯性导航系统的水平对准极限精度，由此可见水平对准精度取决于水平加速度计的精度。

（二）方位对准

指北方位惯性导航系统的方位对准是指控制平台绕方位轴旋转，使平台的 y_p 轴指向北。经过方位粗对准和水平精对准，水平失准角已达角秒级，方位失准角达到 1° 左右。由于对准地的纬度准确已知，所以指令可通过精确计算得到，即

$$\boldsymbol{\omega}_{cmd} = \boldsymbol{\omega}_{ig}^{g} = \begin{bmatrix} 0 \\ \omega_{ie}\cos\varphi \\ \omega_{ie}\sin\varphi \end{bmatrix}$$

忽略力矩器等存在的误差，假设平台完全跟随指令，则有

$$\boldsymbol{\omega}_{ip}^{p} = \begin{bmatrix} 0 \\ \omega_{ie}\cos\varphi \\ \omega_{ie}\sin\varphi \end{bmatrix}$$

若不计 ϕ_x 和 ϕ_y 的影响，则有

$$\boldsymbol{\omega}_{ip}^{p} = \boldsymbol{C}_{p}^{t}\boldsymbol{\omega}_{ip}^{p} = \begin{bmatrix} 1 & -\phi_z & 0 \\ \phi_z & 1 & 0 \\ 0 & 0 & 1 \end{bmatrix}\begin{bmatrix} 0 \\ \omega_{ie}\cos\varphi \\ \omega_{ie}\sin\varphi \end{bmatrix} = \begin{bmatrix} -\phi_z\omega_{ie}\cos\varphi \\ \omega_{ie}\cos\varphi \\ \omega_{ie}\sin\varphi \end{bmatrix}$$

$$\boldsymbol{\omega}_{tp}^{t} = \boldsymbol{\omega}_{ip}^{t} - \boldsymbol{\omega}_{it}^{t} = \begin{bmatrix} -\phi_z\omega_{ie}\cos\varphi \\ 0 \\ 0 \end{bmatrix}$$

即

$$\omega_{tpx}^{t} = -\phi_z\omega_{ie}\cos\varphi \tag{12-2-7}$$

式（12-2-7）说明，由于存在方位失准角，平台相对于当地水平面绕西向轴做向北倾斜转动，旋转角速度为 $\phi_z\omega_{ie}\cos\varphi$，此角速度称为罗经项。平台的向北倾斜转动使水平精对准确定的 ϕ_x 发生改变，北向加速度计感测这种倾斜变化，输出 $\phi_x g$，经积分所得的 δV_N 中包含 ϕ_z 的信息。

所谓罗经对准就是利用罗经项 $\phi_z\omega_{ie}\cos\varphi$ 引起的 δV_N，用回路反馈的方法控制平台绕方位轴旋转，使 ϕ_z 逐渐减小至极限值。图 12-2-7 所示为罗经对准的原理框图，其中 $K(s)$ 表示低通滤波，由于由 $\phi_z\omega_{ie}\cos\varphi$ 引起 ϕ_x 的变化十分缓慢，δV_N 的变化也很缓慢，有用信号的主要成分是低频信息，所以从 δV_N 中提取 ϕ_z 必须进行低通滤波。比较图 12-2-7 与图 12-2-6，可看出罗经对准回路实质上是对北向通道二阶快型水平对准回路的改进。

由式（12-2-4）可知，若采用三阶水平对准回路，则 δV_N 中不包含 ϕ_z 的信息，所以罗经对准不能在三阶水平对准回路上进行。

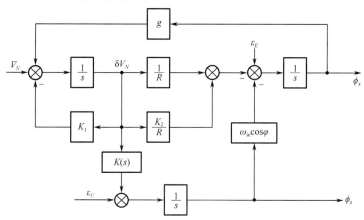

图 12-2-7 罗经对准的原理框图

由图 12-2-7 得

$$s\delta V_N(s) = g\phi_x(s) + \nabla_N(s) - K_1\delta V_N(s) + \delta V_N(0)$$

$$s\phi_x(s) = -\frac{K_2+1}{R}\delta V_N(s) - \phi_z(s)\omega_{ie}\cos\varphi + \varepsilon_E(s) + \phi_x(0)$$

$$s\phi_z(s) = K(s)\delta V_N(s) + \varepsilon_U(s) + \phi_z(0)$$

即

$$(s+K_1)\delta V_N(s) - g\phi_x(s) = \nabla_N(s) + \delta V_N(0)$$

$$\frac{K_2+1}{R}\delta V_N(s) + s\phi_x(s) + \phi_z(s)\omega_{ie}\cos\varphi = \varepsilon_E(s) + \phi_x(0)$$

$$-K(s)\delta V_N(s) + s\phi_z(s) = \varepsilon_U(s) + \phi_z(0)$$

写成矩阵形式为

$$\begin{bmatrix} s+K_1 & -g & 0 \\ \dfrac{K_2+1}{R} & s & \omega_{ie}\cos\varphi \\ -K(s) & 0 & s \end{bmatrix} \begin{bmatrix} \delta V_N(s) \\ \phi_x(s) \\ \phi_z(s) \end{bmatrix} = \begin{bmatrix} \nabla_N(s) + \delta V_N(0) \\ \varepsilon_E(s) + \phi_x(0) \\ \varepsilon_U(s) + \phi_z(0) \end{bmatrix}$$

根据求逆公式，可得

$$\begin{bmatrix} \delta V_N(s) \\ \phi_x(s) \\ \phi_z(s) \end{bmatrix} = \frac{1}{\Delta^*(s)} \begin{bmatrix} s^2 & gs & -g\omega_{ie}\cos\varphi \\ -\dfrac{K_2+1}{R}s - \omega_{ie}\cos\varphi K(s) & (s+K_1)s & -(s+K_1)\omega_{ie}\cos\varphi \\ sK(s) & gK(s) & s(s+K_1)+\dfrac{K_2+1}{R}g \end{bmatrix} \cdot \begin{bmatrix} \nabla_N(s) + \delta V_N(0) \\ \varepsilon_E(s) + \phi_x(0) \\ \varepsilon_U(s) + \phi_z(0) \end{bmatrix}$$

式中，

$$\Delta^*(s) = \begin{vmatrix} s+K_1 & -g & 0 \\ \dfrac{K_2+1}{R} & s & \omega_{ie}\cos\varphi \\ -K(s) & 0 & s \end{vmatrix} = s^3 + K_1 s^2 + \omega_s^2(K_2+1)s + g\omega_{ie}\cos\varphi K(s)$$

取

$$K(s) = \frac{K_3}{\omega_{ie} \cos\varphi (s + K_4)} \qquad (12\text{-}2\text{-}8)$$

则

$$\Delta^*(s) = s^3 + K_1 s^2 + \omega_s^{\,2}(K_2 + 1)s + \frac{K_3}{s + K_4} g \qquad (12\text{-}2\text{-}9)$$

设 ∇_N、ε_E、ε_U 均为常量，则

$$\phi_z(s) = \frac{sK(s)}{\Delta^*(s)} \left[\frac{\nabla_N(s)}{s} + \delta V_N(0) \right] + \frac{gK(s)}{\Delta^*(s)} \left[\frac{\varepsilon_E}{s} + \phi_x(0) \right]$$

$$+ \frac{s(s + K_1) + \dfrac{K_2 + 1}{R} g}{\Delta^*(s)} \left[\frac{\varepsilon_U}{s} + \phi_z(0) \right]$$

将式（12-2-8）和式（12-2-9）代入上式，并求稳态值，得

$$\phi_{zss} = \lim_{s \to 0} s\phi_z(s) = \frac{\varepsilon_E}{\omega_{ie} \cos\varphi} + \frac{(K_2 + 1)K_4}{RK_3} \varepsilon_U \qquad (12\text{-}2\text{-}10)$$

由于方位陀螺仪漂移的影响可通过选择参数 K_2、K_3、K_4 来减小，所以在罗经对准中，方位对准的极限精度为

$$\phi_{z,\min} = \frac{\varepsilon_E}{\omega_{ie} \cos\varphi} \qquad (12\text{-}2\text{-}11)$$

式（12-2-11）说明，要提高方位对准精度，必须减小东向陀螺仪的漂移。

总之，惯性导航系统的初始对准可以概括为水平对准靠重力，方位对准靠罗经效应。正是由于方位对准靠罗经效应，而这种效应 $k\omega_{ie} \cos\varphi$ 又是一种很弱的效应，所以惯性导航系统对准的时间主要花在方位对准上，而且纬度不一样，$\omega_{ie} \cos\varphi$ 值就不一样，对准时间也就不一样。赤道附近 $\omega_{ie} \cos\varphi$ 值大，对准快；高纬度地区 $\omega_{ie} \cos\varphi$ 值小，对准慢。纬度高于 80° 后靠罗经效应很难实现对准。同时，方位对准还受到等效东向陀螺仪漂移的限制，这就使得方位对准的精度一般在 2′ 左右，而水平对准的精度则可达到 10″ 左右。

通过上面的理论分析可以看出，惯性导航系统对准时必须对准静基座的原因是，如果载体运动，则加速度计一方面要敏感由于平台不平而产生的重力分量，另一方面要敏感载体运动加速度，这两者是不分辨的，从而使水平系统无法对准或达不到所要求的精度。动基座对准是惯性导航技术领域很感兴趣的一个研究课题，它必须采用外界参考信息，利用卡尔曼滤波方法来完成，而对于动基座惯性导航系统的初始对准，多采用最小二乘方法来实现。

第三节 捷联式惯性导航系统

一、组成和概念

加速度计和陀螺仪是捷联式惯性导航系统必不可少的两种基本元件，它们直接固连在机体上，因此它们测量的是沿机体坐标系各轴的惯性直线加速度和绕机体坐标系各轴的旋转角速度，这一点与平台式惯性导航系统中测量沿导航坐标系的线加速度和旋转角速度不同。在捷联式惯性导航系统中，必须先将加速度计的输出转换到导航坐标系中，再利用第一节的原

理和方法进行导航参数解算。至于陀螺仪的输出，则是用于建立和修正数学平台的。

捷联式惯性导航系统的基本原理组成如图 12-3-1 所示。由图 12-3-1 可以看出，数学平台包括两部分内容：其一，把加速度计沿机体坐标系各轴的输出转换到导航坐标系（如指北方位坐标系、地理坐标系或游动方位坐标系等）中；其二，建立和修正姿态矩阵，并计算出飞机的姿态角。这样，数学平台实际上就代替了电气机械平台。

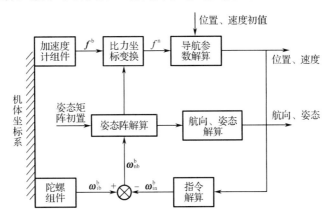

图 12-3-1　捷联式惯性导航系统的基本原理组成

在平台式惯性导航系统中，利用陀螺仪和加速度计的输出控制平台，可使平台坐标系稳定在导航坐标系内，加速度计安装在平台上。因此，加速度计能直接测得飞机沿平台坐标系（导航坐标系）各轴的加速度值，而捷联式惯性导航系统则要靠导航计算机来转换。另外，由于电气机械平台稳定在导航坐标系内，当导航坐标系为地理坐标系时，平台各轴就可直接输出飞机的姿态角，而在捷联式惯性导航系统中，姿态角则要由陀螺仪输出值计算而得。由此可见，结构复杂的电气机械平台完全可由导航计算机的软件功能来取代。这就是捷联式惯性导航系统最主要的特点。

经过数学平台转换后，加速度计的输出转换到导航计算坐标系上，导航计算机就可按平台式惯性导航系统解算原理进行计算。

捷联式惯性导航系统与平台式惯性导航系统在部件组成上是相同的，除了惯性组件，也有控制显示组件和方式选择组件，有的系统把该两者合为一体。

二、姿态矩阵及其修正

在捷联式惯性导航系统中，为了对坐标进行转换，必须先知道飞机的姿态角，如俯仰角、倾斜角和航向角，然后建立一个所谓的姿态矩阵。导航计算机随时按由姿态矩阵建立的几何关系对加速度计的输出进行坐标转换。由于飞机的姿态角是变化的，因此这个姿态矩阵也在不断变化，这就需要对姿态矩阵进行修正。

（一）姿态矩阵

姿态矩阵就是机体坐标系 $Ox_c y_c z_c$ 与导航坐标系（如游动方位坐标系、地理坐标系等）$Ox_p y_p z_p$ 之间的方向余弦矩阵。这个方向余弦矩阵与飞机的姿态角（通常包括俯仰角、倾斜角和航向角，但有的著作只将俯仰角、倾斜角称为姿态角）有关。设飞机的俯仰角为 θ，倾

斜角为 γ，航向角为 ϕ。下面根据第一节所述位置矩阵的推导方法，分步推导出姿态方向余弦，进而得出总的姿态矩阵。

(1)当飞机只有航向角 ϕ，而俯仰角和倾斜角均为零（$\theta=0$，$\gamma=0$）时，机体坐标系 $Ox_c y_c z_c$ 与导航坐标系（设为游动方位坐标系）$Ox_p y_p z_p$ 之间的关系如图 12-3-2 所示。在两个坐标系中，z_c 轴与 z_p 轴重合，x_c 坐标与 x_p 坐标、y_c 坐标与 y_p 坐标之间相差一个航向角（这里应为航向角 ϕ）。假设已知捷联式惯性导航系统的三个加速度计 A_x、A_y、A_z 已测出沿机体坐标系对应轴的加速度 a_{cx}、a_{cy}、a_{cz}，则这三个加速度值投影到导航系 $Ox_p y_p z_p$ 各轴上的分量为

$$a_{px} = a_{cx}\cos\phi - a_{cy}\sin\phi$$
$$a_{py} = a_{cx}\sin\phi + a_{cy}\cos\phi$$
$$a_{pz} = a_{cz}$$

写成矩阵形式为

$$\begin{bmatrix} a_{px} \\ a_{py} \\ a_{pz} \end{bmatrix} = \begin{bmatrix} \cos\phi & -\sin\phi & 0 \\ \sin\phi & \cos\phi & 0 \\ 0 & 0 & 1 \end{bmatrix} \begin{bmatrix} a_{cx} \\ a_{cy} \\ a_{cz} \end{bmatrix} \tag{12-3-1}$$

式（12-3-1）为飞机只有航向角时的方向余弦式。

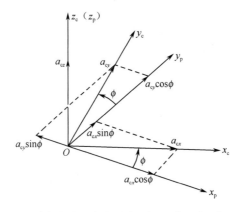

图 12-3-2　只有航向角时机体坐标系与导航坐标系之间的关系

(2)当飞机只有俯仰角 θ，而 $\gamma=0$、$\phi=0$ 时，在两个坐标系中，x_c 轴与 x_p 轴重合，y_c 轴与 y_p 轴、z_c 轴与 z_p 轴之间相差一个俯仰角。若已知沿机体坐标系各轴的加速度 a'_{cx}、a'_{cy}、a'_{cz}，则它们在导航坐标系各轴上的投影分量为

$$a'_{px} = a'_{cx}$$
$$a'_{py} = a'_{cy}\cos\theta - a'_{cy}\sin\theta$$
$$a'_{pz} = a'_{cy}\sin\theta + a'_{cz}\cos\theta$$

写成矩阵形式为

$$\begin{bmatrix} a'_{px} \\ a'_{py} \\ a'_{pz} \end{bmatrix} = \begin{bmatrix} 1 & 0 & 0 \\ 0 & \cos\theta & -\sin\theta \\ 0 & \sin\theta & \cos\theta \end{bmatrix} \begin{bmatrix} a'_{cx} \\ a'_{cy} \\ a'_{cz} \end{bmatrix} \tag{12-3-2}$$

为与式（12-3-1）相区别，式（12-3-2）中各轴的加速度分量 a 的上标加了一撇。

（3）当飞机只有倾斜角 γ，而 $\theta=0$、$\phi=0$ 时，在两个坐标中，y_c 轴与 y_p 轴重合，x_c 轴与 x_p 轴、z_c 轴与 z_p 轴之间相差一个倾斜角 γ。用与上述相同的方法，得

$$\begin{bmatrix} a''_{px} \\ a''_{py} \\ a''_{pz} \end{bmatrix} = \begin{bmatrix} \cos\gamma & 0 & \sin\gamma \\ 0 & 1 & 0 \\ -\sin\gamma & 0 & \cos\gamma \end{bmatrix} \begin{bmatrix} a''_{cx} \\ a''_{cy} \\ a''_{cz} \end{bmatrix} \tag{12-3-3}$$

为与式（12-3-1）和式（12-3-2）相区别，a 的上标加了两撇。

如果飞机既有航向角，又有俯仰角和倾斜角，即为全姿态状态，如图 12-3-3 所示，则这时飞机的实际位置可以从起始位置 O（机体坐标系与导航坐标系重合）开始，分别绕 z_p 轴转 ϕ，绕 x'_p 轴转 θ，绕 y''_p 轴转 γ 而得，即

$$Ox_p y_p z_p \xrightarrow{\text{绕}z_p\text{轴转}\phi} Ox'_p y'_p z'_p \xrightarrow{\text{绕}x'_p\text{轴转}\theta} Ox''_p y''_p z''_p \xrightarrow{\text{绕}y''_p\text{轴转}\gamma} Ox_c y_c z_c$$

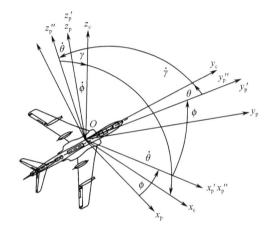

图 12-3-3　飞机有俯仰角、倾斜角和航向角时导航坐标系与机体坐标系之间的关系

它们的转换矩阵可由式（12-3-1）、式（12-3-2）和式（12-3-2）三个方向余弦式相乘而得，即

$$\begin{bmatrix} a_{px} \\ a_{py} \\ a_{pz} \end{bmatrix} = \begin{bmatrix} \cos\phi & -\sin\phi & 0 \\ \sin\phi & \cos\phi & 0 \\ 0 & 0 & 1 \end{bmatrix} \begin{bmatrix} 1 & 0 & 0 \\ 0 & \cos\theta & -\sin\theta \\ 0 & \sin\theta & \cos\theta \end{bmatrix} \begin{bmatrix} \cos\gamma & 0 & \sin\gamma \\ 0 & 1 & 0 \\ -\sin\gamma & 0 & \cos\gamma \end{bmatrix} \begin{bmatrix} a_{cx} \\ a_{cy} \\ a_{cz} \end{bmatrix}$$

$$= \begin{bmatrix} \cos\phi\cos\gamma-\sin\phi\sin\theta\sin\gamma & -\cos\theta\sin\phi & \cos\phi\sin\gamma+\sin\phi\sin\theta\cos\gamma \\ \cos\gamma\sin\phi+\cos\phi\sin\theta\sin\gamma & \cos\phi\cos\theta & \sin\phi\sin\gamma-\cos\phi\sin\theta\cos\gamma \\ -\sin\gamma\cos\theta & \sin\theta & \cos\theta\cos\gamma \end{bmatrix} \begin{bmatrix} a_{cx} \\ a_{cy} \\ a_{cz} \end{bmatrix}$$

令

$$\boldsymbol{C}_c^p = \begin{bmatrix} T_{11} & T_{12} & T_{13} \\ T_{21} & T_{22} & T_{23} \\ T_{31} & T_{32} & T_{33} \end{bmatrix}$$

称为机体坐标系与导航坐标系之间的转换矩阵，又称为姿态矩阵，其相应各项为

$$T_{11} = \cos\phi\cos\gamma - \sin\phi\sin\theta\sin\gamma$$

$$T_{12} = -\cos\theta\sin\phi$$

$$T_{13} = \cos\phi\sin\gamma + \sin\phi\sin\theta\cos\gamma$$

$$T_{21} = \cos\gamma\sin\phi + \cos\phi\sin\theta\sin\gamma$$

$$T_{22} = \cos\phi\cos\theta$$

$$T_{23} = \sin\phi\sin\gamma - \cos\phi\sin\theta\cos\gamma$$

$$T_{31} = -\sin\gamma\cos\theta$$

$$T_{32} = \sin\theta$$

$$T_{33} = \cos\theta\cos\gamma$$

姿态矩阵的意义有两个：其一，说明了机体坐标系与导航坐标系（设计的平台坐标系）的几何关系。已知沿机体坐标系各轴的加速度值，便可根据姿态矩阵将其转换为沿导航坐标系各轴的加速度。其二，根据姿态矩阵，可以解得飞机的姿态参数，从而可求得飞机的俯仰角、倾斜角和航向角。

（二）姿态角的计算

当飞机建立了姿态矩阵后，它的各元素便可由 $\boldsymbol{C}_c^p$ 的各元素内容得到。

由于

$$T_{32} = \sin\theta$$

因此

$$\theta = \arcsin(T_{32})$$

又由于

$$T_{31} = -\sin\gamma\cos\theta$$

$$T_{33} = \cos\theta\cos\gamma$$

因此

$$\gamma = \arctan\left(\frac{T_{31}}{T_{33}}\right)$$

同理可得

$$\phi = \arctan\left(\frac{T_{12}}{T_{22}}\right)$$

这里的 ϕ 为导航坐标系的平台航向，当导航坐标系为游动方位坐标系时，飞机的真航向角 $\phi_{真}$ 应为

$$\phi_{真} = \phi \pm \alpha$$

式中，α ——游动角。

在实际飞行中，由于飞机的姿态角 θ、γ 和 ϕ 是不断变化的，因此姿态矩阵 $\boldsymbol{C}_c^p$ 各元素也是变化的。为了不断修正姿态矩阵，必须求得姿态矩阵 $\boldsymbol{C}_c^p$ 的变化率，即 $\boldsymbol{C}_c^p$ 的微分形式 $\dot{\boldsymbol{C}}_c^p$。

（三）姿态矩阵的修正

与游动方位惯性导航系统中的位置矩阵相同，姿态矩阵的修正也需要在原有姿态矩阵的基础上加上变化部分。例如，飞机起飞前，捷联式惯性导航系统经过自动对准先测出飞机的

停放姿态角 θ_0、γ_0 和 ϕ_0，然后按 $\boldsymbol{C}_c^p$ 建立起始姿态矩阵 $\boldsymbol{C}_c^p(t=0)$；飞机起飞后，θ、γ 和 ϕ 要发生变化，找出姿态矩阵的变化率 $\Delta\boldsymbol{C}_c^p(t)$，可得起飞后新的姿态矩阵为 $\boldsymbol{C}_c^p(t)=\boldsymbol{C}_c^p(t=0)+\Delta\boldsymbol{C}_c^p(t)$。姿态矩阵的修正就是按这个思路由导航计算机进行计算的。式中，关键是第二项 $\Delta\boldsymbol{C}_c^p(t)$。由于该式的导出比较复杂，这里不列推导过程，只给出结论公式。

令

$$\Delta\boldsymbol{C}_c^p(t)=\dot{\boldsymbol{C}}_e^p$$

则

$$\dot{\boldsymbol{C}}_c^p(t)=\boldsymbol{C}_c^p\,\boldsymbol{\omega}_{pc}^c$$

式中，$\boldsymbol{C}_c^p$——姿态矩阵；

$\boldsymbol{\omega}_{pc}^c$——姿态速率，表示机体坐标系相对于导航坐标系的转动角速度在机体坐标系上的投影，它可写成矩阵形式。

三、捷联式惯性导航系统的计算原理

捷联式惯性导航系统的计算原理框图如图 12-3-4 所示，可分为三部分，即惯性传感器部分、数学平台部分和导航参数解算部分。

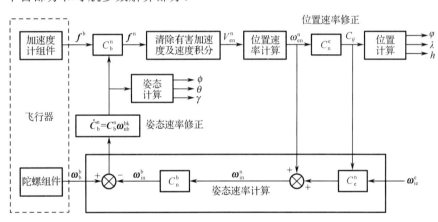

图 12-3-4　捷联式惯性导航系统的计算原理框图

- 惯性传感器部分：一般包括三个线加速度计和三个速率陀螺仪，它们均直接固连在机体上，因此所测得的信号是沿机体坐标系各轴相对于惯性空间的线加速度和转动角速度。
- 数学平台部分：用于建立姿态矩阵，并对加速度计测量值进行坐标转换；由陀螺仪输出信号及导航参数计算部分的信号进行姿态速率计算和姿态矩阵速率修正；进行姿态参数解算。
- 导航参数计算部分：图 12-3-4 中以游动方位坐标系为基础进行导航参数解算，可认为是游动方位惯性导航系统中平台上的加速度计输出以后的解算部分。它的原理与游动方位惯性导航系统相应部分基本相同，可用来求解各种导航参数。

计算流程简述如下。

（1）线加速度计测得飞机各轴相对于惯性空间的线加速度 a_{ic}^c，经姿态矩阵 $\boldsymbol{C}_c^p$ 转换到导航坐标系中，得到 a_{ic}^p，它相当于平台相对于惯性坐标系的加速度。a_{ic}^p 包含有害加速度，先将其消除后得到平台相对于地球的加速度 a_{ep}^p，然后进行第一次积分，得平台相对于地球的速度 V_{pe}^p，V_{pe}^p 即飞机的地速，再将 V_{pe}^p 分解为南北向和东西向速度。与游动方位惯性导航系统

相同，将 V_{pe}^p 经过位置速率计算得 ω_{ep}^p，进而进行位置速率修正，即先计算 $\dot{C}_e^p$，然后修正 $C_e^p(t) = C_e^p(t=0) + \dot{C}_e^p(t)$，最后由 $C_e^p(t)$ 各元素解算导航参数 φ、λ、h 等。

（2）姿态速率 $\dot{C}_c^p(t)$ 的计算流程。

$$\dot{C}_c^p(t) = C_c^p\ \omega_{pc}^c$$

式中，$\omega_{pc}^c = \omega_{ic}^c - \omega_{ie}^c - \omega_{ep}^c$，$\omega_{ic}^c$ 由陀螺组件测得，ω_{ie}^p 及 ω_{ep}^p 由导航计算机按游动方位惯性系统方法计算，根据 $\dot{C}_c^p(t)$ 就可对 $C_e^p(t)$ 进行修正，并对 $\dot{C}_c^p$ 进行积分计算，得到姿态参数 θ、γ 和 ϕ。

复习思考题

1. 惯性导航系统分为几大类？各有何特点？

2. 推导比力方程。

3. 捷联式惯性导航系统与平台式惯性导航系统的主要区别是什么？

4. 捷联式惯性导航系统中的数学平台如何获取？

5. GPS 的基本工作原理是什么？

6. 最优组合导航系统的特点是什么？

7. 为什么说 GPS/INS 组合导航系统是一种理想的组合导航系统？这两者组合后有何特点？

8. 惯性导航系统的初始对准要解决什么问题？

9. 罗经对准、传递对准、存储航向对准各适合在什么条件下使用？

10. 什么是罗经效应？罗经对准过程需要哪些条件，有注意事项？

11. 为何把惯性导航系统的初始对准分为水平对准和方位对准？简要说明水平对准和方位对准的基本原理。

12. 陀螺仪漂移和加速度计误差对对准精度有何影响？

13. 在地面完成正常罗经对准时，在飞机停机点即时经纬度上必须在状态码"70"以前完成，为什么有这样的要求？

14. 试用反馈控制理论设计一个水平对准回路。

15. 在外场维护过程中，惯性导航系统对不准的原因有哪些？如何处理？

参考文献

[1] 邱亚洲，姚凌虹. 基于飞参数据的大气数据计算机系统故障诊断[J]. 计算机与数字工程，2017，45（3）：449-452.

[2] 张鹏，何培. 机载大气数据系统静压源误差修正方法研究[J]. 控制工程，2014，21（6）：802-806.

[3] 秦永元. 惯性导航（第二版）[M]. 北京：科学出版社，2014：12-15.

[4] 严恭敏，李四海，秦永元. 惯性仪器测试与数据分析[M]. 北京：国防工业出版社，2012：123-129.

[5] 王俊杰. 检测技术与仪表[M]. 武汉：武汉理工大学出版社，2009：156-163.

[6] 刘铭光. 飞机电器[M]. 北京：中央广播电视大学出版社，2014：89-102.

[7] TITTERTON D H，WESTON J L. 捷联惯性导航技术[M]. 张天光，王秀萍，王丽霞，等译. 北京：国防工业出版社，2007：85-89.

[8] 武波，马玉祥. 专家系统（第2版）[M]. 北京：北京理工大学出版社，2001：56-62.

[9] 邓乃扬，田英杰. 数据挖掘中的新方法：支持向量机[M]. 北京：科学出版社，2004：54-58.

[10] 叶湘滨，熊飞丽，张文娜. 传感器与测试技术[M]. 北京：国防工业出版社，2007：286-289.

[11] 朱大奇. 电子设备故障诊断原理与实践[M]. 北京：电子工业出版社，2004：123-129.

[12] 刘智平，毕开波. 惯性导航与组合导航基础[M]. 北京：国防工业出版社，2013：186-192.

[13] 邓自立. 信息融合估计理论及其应用[M]. 北京：科学出版社，2012：78-85.

[14] 秦永元，张洪钺，汪叔华. 卡尔曼滤波与组合导航原理（第2版）[M]. 西安：西北工业大学出版社，2012：267-271.

[15] 林坤. 航空仪表与显示系统[M]. 北京：北京理工大学出版社，2015：96-103.

[16] 肖建德. 大气数据计算机系统[M]. 北京：国防工业出版社，1992：26-35.

[17] 钱正在，黎学远. 航空特种设备技术概论[M]. 北京：国防工业出版社，2016：156-163.

[18] 汪立新，刘春卓，王跃钢. 惯性仪表[M]. 西安：西北工业大学出版社，2014：79-84.

[19] 朱家海. 惯性导航[M]. 北京：国防工业出版社，2008：203-212.

[20] 王世锦. 飞机仪表[M]. 北京：科学出版社，2013：78-85.

[21] 樊尚春. 传感器技术及应用（第3版）[M]. 北京：北京航空航天大学出版社，2016：70-76.